乏信息理论与滚动轴承性能评估系列图书

滚动轴承性能不确定性与可靠性实验评估

夏新涛 叶亮 著

本书相关内容得到国家自然科学基金(51475144)和
河南省自然科学基金(162300410065)资助

U0197561

科学出版社

北 京

内 容 简 介

本书是研究滚动轴承性能不确定性与可靠性评估的学术专著。主要内容有滚动轴承性能时间序列变化趋势及性能演变过程的预测和评估,点蚀缺陷滚动轴承振动性能的动力学仿真分析,滚动轴承性能不确定性、可靠性及其相互关系的预测与评估等。书中的计算和分析主要运用混沌理论、灰系统理论、模糊集合理论、最大熵理论、自助原理、泊松过程等以及它们之间的相互融合,旨在对轴承生产加工过程中其质量及性能进行有效控制,对轴承运转过程中其性能及最佳性能状态的退化及演变历程进行具体分析,进而为不确定性及可靠性理论研究提供些许新思路。

本书可供高等院校教师、研究生以及从事滚动轴承性能研究、实验数据分析与处理等工作的研究、实验与测量人员使用。

图书在版编目(CIP)数据

滚动轴承性能不确定性与可靠性实验评估 / 夏新涛,叶亮著. —北京:科学出版社,2019.10

(乏信息理论与滚动轴承性能评估系列图书)

ISBN 978-7-03-062155-9

Ⅰ. ①滚… Ⅱ. ①夏… ②叶… Ⅲ. ①滚动轴承–性能–研究 ②滚动轴承–可靠性–研究 Ⅳ. ①TH133.33

中国版本图书馆 CIP 数据核字(2019)第 181145 号

责任编辑:裴 育 陈 婕 纪四稳 / 责任校对:杨聪敏
责任印制:吴兆东 / 封面设计:蓝 正

科 学 出 版 社 出版
北京东黄城根北街 16 号
邮政编码:100717
http://www.sciencep.com

北京中石油彩色印刷有限责任公司 印刷
科学出版社发行 各地新华书店经销

*

2019 年 10 月第 一 版 开本:720×1000 B5
2022 年 2 月第三次印刷 印张:18 1/4
字数:350 000
定价:**120.00 元**

作 者 简 介

夏新涛 男，1957 年 1 月出生于河南省新乡县。1981 年 12 月于洛阳农机学院(现河南科技大学)本科毕业后留校，1985 年 9 月至 1987 年 1 月于哈尔滨工程大学学习硕士研究生主要课程，2007 年 12 月于上海大学博士研究生毕业。河南科技大学教授、教学名师、博士生导师(河南科技大学和西北工业大学机械设计及理论学科)，中国轴承工业科技专家，洛阳市优秀教师和劳动模范，多家国内外期刊评论员。主要从事滚动轴承设计与制造理论、精密制造中的测量理论以及乏信息系统理论等教学与研究工作。主持和参与完成国家及省部级科研项目 24 项，获得省部级教育教学、自然科学与科学技术奖 7 项，著书 16 部，授权发明专利 11 项，发表学术论文 200 余篇。

E-mail: xiaxt1957@163.com; xiaxt@haust.edu.cn

叶亮 男，1990 年 7 月出生于河南省驻马店市正阳县。2012 年 7 月于河南科技大学本科毕业，2017 年 7 月于河南科技大学硕士研究生毕业，2017 年 9 月至今于西北工业大学机电学院攻读博士学位。发表学术论文 18 篇。

E-mail: 172682823@qq.com

前　言

　　轴承运转期间的性能时间序列区间波动或间歇有着明显的不确定性，这对轴承的精度、工作平稳性、生产质量有重要影响，当不确定性增加到一定程度时，会使产品失效概率与安全隐患增加，造成产品可靠性逐渐下降。另外，产品在规定条件、规定时间内完成规定的功能，即产品的可靠性也起着至关重要的作用，产品的可靠性增大或减小时，其性能不确定性可能早已显现出潜在的变化迹象。目前，大部分性能不确定性与可靠性的研究过于单一，很少将这两个不同属性参数统一联系起来，究竟两者之间是否有联系或两者之间的关联程度如何，国内外鲜有报道，更何况二者的研究依赖于已知分布与趋势等先验信息的传统统计学理论。因此，在研究这类伴有不确定性、非线性演变特征的性能时间序列问题时，会存在建模方法不完善、主观判断不正确、放大参数预算等影响。

　　滚动轴承性能的变化规律与失效概率分布呈现出不确定性、多变性、多样性、非平稳性、非线性等特征。在经历初期退化、渐进退化、快速退化与急剧退化等阶段时，滚动轴承性能的变化趋势、失效轨迹、概率分布等信息随之变化，导致滚动轴承运行性能可靠性的奇异演变。滚动轴承性能可靠性的演变势态是不确定性、多变性、多样性、非平稳性、非线性等特征表征的关键。因此，本书融合灰色系统理论、模糊集合理论、混沌理论、信息熵原理、泊松过程等原理和方法，对滚动轴承性能不确定性与可靠性进行实验分析与动态评估，以便在轴承生产加工过程中对其质量及性能进行有效控制；对轴承运转过程中的性能和最佳性能状态的退化及演变历程进行具体分析，从而为不确定性及可靠性理论研究提供新思路。

　　本书共四篇。第一篇为轴承性能的实验分析与评估，由第 1~5 章构成，主要涉及滚动轴承性能时间序列变化趋势的混沌预测、滚动轴承性能变异的模糊评估、滚动轴承性能演变历程的量化评估、点蚀缺陷滚动轴承的静力学和显式动力学仿真分析等内容。第二篇为轴承性能不确定性的实验分析与评估，由第 6 章和第 7 章构成，主要涉及滚动轴承振动性能不确定性的静态评估与动态预测、滚动轴承振动性能不确定性的混沌灰自助动态评估等内容。第三篇为轴承性能可靠性的实验分析与评估，由第 8~11 章构成，主要涉及滚动轴承性能可靠性的动态预测、滚动轴承振动性能的品质实现可靠性评估、滚动轴承振动性能保持可靠性预测与动态评估、超精密滚动轴承服役精度保持可靠性的动态预测等内容。第四篇为轴承性能及其不确定性与可靠性的关系分析，由第 12 章和第 13 章构成，主要涉及滚动轴承性能可靠性与不确定性、稳定性的关系分析，滚动轴承振动性能的非线性特征与性能保持可靠性的关系分析等内容。

本书内容是作者及其指导的研究生近年来在滚动轴承性能不确定性与可靠性评估方面的部分成果总结，主要内容及研究思路与方法大部分已在《仪器仪表学报》、《中国机械工程》、《航空动力学报》、《机械传动》、《轴承》、*Journal of Testing and Evaluation*、*Shock and Vibration* 等国内外学术期刊与国际学术会议上发表。

与本书内容相关的研究工作得到了国家自然科学基金(51475144)和河南省自然科学基金(162300410065)的资助，在此表示感谢。

本书由河南科技大学夏新涛教授(负责第 2~6、8、9、12、13 章)和西北工业大学机电学院博士研究生叶亮(负责第 1、7、10、11 章与附录)撰写。全书由夏新涛教授统稿。在撰写书稿过程中，河南科技大学的硕士研究生常振、李云飞、刘斌、陈向峰、程立等参与部分辅助工作，在此表示感谢。

限于作者水平，书中难免存在不妥之处，敬请读者批评指正。

目　　录

前言

第一篇　轴承性能的实验分析与评估

第一篇 轴承性能的实验分析与评估

第1章 绪 论

1.1 滚动轴承性能不确定性与可靠性研究的基本概念

滚动轴承性能主要包括振动、噪声、音质、摩擦力矩、磨损量、温升和运动精度等指标。若滚动轴承在使用过程中不能满足规定的运行性能要求，则认为滚动轴承性能失效。滚动轴承保持最低的不确定性及最高的可靠性，是主机系统实现最佳精度态势运行的基础。滚动轴承服役期间的性能时间序列包含不断变化的性能不确定性与可靠性轨迹的大量演化信息，根据这些信息可对轴承进行某些方面的评估、预测、诊断与维护。

滚动轴承性能不确定性与可靠性研究中涉及的基本概念有如下几个。

1) 可靠性

可靠性是指产品组件在规定的条件下和规定的时间内完成规定功能的能力。可靠性高意味着故障率低、售后服务和维修成本低。提高产品可靠性，是提高系统整体性能和技术的关键。许多机械产品，如轴承、齿轮，作为机械传动系统的重要执行部件和易损件，其性能健康状况对维持系统稳健运行具有十分重要的意义[1]。在产品运转期间，性能时间序列区间波动或间歇有着明显的不确定性，这对产品的工作精度、平稳性、生产质量有着重大影响；若不确定性增加到一定程度，则会促使产品失效概率增大、安全隐患增加，从而造成产品可靠性降低。

2) 稳定性

稳定性是指产品组件在规定的工作期间内，受到一定的扰动后，仍能继续保持原本状态的能力，它是一种承受扰动后自我恢复的能力，即产品在不同工作条件下能正常运转以及其生产的衍生物也能够满足要求的能力。

3) 品质实现可靠性

品质实现可靠性[2,3]是指在指定生产条件下，产品品质可以达到一定的等级、加工水平可以使产品的考核指标控制在一定范围内的能力。轴承品质实现可靠性可以将轴承的振动、寿命、摩擦力矩等作为考核指标进行研究，而这些考核指标受诸多因素的复杂影响。因此，需根据研究对象的不同，确定轴承品质的考核指标和相关的影响因素。根据因素空间理论[4]，多因素的复杂影响状态是很难预知的，针对这种情况，可以先将因素的复杂影响状态分解为多个简单因素状态，再把这些简单因素状态合成复杂因素状态进行考察。对轴承产品品质实现可靠性进行评估，可以深入地了解轴承的品质好坏及其生产设备的加工能力水平。轴承品质受诸多因素的复杂影响，其影响因素之间的相互作用未知，这属于典型的乏信息问题，仅用传统的经典统计学方法进行分析是不现实的，模糊数学恰好可以解决此类问题。

4) 滚动轴承性能保持可靠性

滚动轴承性能保持可靠性是指在实验和服役期间，滚动轴承可以保持最佳性能状态运行的可能性[5]。滚动轴承性能保持可靠性通常用函数表示，函数的具体取值称为性能保持可靠度。性能保持相对可靠度用于表征未来时刻滚动轴承保持最佳性能状态运行的失效程度。评估时间区间处于滚动轴承运行性能最佳时期，是指该时间区间内的滚动轴承运行性能状态最佳。滚动轴承运行性能最佳时期内，保持最佳性能状态运行是指滚动轴承几乎没有性能失效的可能性，该时期通常位于滚动轴承跑合期结束后邻近的时间区间。滚动轴承保持最佳性能状态运行，是机械系统实现最佳性能状态运行的基础，其保持最佳性能状态运行的可靠性一旦发生变化，将会影响整个机械系统的安全可靠运行。因此，研究滚动轴承性能保持可靠性具有重要的学术价值和应用价值。

1.2 滚动轴承性能不确定性与可靠性的研究现状与进展

1.2.1 滚动轴承性能不确定性与可靠性的研究现状

滚动轴承性能时间序列是轴承发生恶性演变的隐形警报器，其优劣状况直接反映出滚动轴承能否在规定的条件下和规定的时间内完成规定的功能。因此，长期以来，如何从性能时间序列中挖掘出轴承的演变、退变、变异信息是国内外专家及学者研究的热点与难点。在性能预测、故障诊断、不确定性与可靠性等领域取得的成果，刺激和催生了轴承性能演变历程的评估理论和技术的不断更新与发展。

在性能时间序列分析及预测方面，Li 等[6]提出了一种新型的具有分形机翼结构的混沌吸引子，并分析了性能时间序列在该混沌特征下的基本动力学性质。Wang 和 Wu[7]基于相空间重构理论和 Takens 嵌入定理，提出了一种空间机械臂性能时间序列的混沌预测方法。Zounemat-Kermani 和 Kisi[8]对里海南部、中部和北部地区的海风信号进行了混沌识别，依次分析了海风系统内部存在的显著波高、波周期和波方向等动力学特征。Wang 等[9]基于灰色系统理论，针对角接触球轴承摩擦力矩具有明显的不完整性、不确定性、随机性等乏信息问题，提出了一种新的轴承性能时间序列的预测方法。汤武初等确定了高铁轴承服役期间温度的整体分布及不同故障程度下的轴承温度分布,并实现了轴承零部件的在线故障预警[10,11]。Xia 和 Chen[12]融合模糊集合理论与混沌理论提出了一种模糊混沌法,用于分析及预测滚动轴承性能时间序列的非线性演变过程。Meng 等[13]根据乏信息理论,在无任何先验信息的条件下,对小样本性能时间序列进行了真值估计。Hong 等[14]提出了一种自适应轴承健康状态预测方法,利用经验模态分解-自组织映射的方法通过分析轴承振动信号来评估其不同阶段的健康状况。

在滚动轴承性能退化、变异状况及稳定性的评估方面,刘强等[15]将贝叶斯方程融入性能退化模型与寿命模型获得研究对象的可靠性评估模型,来判定卫星动量轮是否在规定时间发生性能退变。Girondin 等[16]使用频率调整和循环平稳分析方法对直升机轴承的变异情况进行了实时检测,以分析轴承的退化程度。Vasudevan 等将人工神经网络、模糊逻辑等方法应用于实际生产及机器故障诊断中,及时发现了产品变异状况并采取相应补救措施[17,18]。高永强和王善坤[19]借鉴结构可靠性求解理论,寻求设备运行状态信息与可靠性之间的映射模型,建立相关的可靠度求解模型,判断良好运转期间是否发生严重变异。Athanasopoulos 等[20]提出了一种非线性周期离散时间系统的稳定性分析理论,并将其应用到卫星姿态控制中,分析控制系统稳定性演变规律。彭靖波等[21]建立了具有时延与数据包丢失的航空发动机分布式控制系统模型,利用 Lyapunov 第二法和线性矩阵不等式方法对系统的指数稳定性进行了分析。陈霆昊等[22]在考虑进气道出口截面流场的畸变对航空发动机稳定性的影响与发动机控制动态响应、软件算法、信号传输时滞等滞后效应情况下,提出了一种基于攻角预测的高稳定性控制方法。Forcellini 等分别就弹性轴承、气体轴承、混合磁轴承进行了稳定性分析,从不同侧面反映轴承运转期间的演变信息[23-25]。

关于不确定性与可靠性的评估,以及基于灰关系的实际应用问题,很多研究工作也取得了相应的成果。孙强和岳继光[26]根据不确定性属性特点,将不确定性分为四大类,即随机性、模糊性、灰性和混合不确定性,并分析讨论了各类方法的实际现状与存在的短板。Kauschinger 和 Schroeder[27]用经典 Palmgren 分析模型研究了摩擦力矩分布特征,发现滚动轴承摩擦力矩有着十分明显的不确定性。刘志成等[28]基于区间优化方法,有效构建出电焊结构疲劳寿命不确定性的分析模型。Xia 等[29]基于乏信息系统理论,用灰自助法有效描述了滚动轴承摩擦力矩不确定性信息。高攀东等基于航空、高铁轴承小样本无失效数据,采用贝叶斯多层估计法建立了可靠性寿命评估模型[30,31]。Grasso 等提出数据驱动法来强化分析滚动轴承的故障振动信号,并根据滚动轴承运转期间实时测量的非线性振动信号,实现了轴承的状态监测和故障诊断[32,33]。Sehgal 等[34]考虑各轴承组件之间的相互作用关系,提出了基于状态空间模型的可靠性预测方法,用于监测退化参数的概率密度分布演变信息及未来状态下可靠度的大小。刘英等[35]融合多个可靠性影响因素，并结合专家经验与已知信息，提出了一种基于区间灰色系统理论的可靠性综合评估方法。Panda 等通过灰色关联分析，对不锈钢的加工制造过程进行了参数优化和多响应问题处理[36,37]。

在滚动轴承性能可靠性的预测方面，丁锋等基于设备状态的性能退化数据，提出了比例故障率模型与空间状态模型的可靠性预测新方法[38,39]。Kim 等[40,41]考虑到研究对象功能结构复杂、使用环境多变，且其性能退化过程表现出非线性、非平稳性与非高斯性等特征，充分利用多源信息进行了多模型的可靠性融合预测。Liu 等[42]研究了退化建模中健康指标的数据级融合方法，通过该方法可以获得更窄的可靠性预测置信区间。熊庆等将铁路轴承振动信号准确有效地进行了特征提取，并针对轴承故障及可靠性问题进行了预测，为滚动轴承质量控制与可靠性设计提供了一定的理论依据[43,44]。Rafsanjani 等[45]针对内圈、外圈和滚子表面有缺陷的滚动轴承建立了非线性动力学故障模型，并给出了轴承运动的控制方程，利用改进的 Newmark 时间积分技术计算出故障模型的响应，进而预测出轴承性能可靠性的未来演变状况。

1.2.2　滚动轴承性能不确定性与可靠性的研究进展

性能保持最低的不确定性及最高的可靠性，是产品实现最佳态势运行的基础。由于诸多因素影响，产品服役期间的性能时间序列会发生非平稳性演化，且退化过程具有明显的非线性特征。此性能时间序列又包含有不断变化的性能不确定性与可靠性轨迹的大量变异信息，进而可做出某些方面的评估与预测并及时对机械设备做出维护与诊断，避免不必要的损失[46]，性能时间序列对分析与挖掘产品退化的内在演变机制有着突出贡献。另外，可靠性方面的研究受大样本寿命实验限制，且在有限的时间段内很难获得准确的失效数据，所以在产品发生失效之前应着重分析无失效数据或某一性能属性时间序列，提取可靠性信息；在可靠性增大或减小时，性能不确定性可能早已显现出潜在的变化迹象。然而，大部分性能不确定性与可靠性的研究过于单一，很少将这两个不同属性参数统一联系起来。究竟两者之间是否有联系或两者之间的关联程度如何，国内外鲜有报道，更何况两者的研究依赖于已知分布与趋势等先验信息的传统统计学理论。此类伴有非稳性、非线性演变特征的性能时间序列问题会存在建模方法不完善及主观判断不正确、放大参数预算等影响。

长期以来，滚动轴承可靠性理论主要以经典统计学为基础，考虑疲劳失效模式的静态问题，并假设失效概率服从韦布尔分布。然而，随着航空航天、高速客车、新能源、精密与智能装备等领域的快速发展，研究者发现在产品生产实践中，滚动轴承性能变异时存在许多异常现象，如零件断裂、密封失效、运动精度变差、卡死、烧结等，这些性能的变化与失效概率分布呈现出不确定性、多变性、多样性、非平稳性、非线性等特征。在经历初期退化、渐进退化、快速退化与急剧退化等阶段时，滚动轴承性能的变化趋势、失效轨迹、概率分布等信息随之变化，导致滚动轴承运行性能可靠性发生奇异演变。因此，在缺乏概率分布与趋势等先验信息条件下，滚动轴承性能可靠性的演变势态是不确定性、多变性、多样性、非平稳性、非线性等特征表征的关键。由此得到机理认知，应当阐明滚动轴承性能从无失效到失效的多样性演变特征，识别性能可靠性的演变非线性轨迹，探明等价关系发生概率与后验发生概率，揭示可靠性演变不确定性等新特性。这是机械基础件产品与机械传动系统的性能可靠性设计、评估与预测领域的共性科学问题。

在耐久性实验研究中，人们已经认识到，运行中的滚动轴承若润滑良好，安装正确，无尘埃、水分与腐蚀介质等的侵入，且载荷适中，则造成滚动轴承损坏的唯一原因是材料的疲劳。1939 年，在对脆性工程材料失效进行统计处理时，韦布尔发现了结构破坏与应力体积之间的关系，提出了韦布尔理论的基本定律[47]。1947 年，依据韦布尔理论，Lundberg 和 Palmgren[48]基于"疲劳断裂的概率是承载表面下最大剪切应力深度的函数"这一事实，提出了著名的 Lundberg-Palmgren 滚动轴承疲劳寿命理论。初期的滚动轴承疲劳寿命理论定义了滚动轴承疲劳寿命的两参数韦布尔分布，并证实，对于失效概率在 7%～60%的疲劳寿命，实验数据与运用韦布尔分布拟合的结果极为吻合[47]。但是，在服役期间，滚动轴承的失效模式并非仅仅是疲劳破坏，而是疲劳破坏前经常出现的内部零件卡死、烧结、耕犁、塑性变形、裂纹或断裂等性能失效的多样性现象。这些失效模式的概率分布未知，特征数据少，特别是轴承内部零件之间的非线性动态接触与碰撞，润滑介质的非线性损伤与黏温及黏压特性，且精度损失呈现不确定和多变的非线性特征，使轴承性能及其变化趋势随时间和工况发生改变[49-51]。显然，静态寿命理论因立足于单一疲劳磨损，而难以揭示滚动轴承性能多样性的可靠性演变机制，不能满足当前工程需求。

现有研究考虑了更多的影响因素，以阐明滚动轴承性能演变的多样性。对于服役条件，润滑状态与热效应将改变滚动轴承的零件断裂与磨损失效机理，受污染的润滑剂将扭曲滚动轴承润滑形态，真空度与转速变化以及涡动将导致轴承摩擦力矩发生异常与滑动失效，而且润滑油的性质也将改变滚动轴承性能的化学反应失效模式[52,53]；若滚动轴承存在缺陷，则其内部接触应力分布、振动与噪声特性将随着缺陷形式及其位置的变化而变化[54]。对于磨损，滚动轴承的滚动-滑动磨损具有分形层次的碎片生物活性机制，干摩擦高速运行的陶瓷球的主要破坏形式是表面裂纹和表层剥离，而滚道破坏呈现疲劳裂纹、点蚀和犁痕等多种形式，且表面裂纹失效概率具有不确定性[54]。事实上，现有理论与实验研究成果仍难以明晰多样性影响因素及其层次与尺度的多变性、非线性与耦合效应的运行机制，无法表征滚动轴承性能多样性的可靠性演变状态和势态的不确定性与多变性。

非线性演变轨迹、等价关系发生概率与后验发生概率的探索,是刻画滚动轴承性能失效轨迹的非平稳性与非线性本质的基础。现有研究发现,滚动轴承系统的稳定性在时间序列、频率响应与相轨迹等方面具有多变性[50,51];速度和初期故障的微量波动会导致系统频谱、相轨迹、高阶 Poincare 映射、Lyapunov 指数与 Duffing 混沌振子等动态行为的重大变化[47,55];滚动轴承的接触应力、接触角、旋滚比等性能参数均显露出非线性变化特征[47]。目前,在理论上仍然让人困惑的是,滚动轴承性能时间序列的相空间重构轨迹、Lyapunov 指数、奇异吸引子等混沌特征如何敏感于性能退化的初期微弱表现;滚动轴承性能从无失效向失效演变的遗传多样性如何受制于变异基因信息传递的显性与隐性;滚动轴承性能可靠性演变的非平稳性与非线性如何依赖于混沌时间序列的等价关系发生概率与后验发生概率等[56]。

1.3　滚动轴承性能不确定性与可靠性的研究思路

滚动轴承的性能时间序列伴有产品本身固有的演变规律,为确保工作主机安全运行,努力挖掘这一确定性规则进而实现产品的不确定性分析与可靠性评估,是机械维护策略发展的重要内容,并可及时发现变异信息与失效隐患,提前避免恶性事故发生。从服役开始,产品性能已连续变异,与其工作条件、周围环境、使用时间、自身精度等密切相关,形成一个复杂的非线性的性能时间序列,其内部隐含有连续变化的不确定性及可靠性轨迹。现有研究表明,对产品性能不确定性及可靠性的分析,大都采用传统的概率论和数理统计方法,利用大量具有概率重复性的样本与有限假设,确定产品的参数分布,只适用于大批量同类产品的平均不确定性或可靠性;然而,每个产品的工况不同,其性能变异(变化/退化)过程不尽相同,相对应的性能不确定性与可靠性也必然不同[1]。

滚动轴承性能可靠性演变过程呈现不确定性、多样性、多变性、非平稳性与非线性等特征,而目前在滚动轴承性能从无失效到失效的多样性演变特征、性能可靠性演变的非线性轨迹、等价关系发生概率与后验发生概率以及不确定性等方面存在认知困难。那么,如何才能有效地解决问题?自然界有一种现象,即物种发生异样变化,可能是相关基因变异的结果。遗传学认为,基因变异是基因组 DNA 分子发生突然的可遗传的变异。这可以反过来说,若基因有变异迹象,则通过评估其变异特征,可以预测物种的演变历程。受此启发可知,变异基因驱动轴承性能特征演变,即存在某些变异基因,使轴承性能发生异样变化。遗传是一种关系的传递,突变是生物多样性的根本来源。遗传与变异不仅蕴含着众多粒子的动态与随机过程表现，而且具有贫乏的特征信息，还充满等价关系信息的非线性传递层次与尺度等。因此，为了解决认知方面的困难，需要研究滚动轴承性能的变异基因。这有待于多学科与跨学科理论及方法的融合与创新。

相应的研究方向应该是：基于非线性动力学、多体动力学、接触力学、摩擦学等探索滚动轴承运行性能的力学本质；基于信息熵理论、自助方法论、粗集理论、灰色系统理论等发现滚动轴承运行性能异常的未知特性；基于模糊集合理论、贝叶斯理论、随机过程理论、混沌时间序列理论等实证滚动轴承运行性能变异基因的传递概率。这样做的目的是实现时间序列可靠性理论上的突破，以便在缺乏概率分布与趋势等先验信息条件下，能够揭示滚动轴承性能可靠性的演变机理，进而预测其演变过程[56-58]。

1.4 本书主要研究内容

本书的主要研究内容如下。

1) 滚动轴承性能时间序列变化趋势的混沌预测

首先以嵌入维数、时间延迟、最大 Lyapunov 指数表征滚动轴承摩擦力矩时间序列的混沌特性；接着构造 $x(t)$-$x(t+(m-1)\tau)x(t)$ 的曲线吸引子，解析相空间中摩擦力矩时间序列的动力学特征；然后根据一阶局域预测法、加权一阶局域预测法、改进的加权一阶局域预测法、径向基函数(RBF)神经网络预测法、Volterra自适应预测法 5 种混沌预测方法，预测轴承性能时间序列的未来变化趋势；最后结合自助-最大熵原理将 5 个预测结果融合处理，实现滚动轴承摩擦力矩时间序列的综合预测。

2) 滚动轴承性能变异的模糊评估

基于模糊集合理论提出一种非线性卫星动量轮轴承性能变异过程分析的计算方法，将工程实际中的模糊相似关系转化为空间向量的模糊等价关系，来量化评估稳定系统总体性能变异的本质特征。

3) 滚动轴承性能演变历程的量化评估

分别从模糊等价关系和自助-最大熵原理两个方面对原始数据进行数学建模，目的是建立模糊等价关系中模糊数与滚动轴承振动性能变异概率之间的量化关系。模糊等价关系用模糊数衡量滚动轴承性能退化特征，变异概率以经典统计理论中的概率表征滚动轴承性能变异程度的大小。至此，模糊数学与经典概率论建立起有效联系，以二者关系曲线来量化评估滚动轴承性能演变历程。

4) 点蚀缺陷滚动轴承的静力学和显式动力学仿真分析

首先对滚动轴承进行静力学分析，并与赫兹接触理论对比，验证仿真分析是否准确；然后对点蚀缺陷进行进一步的分析，叙述显式动力学分析的理论基础与操作步骤；最后分别对深沟球轴承 6205 和圆柱滚子轴承 N1015 进行点蚀缺陷分析，提取结果数据，得出点蚀缺陷对轴承振动的影响规律。

5) 滚动轴承振动性能不确定性的静态评估与动态预测

基于模糊集合理论与范数理论，提出模糊范数方法，以实施滚动轴承振动性能不确定性的静态评估；基于灰色系统理论与自助原理，提出灰自助法，以实施轴承振动性能不确定性的动态预测。

6) 滚动轴承振动性能不确定性的混沌灰自助动态评估

将混沌理论、灰自助动态预测法和最大熵法有效融合，提出一种滚动轴承振动性能不确定性的动态预测方法。基于混沌理论中的 C-C 方法计算时间延迟和嵌入维数，应用小数据量法计算最大 Lyapunov 指数；应用 4 种局域预测方法进行预测，以验证混沌理论的适用性和可行性；基于灰自助动态评估模型 GBM(1, 1)，模拟出多个侧面信息的大量生成数据；在给定显著性水平下，应用最大熵法进行真值估计和区间估计。

7) 滚动轴承性能可靠性的动态预测

将多个服役时间段的振动变异概率量化分析，衡量出高铁轴承可能发生潜在变异的大小；对紧邻且更新后的 5 个变异概率应用自助-最小二乘法进行线性拟合，结合最大熵原理预测出下一时间段变异概率的真值及上下界，根据泊松过程实现高铁轴承的可靠性动态预测。

8) 滚动轴承振动性能的品质实现可靠性评估

以模糊数学理论为基础，提出滚动轴承品质影响因素权重确定的方法。对原始的品质实现可靠性模型进行修正，建立改进的滚动轴承品质实现可靠性模型，并基于最大熵原理对滚动轴承品质实现可靠性进行估计，得出其真值和真值区间。以两种滚动轴承的实际案例分析结果验证改进的滚动轴承品质实现可靠性模型更可靠。

9) 滚动轴承振动性能保持可靠性预测与动态评估

借助灰色系统理论和泊松过程，建立滚动轴承性能保持可靠性预测模型和动态评估模型，从而对滚动轴承振动性能的退化过程进行研究。利用多项式进行参数拟合，得到各个时间序列最佳振动性能状态变异概率的小数据样本；利用灰自助-最大熵法进行融合，得到变异概率的真值估计曲线和上下界曲线，进而对滚动轴承保持最佳振动性能状态运行的失效程度进行动态评估。

10) 超精密滚动轴承服役精度保持可靠性动态预测

将混沌理论、灰色系统理论和随机过程有效融合，针对超精密滚动轴承，提出一种服役精度保持可靠性的动态预测方法。以振动信号时间序列表征超精密滚动轴承服役精度的状态信息建立数学模型，有效预测出轴承保持最佳服役精度状态的失效程度。

11) 滚动轴承性能可靠性与不确定性、稳定性的关系分析

以灰自助原理求得的平均动态波动来量化性能不确定性，从而识别出产品性能的演变过程。将两个排序序列进行灰关系分析，求取性能时间评估序列的灰置信水平，有效表征产品运转过程的稳定状况。以自助-最大熵法为桥梁，在灰关系的基础上融入泊松过程，准确挖掘出产品性能的基于本征序列的可靠性水平。

12) 滚动轴承振动性能的非线性特征与性能保持可靠性的关系分析

以混沌理论为基础，提出关联维数保持性的新概念，用其刻画滚动轴承振动的非线性特征，同时，基于最大熵原理和泊松计数原理建立振动性能保持可靠性模型，进而建立滚动轴承振动的非线性特征与振动性能保持可靠性匹配序列。

上述研究内容能够揭示滚动轴承运转过程中的性能以及最佳性能状态的退化及演变机理，可为滚动轴承性能不确定性及可靠性理论研究提供些许新思路。

第 2 章　滚动轴承性能时间序列变化趋势的混沌预测

2.1　概　　述

摩擦力矩是衡量滚动轴承运转灵活性、稳定性及其寿命的重要指标，但呈现出明显的随机性和非线性特征。摩擦力矩过大会引起轴承表面温度升高，致使润滑剂劣化、磨损加剧，甚至滚动表面烧伤、轴承损坏。尤其是对于航空航天轴承，摩擦力矩运行特性直接影响信号传递链的准确性和灵敏性以及系统工作的稳定性与可靠性。

摩擦力矩具有明显的不确定性，表现出随机的强烈波动和趋势变化，属于概率分布与趋势规律均未知的乏信息系统，因此用经典的统计理论对其进行实验分析难以实现。滚动轴承摩擦力矩不仅与轴承本身的外观尺寸、精度等级、材料性能等内部条件有关，而且与外界载荷、安装精度、润滑类型及工作环境等外部条件有关，是一个非平稳的周期性随机过程，既无法推导出精确的计算式，又无法找到准确的趋势变化信息。因此，轴承摩擦力矩的研究属于动力学方程未知的非线性问题，难以寻找出精确的非线性模型。

对于滚动轴承摩擦力矩这类非线性乏信息的预测问题，传统的方法已难以满足实际应用中越来越高的精度要求，经典的数学方法一直未能取得令人满意的预测结果。而基于混沌理论的非线性时间序列分析却跳出了传统的建立主观模型的局限，直接通过时间序列本身的内在规律做出分析与预测，避免了人为的主观性，从而提高了预测精度和可信度。因此，混沌预测模型对解决轴承摩擦力矩评估问题有自己的独有特点和用途，能有效解析其运转规律及性能演变迹象，并能从复杂的表象中寻找出隐藏的确定性规则，进而挖掘出系统变量长期演化信息。

基于此，本节应用 5 种混沌预测方法预测滚动轴承摩擦力矩时间序列未来变化趋势，并求出每步预测值与实际值的不同相对误差；由于每种预测模型都有自己对应的适用环境与条件，反映信息的角度和误差不同，单靠分析一个模型很难挖掘出研究对象的准确变化趋势，为提高滚动轴承摩擦力矩预测模型的准确性和包容性，提出自助-最大熵融合技术，将 5 种预测方法所得结果有效融合，从而实现预测结果的区间估计和真值估计。

2.2　数学模型

2.2.1　时间序列特征参数

1. 时间序列

设滚动轴承摩擦力矩时间序列向量表示为

$$\boldsymbol{X} = (x(1), x(2), \cdots, x(i), \cdots, x(n)) \tag{2-1}$$

式中，$\boldsymbol{X}$ 为滚动轴承摩擦力矩的时间序列向量；$x(i)$ 为时间序列的第 i 个数据；n 为数据总个数。

2. 均值

由统计理论可知，摩擦力矩时间序列的均值为

$$X_0 = \frac{1}{n} \sum_{i=1}^{n} x(i) \tag{2-2}$$

式中，X_0 为滚动轴承摩擦力矩时间序列的均值，均值可挖掘研究对象在物理空间的测度。

3. 相轨迹

根据相空间重构原理，可获得时间序列向量的相轨迹为

$$\boldsymbol{X}(t) = (x(t), x(t+\tau), \cdots, x(t+(k+1)\tau), \cdots, x(t+(m-1)\tau)), \\ t = 1, 2, \cdots, M; k = 1, 2, \cdots, m \tag{2-3}$$

且有

$$M = n - (m-1)\tau \tag{2-4}$$

式中，t 为相轨迹序号；$x(t+(m-1)\tau)$ 为延迟值；m 为嵌入维数(可用伪近邻法或 Cao 法求得)；τ 为时间延迟(可用互信息法求得)；M 为相轨迹的个数。

相空间重构是分析滚动轴承摩擦力矩时间序列混沌特征的基础。

4. 互信息法求时间延迟 τ

互信息法[59]根据信息理论计算出时间序列的互信息函数，将第一个极小值所对应的 τ 作为时间延迟。在互信息法中，通常计算的是 $x(i)$ 与 $x(i+\tau)$ 的相关度，令 $x(i+\tau)=y(j)$ 进行信息熵的计算。对于时间序列 $x(i)$, $y(j)$, $i=1,2,\cdots,N$, $j=1,2,\cdots, M$,

其中 $M=N-\tau$，信息熵 $H(x)$、联合信息熵 $H(x, y)$ 和互信息函数 $I(x, y)$ 的定义分别如下：

$$H(x) = -\sum_{i=1}^{N} P[x(i)]\ln\left\{P[x(i)]\right\} \tag{2-5}$$

$$H(x, y) = -\sum_{i=1}^{N}\sum_{j=1}^{M} P[x(i), y(j)]\ln\left\{P_{xy}[x(i), y(j)]\right\} \tag{2-6}$$

$$I(x, y) = H(x) + H(y) - H(x, y) \tag{2-7}$$

式中，$H(x)$ 为信号 $x(i)$ 的信息熵，表示对指定系统 $x(i)$ 测量而得到的互信息量；$P[x(i)]$ 为变量 x 在状态 i 出现的概率；$H(y)$ 为信号 $y(j)$ 的信息熵，表示对指定系统 $y(j)$ 测量而得到的互信息量；$H(x, y)$ 为联合信息熵；$P[x(i), y(j)]$ 为变量 x、y 分别在状态 i、j 同时出现的概率。

计算互信息函数 $I(x, y)$ 时所用到的概率，通常采用等网格法来获得。该方法首先将变量组成的空间等间距划分为若干网格，然后通过每个网格中的点数进行概率计算。设在 x 方向上等分成 T 个格子，y 方向上等分成 T_1 个格子，将 x 方向的格子按序号标记为 $s(s=1,2,\cdots,T)$，将 y 方向的格子按序号标记为 $q(q=1,2,\cdots,T_1)$，以此类推，用于标记二维的格子序号可记为 (s, q)，计算每个格子上的点数，而后得出概率：

$$P[x(i)] = \frac{N_{sx}}{N_{\text{total}}}, \quad 1\leqslant s\leqslant T \tag{2-8}$$

$$P[y(j)] = \frac{N_{qy}}{N_{\text{total}}}, \quad 1\leqslant q\leqslant T_1 \tag{2-9}$$

$$P[x(i), y(j)] = \frac{N_{(s,q)}}{N_{\text{total}}}, \quad 1\leqslant s\leqslant T; 1\leqslant q\leqslant T_1 \tag{2-10}$$

式中，N_{sx} 为一维 x 方向上的第 s 个格子中的数据点数目；N_{qy} 为一维 y 方向上的第 q 个格子中的数据点数目；N_{total} 为全部数据点数目；$N_{(s,q)}$ 为二维 xy 方向上的格子 (s, q) 中的数据点数目。

互信息函数 $I(x, y)$ 与时间延迟 τ 有显著的函数关系，可记为 $I(\tau)$，在重构时使用 $I(\tau)$ 的第一个极小值作为最优时间延迟。

5. Cao 法求嵌入维数 m

Cao 法是通过增加嵌入维数，观察邻近点之间距离的变化来确定嵌入维数的[60]。在混沌系统中，当重构出来的吸引子达到完全伸展状态时，邻近点的距离将达到稳定，因此在 Cao 法中，如果两邻近点的距离不随嵌入维数 m 的增加而发生变化，

那么此刻的 m 即所求。Cao 法需已知时间延迟 τ(互信息法求得)，然后对嵌入维数 m 从小到大取值，计算两邻近点距离随 m 的变化情况。对于嵌入维数 m，相空间中的一点 $X(i)=\{x(i),x(i+\tau),\cdots,x(i+(m-1)\tau)\}$，存在一个最邻近点 $X(j)=\{x(j),x(j+\tau),\cdots,x(j+(m-1)\tau)\}$，两点之间的距离记为 $R(i,m)$，有

$$R(i,m)=\left\|X(i)-X(j)\right\|,\quad i=1,2,\cdots,N-m\tau \tag{2-11}$$

式中，符号 $\|\cdot\|$ 为向量范数，可以采用 2 范数或 ∞ 范数。当嵌入维数增加到 $m+1$ 时，两点重构为 $X(i)=\{x(i),x(i+\tau),\cdots,x(i+m\tau)\}$，$X(j)=\{x(j),x(j+\tau),\cdots,x(j+m\tau)\}$，它们之间的距离记为 $R(i,m+1)$，令

$$a(i,m)=\frac{R(i,m+1)}{R(i,m)} \tag{2-12}$$

$$E(m)=\frac{1}{N-m\tau}\sum_{i=1}^{N-m\tau}a(i,m) \tag{2-13}$$

$$E^*(m)=\frac{1}{N-m\tau}\sum_{i=1}^{N-m\tau}\left|x(i+m\tau)-x(j+m\tau)\right| \tag{2-14}$$

$$E_1(m)=\frac{E(m+1)}{E(m)} \tag{2-15}$$

$$E_2(m)=\frac{E^*(m+1)}{E^*(m)} \tag{2-16}$$

当不断增大 m 值，$E_2(m)$ 不再随之发生变化时，对应的最佳嵌入维数为 $m+1$。

6. 最大 Lyapunov 指数

混沌系统对初始条件非常敏感，如果初始条件不同，那么即使具有几乎相同初始状态的两个相轨迹，也会以指数递增率彼此分离，形成不同的状态。这也是混沌的本质特性和混沌运动的基本特点。在工程实际分析中，通常估计最大 Lyapunov 指数 λ，以鉴别研究对象时间序列的混沌特征(可由小数据量法求得)[61]。若 $\lambda>0$，则说明系统具有混沌特征；若 $\lambda=0$，则说明系统出现周期现象；若 $\lambda<0$，则说明系统具有稳定的不动点。

对于一维映射：

$$x_{n+1}=f(x_n) \tag{2-17}$$

设初值 x_0 的邻近值为 $x_0+\delta x_0$，根据映射式(2-17)，经过 n 次迭代后，两点之间的距离为

$$\delta x_n=\left|f^{(n)}(x_0+\delta x_0)-f^{(n)}(x_0)\right|=\frac{\mathrm{d}f^{(n)}(x_0)}{\mathrm{d}x}\delta x_0=\mathrm{e}^{\lambda n}\delta x_0 \tag{2-18}$$

说明两点以指数方式分离。式(2-18)中 λ 为最大 Lyapunov 指数，有

$$\lambda = \frac{1}{n}\ln\frac{\delta x_n}{\delta x_0} = \frac{1}{n}\ln\left|\frac{\mathrm{d}f^{(n)}(x_0)}{\mathrm{d}x}\right| \tag{2-19}$$

7. 奇怪吸引子

奇怪吸引子是相轨迹的一种形态。根据奇怪吸引子的形态，可以在相空间中图解滚动轴承摩擦力矩时间序列的动力学特征。研究中，奇怪吸引子的形态被定义为具有横坐标 $x(t)$ 与纵坐标 $x(t+(m-1)\tau)x(t)$ 的曲线[62]。

2.2.2　时间序列预测模型

局域法是最常用的混沌预测方法，在各个领域都得到了广泛应用和研究。它的基本思想是：通过选取与待预测点邻近的 i 个点进行线性拟合，进而估计相轨迹下一时间点的走向，最后从预测轨迹中分离出预测值。此外，RBF 神经网络和 Volterra 级数是近几年较为广泛流行且又比较成熟的预测模型。基于此，本节主要介绍 5 种简单的混沌时间序列预测方法：一阶局域预测法、加权一阶局域预测法、改进的加权一阶局域预测法、RBF 神经网络预测法和 Volterra 自适应预测法。

1. 一阶局域预测法

假设 $X(M)$ 是中心轨迹(即预测的开始轨迹或者相空间轨迹中末尾的一个轨迹)，存在与中心轨迹相似的 L 个参考轨迹，则可称 $X(M_l)$ 为中心轨迹的第 l 个邻近点，$l=1,2,\cdots,L$。将中心轨迹 $X(M)$ 周围的邻近点采用式 $X^{\mathrm{T}}(M+1)=aW+bX^{\mathrm{T}}(M)$ 进行线性拟合，可表示为

$$\begin{bmatrix} X(M_1+1) \\ X(M_2+1) \\ \vdots \\ X(M_L+1) \end{bmatrix} = aW + b\begin{bmatrix} X(M_1) \\ X(M_2) \\ \vdots \\ X(M_L) \end{bmatrix} \tag{2-20}$$

式中，$W=[1,1,\cdots,1]^{\mathrm{T}}$；点 $X(M_1),X(M_2),\cdots,X(M_L)$ 为中心轨迹 $X(M)$ 的邻近点(由欧氏距离求得)。

应用最小二乘法求出 a、b，将其代入 $X^{\mathrm{T}}(M+1)=aW+bX^{\mathrm{T}}(M)$，便可求得 $X(M+1)$，进而分离预测值。

具体算法如下：

(1) 重构相空间。选择合适的嵌入维数 m 和时间延迟 τ，根据式(2-3)进行相空间重构。

(2) 寻找 L 个与中心轨迹 $X(M)$ 最为邻近的点 $X(M)_{邻近}=\{X(M_1),\ X(M_2),\cdots,$ $X(M_L)\}$，可由欧氏距离求得。

(3) 求取 $X(M+1)$。根据式(2-20)在 $X(M)$ 的邻域中用最小二乘法拟合得到参数 a、b 的值，使 $X^{\mathrm{T}}(M+1)=aW+bX^{\mathrm{T}}(M)$。

(4) 分离预测值。

2. 加权一阶局域预测法

相对于一阶局域预测法，加权一阶局域预测法考虑了各个邻近点对中心点的影响比重，即增加了权值项，权值为

$$P_l = \frac{\mathrm{e}^{-k(d_l-d_{\min})}}{\sum\limits_{l=1}^{L}\mathrm{e}^{-k(d_l-d_{\min})}} \tag{2-21}$$

$$d_l = \sqrt{(x(M)-x(M_l))^2+(x(M+\tau)-x(M_l+\tau))^2+\cdots+(x(M+(m-1)\tau)-x(M_l+(m-1)\tau))^2} \tag{2-22}$$

式中，k 为参数，通常取 $k=1$；d_l 为 $X(M)$ 与 $X(M_l)$ 之间的欧氏距离；$d_{\min}$ 为 d_l 的最小值；L 为参考轨迹的个数。

一阶局域线性拟合式为

$$X^{\mathrm{T}}(M_l+1) = aW + bX^{\mathrm{T}}(M_l) \tag{2-23}$$

式中，$W=[1,1,\cdots,1]^{\mathrm{T}}$。

应用最小加权二乘法求解 a、b：

$$\sum_{l=1}^{L}P_l\big[x(M_l+1)-a-bx(M_l)\big]^2 \to \min \tag{2-24}$$

两边求导得到

$$\begin{cases} \sum\limits_{l=1}^{L}P_l\big[x(M_l+1)-a-bx(M_l)\big]=0 \\ \sum\limits_{l=1}^{L}P_l\big[x(M_l+1)-a-bx(M_l)\big]x(M_l)=0 \end{cases} \tag{2-25}$$

即

$$\begin{cases} a\sum\limits_{l=1}^{L}P_lx(M_l)+b\sum\limits_{l=1}^{L}P_lx^2(M_l)=\sum\limits_{l=1}^{L}P_lx(M_l)x(M_l+1) \\ a+b\sum\limits_{l=1}^{L}P_lx(M_l)=\sum\limits_{l=1}^{L}P_lx(M_l+1) \end{cases} \tag{2-26}$$

解方程组可得 a 和 b，之后即可实现混沌预测。

具体算法如下：

(1) 重构相空间。选择合适的嵌入维数 m 和时间延迟 τ，根据式(2-3)进行相空间重构。

(2) 寻找最邻近点。计算重构序列中每个点到 $X(M)$ 之间的欧氏距离，以此来寻找最邻近点。

(3) 求权值。由式(2-21)求出权值。

(4) 应用最小加权二乘法求得 a、b。

(5) 根据式(2-23)求出预测值。

3. 改进的加权一阶局域预测法

该方法是对加权一阶局域预测法的改进，二者之间的差异是所定义的 $X(M)$ 与 $X(M_l)$ 之间的相似性不同：加权一阶局域预测法采用欧氏距离来定义邻域点间的相关性，而改进的加权一阶局域预测法的邻域点间的相关性是采用夹角余弦来度量的。

夹角余弦 $\cos l$ 的计算公式为

$$\cos l = \frac{\sum\limits_{l=1}^{L}(X(M), X(M_l))}{\sqrt{\left(\sum\limits_{l=1}^{L}X^2(M)\right)\left(\sum\limits_{l=1}^{L}X^2(M_l)\right)}} \tag{2-27}$$

式中，$X(M)$ 为中心轨迹；$X(M_l)$ 为参考轨迹。改进的加权一阶局域预测法的具体算法同加权一阶局域预测法，即只需将欧氏距离 d_l 改为夹角余弦 $\cos l$。

4. RBF 神经网络预测法

由于神经网络具有良好的并行处理能力、强大的非线性映射能力，它能够把诸多非线性信号的处理方案及工具融合在一起，不确定的动力系统可根据它来掌控混沌时间序列，再进行预测与控制。同时，混沌时间序列的内部会存在某种属性的显著性规律，使得整个系统好像有某种记忆存储功能，而又难以用常见的数学方法把这种规律描述出来。这种信息处理方式正好是神经网络所具备的，因此用神经网络预测法进行混沌时间序列的预测是可行而又可靠的方案。

RBF 神经网络是由输入层、隐含层、输出层构成的一种三层的前馈神经网络，其结构示意图如图 2-1 所示。

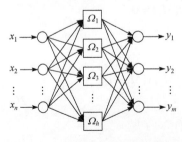

图 2-1   RBF 神经网络结构示意图

RBF 神经网络完成映射 $f: \mathbf{R}^n \rightarrow \mathbf{R}^m$，其数学表达式为

$$f_i(x) = \theta_0 + \sum_{j=1}^{h} \theta_{ij} \varphi \left(\left\| \mathbf{X} - \mathbf{C}_j \right\| \right), \quad i=1,2,\cdots,m \tag{2-28}$$

式中，取 $m=1$，$\mathbf{X} \in \mathbf{R}^n$ 为网络的输入向量；$\varphi(\cdot)$ 为径向基函数，用于完成 $\mathbf{R}^n \rightarrow \mathbf{R}^m$ 的变换；$\|\cdot\|$ 表示范数；$\theta_{ij}(1 \leqslant i \leqslant m, 1 \leqslant j \leqslant h)$ 为网络的输出层连接权值；$\mathbf{C}_j$ 为网络的隐含层中心点；θ_0 代表网络的偏置。

有关隐含层隐节点个数的制定，可根据人为设定的精度值，将隐节点的个数按照从小到大的方式排序，当计算结果达到设定精度时，对应的隐节点个数即为所求。运算中选用高斯函数作为径向基函数，其表达式为

$$\varphi \left\| \mathbf{X} - \mathbf{C}_j \right\| = \exp \left(\frac{-\left\| \mathbf{X} - \mathbf{C}_j \right\|^2}{\beta^2} \right) \tag{2-29}$$

式中，β 为宽度值。

RFB 神经网络预测法的预测步骤如下：

(1) 输入时间序列向量 $\mathbf{X}$，计算出嵌入维数 m 和时间延迟 τ。

(2) 根据计算出的 m 和 τ，对滚动轴承摩擦力矩时间序列进行相空间重构。

(3) 将 m 作为 RBF 神经网络的输入神经元个数，输出个数为 1，建立 RBF 神经网络。

(4) 将相空间点列作为网络输入，根据前向过程从输出层获得一个输出结果，将该结果与期望结果对比分析，两者若存在误差，立即步入反向传递过程，并调整网络权值，来缩小两者间的误差，正向输出运算与逆向权值调整交替进行，最终将误差控制在准许的区间内。此过程即寻找一个非线性映射 $f(\cdot)$ 使其满足 $x_{t+1} = f((x_k, x_{k+\tau}, \cdots, x_{k+(m-1)\tau})^{\mathrm{T}})$，其中 $k=1,2,\cdots,M$，$t=k+(m-1)\tau$，x_{t+1} 为一步预测值。

5. Volterra 自适应预测法

滚动轴承摩擦力矩的输入 $[x(n), x(n-1), \cdots, x(n-(N-1))]$ 与输出 $x(n+1)$ 的关系为

$$\begin{aligned} x(n+1) = &h_0 + \sum_{m=0}^{+\infty} h_1(m) x(n-m) + \sum_{m_1=0}^{+\infty} \sum_{m_2=0}^{+\infty} h(m_1, m_2) x(n-m_1) x(n-m_2) \\ &+ \cdots + \sum_{m_1=0}^{+\infty} \sum_{m_2=0}^{+\infty} \cdots \sum_{m_p=0}^{+\infty} h_p(m_1, m_2, \cdots, m_p) x(n-m_1) x(n-m_2) \cdots x(n-m_p) + \cdots \end{aligned}$$

$$\tag{2-30}$$

式中，$h_p(m_1, m_2, \cdots, m_p)$ 表示 p 阶次 Volterra 核。该类无限级数展开式在滚动轴承摩擦力矩时间序列实践中很难做到，只能使用有限截断与有限次累加的方法，一般

常见的为二阶截断求和的方法：

$$x(n+1) = h_0 + \sum_{m=0}^{N_1-1} h_1(m)x(n-m) + \sum_{m_1=0}^{N_2-1}\sum_{m_2=0}^{N_2-1} h(m_1,m_2)x(n-m_1)x(n-m_2) \quad (2\text{-}31)$$

依据 Takens 嵌入定理可知，一个混沌时间序列若要完整地表述其动力系统的动态特征，则最少要包含 $m \geqslant 2D_2+1$ 个变量，方可全面地描绘其动力学行为。因此，应将 N_1、N_2 均取为 $N_1=N_2=m \geqslant 2D_2+1$，则混沌序列预测模型为

$$x(n+1) = h_0 + \sum_{i=0}^{m-1} h_1(i)x(n-i) + \sum_{i=0}^{m-1}\sum_{j=i}^{m-1} h(i,j)x(n-i)x(n-j) \quad (2\text{-}32)$$

2.2.3 时间序列预测值融合技术

根据 5 种预测模型的预测结果与实际结果的对比分析，可求出每步预测值与实际真值的不同相对误差。由于每种预测模型都有自己对应的适用环境与条件，反映信息不同的侧面和预测误差，单靠分析一个模型很难挖掘出研究对象的准确规律，因此为提高滚动轴承摩擦力矩预测模型的准确率和包容性，本节提出自助-最大熵融合技术[57]将 5 种预测方法有效融合，从而实现预测结果的区间估计和真值估计：首先利用自助法将每一步的 5 个预测值进行抽样处理，生成大样本数据集合；然后根据最大熵原理建立相应的概率密度函数，在给定置信水平下求出每一步预测结果的估计区间和估计真值。

1. 自助法

根据 5 种摩擦力矩时间序列预测模型，可获得 5 个预测结果，构成向量 $\boldsymbol{\Phi}$：

$$\boldsymbol{\Phi} = (\varphi_1, \varphi_2, \cdots, \varphi_k, \cdots, \varphi_5) \quad (2\text{-}33)$$

式中，φ_k 为第 k 个预测结果，$k=1,2,\cdots,5$。

从数据序列向量 $\boldsymbol{\Phi}$ 中等概率可放回地抽样，每次抽取 $v \leqslant 5$ 个数据，得到一个样本向量 $\boldsymbol{\Phi}_b$；以这样的方式重复抽取 B 次，则可以获得 B 个自助样本向量，其中：

$$\boldsymbol{\Phi}_b = (\varphi_b(1), \varphi_b(2), \cdots, \varphi_b(l), \cdots, \varphi_b(v)) \quad (2\text{-}34)$$

式中，$\boldsymbol{\Phi}_b$ 为第 b 个自助样本向量，$b=1,2,\cdots,B$；l 为生成自助样本的数据序号，$l=1,2,\cdots,v$；$\varphi_b(l)$ 为 $\boldsymbol{\Phi}_b$ 的第 l 个数据。

自助样本的均值 Φ_b^* 为

$$\Phi_b^* = \frac{1}{v}\sum_{l=1}^{v} \varphi_b(l) \quad (2\text{-}35)$$

样本含量为 B 的自助样本向量集合 $\boldsymbol{\Phi}_{\text{Bootstrap}}$ 表示为

$$\boldsymbol{\Phi}_{\text{Bootstrap}} = (\boldsymbol{\Phi}_1, \boldsymbol{\Phi}_2, \cdots, \boldsymbol{\Phi}_b, \cdots, \boldsymbol{\Phi}_B) \qquad (2\text{-}36)$$

2. 基于最大熵原理求解概率密度函数

将自助样本数据连续化，随机变量 φ 的分布用概率密度函数 $f(\varphi)$ 来描述，熵的表达式为

$$H(\varphi) = -\int_{-\infty}^{+\infty} f(\varphi) \ln f(\varphi) \mathrm{d}\varphi \qquad (2\text{-}37)$$

可根据最大熵原理得到基于样本信息密度函数的最佳估计。最大熵原理的核心特征是：在诸多可行解之中，能够满足熵达到最大的解是最"无偏"的。令

$$H(\varphi) = -\int_{S} f(\varphi) \ln f(\varphi) \mathrm{d}\varphi \to \max \qquad (2\text{-}38)$$

约束条件为

$$\int_{S} f(\varphi) \mathrm{d}\varphi = 1, \quad \int_{S} \varphi^i f(\varphi) \mathrm{d}\varphi = m_{Mi}, \quad i = 0,1,2,\cdots,m_M; m_{M0} = 1 \qquad (2\text{-}39)$$

式中，S 为积分区间，即性能随机变量 φ 的可行域；m_M 为最高原点矩的阶数；m_{Mi} 为第 i 阶原点矩。

在运算中不断地调整 $f(\varphi)$ 能够使得熵达到最大值，则 Lagrange 乘子法的解可表示为

$$f(\varphi) = \exp\left(\lambda_0 + \sum_{i=1}^{m_M} \lambda_i \varphi^i \right) \qquad (2\text{-}40)$$

式中，$\lambda_0, \lambda_1, \cdots, \lambda_{m_M}$ 为 Lagrange 乘子；φ 为性能随机变量，且有

$$m_{Mi} = \frac{\displaystyle\int_{S} \varphi^i \exp\left(\sum_{i=1}^{m_M} \lambda_i \varphi^i \right) \mathrm{d}\varphi}{\displaystyle\int_{S} \exp\left(\sum_{i=1}^{m_M} \lambda_i \varphi^i \right) \mathrm{d}\varphi} \qquad (2\text{-}41)$$

$$\lambda_0 = -\ln\left[\int_{S} \exp\left(\sum_{i=1}^{m_M} \lambda_i \varphi^i \right) \mathrm{d}\varphi \right] \qquad (2\text{-}42)$$

式(2-40)就是用最大熵法构建的概率密度函数，可用式(2-36)中自助样本 $\boldsymbol{\Phi}_{\text{Bootstrap}}$ 的数据构建性能样本的概率密度函数 $f(\varphi)$。

3. 区间估计与真值估计

根据统计学原理，估计真值为

$$\Phi_0 = \int_{S} \varphi f(\varphi) \mathrm{d}\varphi \qquad (2\text{-}43)$$

式中，Φ_0 是上述 5 个摩擦力矩预测结果的估计真值。

对于随机变量 φ 的概率密度函数 $f(\varphi)$，有实数 $\alpha \in (0,1)$ 存在，若 φ_α 使概率

$$P(\Phi < \Phi_\alpha) = \int_{-\infty}^{\varphi_\alpha} f(\varphi)\mathrm{d}\varphi = \alpha \tag{2-44}$$

成立，则 φ_α 为概率密度函数 $f(\varphi)$ 的 α 分位数，α 为显著性水平。

对于双侧分位数，有如下等式成立：

$$P(\Phi < \Phi_\mathrm{U}) = \frac{\alpha}{2} \tag{2-45}$$

$$P(\Phi \geqslant \Phi_\mathrm{L}) = \frac{\alpha}{2} \tag{2-46}$$

式中，Φ_U 和 Φ_L 分别为置信区间的上界值和下界值，$[\Phi_\mathrm{L}, \Phi_\mathrm{U}]$ 为置信区间。

2.3 案 例 研 究

研究对象为三个不同滚动轴承 A、B、C 的摩擦力矩，其数值用稳态电流来表示，单位为 mA。研究工作在室内温度 20～25℃、相对湿度 55%以上完成，实验台建立在真空罩内的受控清洁和无振动的地基上。反作用控制箱输出指令电压带动真空实验装置中的轴承转动，通过检测反馈装置，取样并转换后将得到的电流信号反馈给控制箱。真空检测装置实时检测装置内的真空度，一旦真空度低于要求便会自行启动。G1-150A 高真空设备将实验装置内的空气抽到规定范围。利用观察反馈得到的稳态电流信号间接得到滚动轴承摩擦力矩时间序列，为数据采集带来方便。

实验采取摩擦力矩间接测量法，摩擦力矩和稳态电流的关系可以按照功率-电流式

$$I_F = 2\pi Fr / (60U) \tag{2-47}$$

结合 Palmgren 经验式

$$Q = 2\pi Fr / 60 \tag{2-48}$$

给出。式中，Q 为摩擦发热引起的功率损失，W；F 为总摩擦力矩，N·mm；r 为转速，rad/min。

滚动轴承运转过程中的摩擦热会引起功率的损失，当摩擦力矩发生变化时，摩擦发热引起的功率损失会随之变化，即反馈的电流也会发生变化，所以利用反馈得到的电流变化即可观察到轴承摩擦力矩的变化。实验所得轴承 A、B、C 的摩擦力矩时间序列分别如图 2-2～图 2-4 所示，数据每天采集一个。

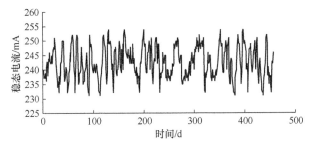

图 2-2　轴承 A 的原始数据

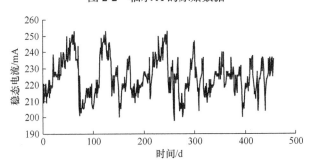

图 2-3　轴承 B 的原始数据

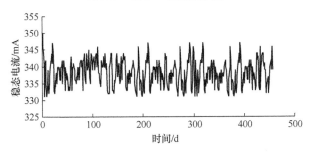

图 2-4　轴承 C 的原始数据

2.3.1　时间序列混沌特征参数

1. 互信息法计算时间延迟

滚动轴承 A、B、C 三个摩擦力矩时间序列的互信息函数关于各自时间延迟 τ 的函数图像，分别如图 2-5(a)～(c)所示。计算过程中选取最大时间延迟参数为 100d。根据图 2-5 可知，轴承 A 在时间延迟等于 7d 时，其互信息函数曲线趋近于水平，则认为在此刻达到了第一个极小值，最优时间延迟为 τ=7d；轴承 B 在时间延迟为 11d 时，其互信息函数曲线趋近于水平，则认为在此刻达到了第一个极小值，最优时间延迟为 τ=11d；轴承 C 在时间延迟为 2d 时，其互信息函数曲线趋近于水平，则认为在此刻达到了第一个极小值，最优时间延迟为 τ=2d。

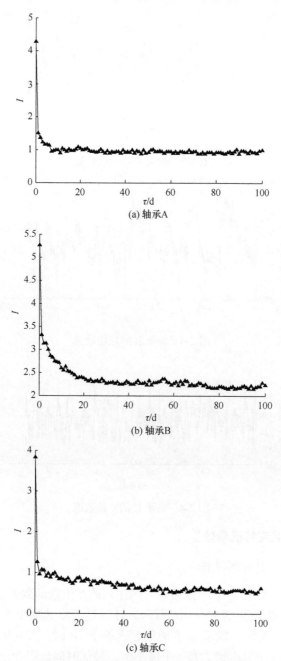

(a) 轴承A

(b) 轴承B

(c) 轴承C

图 2-5　三个轴承的最优时间延迟求解图

2. Cao 法计算嵌入维数

由图 2-5 所得各轴承的时间延迟，结合式(2-15)和式(2-16)分别计算出 E_1 和 E_2，并不断提高嵌入维数，依次重复上面步骤，直到 m 达到某一值，相应的 E_2 不随 m 的增加而发生变化时，此时的 $m+1$ 即最优嵌入维数。如图 2-6(a)~(c)所示，轴承 A 的最优嵌入维数为 3，轴承 B 的最优嵌入维数为 4，轴承 C 的最优嵌入维数为 4。

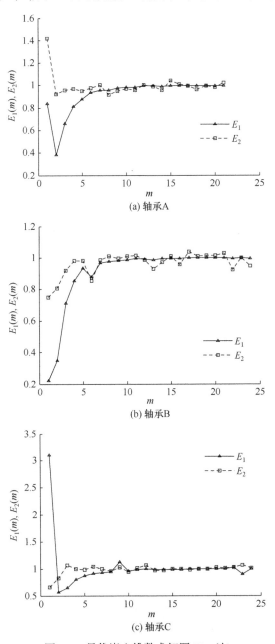

图 2-6　最优嵌入维数求解图(Cao 法)

然后计算出平均值,再用小数据量法求出最大 Lyapunov 指数,可得到轴承摩擦力矩性能时间序列的特征参数,结果如表 2-1 所示。

表 2-1　摩擦力矩时间序列特征参数

轴承	稳态电流均值 X_0/mA	时间延迟 τ/d	嵌入维数 m	最大 Lyapunov 指数 λ	混沌序列
A	242.5908	7	3	0.0098	是
B	224.8731	11	4	0.0454	是
C	338.1947	2	4	0.0380	是

由表 2-1 可知,根据轴承 A、B、C 摩擦力矩的均值(用稳态电流均值表征)可得到三个滚动轴承摩擦力矩的随机波动基础分别在 242.5908mA、224.8731mA、338.1947mA 左右;轴承 A、B、C 的最大 Lyapunov 指数均大于 0,说明所研究的滚动轴承摩擦力矩性能时间序列可认为是混沌时间序列,即表明滚动轴承摩擦力矩具有非线性的动力学特征,这为后文的短期预测奠定了基础。

为图解摩擦力矩性能时间序列的非线性动力学特征及内在的运行机制,现画出横坐标为 $x(t)$、纵坐标为 $x(t+(m-1)\tau)x(t)$ 的奇怪吸引子,如图 2-7(a)～(c)所示。

从图 2-7(a)～(c)可以看出,轴承 A、B、C 都有线性变化趋势,不同轴承表现出不同特性的奇怪吸引子;但总体来看,吸引子轨迹均具有线性增加的趋势,这正是轴承在变时空运转时,其摩擦力矩的非线性动力学的内在运行机制,也是从

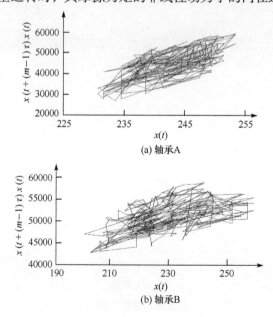

(a) 轴承A

(b) 轴承B

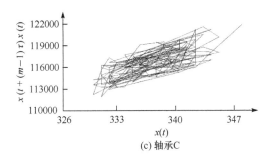

(c) 轴承C

图 2-7　三个轴承的摩擦力矩时间序列吸引子

复杂的表象中寻找到的某一确定性规则，同时表明摩擦力矩性能时间序列是可以预测的。这也说明，虽然滚动轴承摩擦力矩在物理空间具有相同的变化规律，但在相空间中却呈现出多样性与复杂性。

2.3.2　时间序列预测结果

各轴承原始数据均为 457 个，用前 400 个数据建模来预测后 57 个数据，并将预测结果与实验结果对比分析分别求解出一阶局域预测模型、加权一阶局域预测模型、改进的加权一阶局域预测模型、RBF 神经网络预测模型、Volterra 自适应预测模型每一步预测值的相对误差，来验证以上 5 种预测模型的准确性及可行性，图中预测值 1～5 分别代表 5 种模型的预测值，相对误差 1～5 分别代表 5 种模型预测结果的相对误差。

1. 轴承 A

将图 2-2 所示的原始数据代入预测模型，得到的 5 种预测模型的预测值与实际值对比结果如图 2-8 所示，5 种预测模型的每一步预测值相对误差如图 2-9 所示。

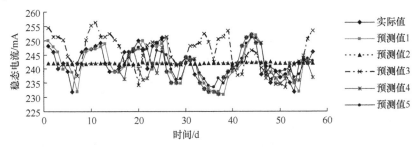

图 2-8　轴承 A 的 5 种预测模型预测结果

由图 2-8 和图 2-9 可知，一阶局域预测值的变化趋势与实际值变化趋势十分相似，几乎与实际情况完全一致，是十分理想的预测方案；轴承 A 的一阶局域

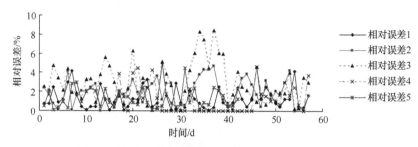

图 2-9　轴承 A 的 5 种预测模型预测结果的相对误差

预测结果的平均相对误差为 1.403%，最小相对误差为 0.039%，最大相对误差为 4.980%，表明预测结果准确可行且稳定可靠。加权一阶局域预测值变化趋势不明显，近似为一条直线，其与实际值上下波动差值较小，预测结果同样安全可行；轴承 A 的加权一阶局域预测结果的平均相对误差为 1.952%，最小相对误差为 0.007%，最大相对误差为 4.732%，表明预测结果同样准确可行且稳定可靠。第 1～10 个、第 21～30 个和第 41～57 个改进的加权一阶局域预测值变化趋势与实际值变化趋势较为相似，预测结果十分理想；第 11～20 个和第 31～40 个预测结果与实际情况的变化差距较远，但波动差值较小；轴承 A 的改进的加权一阶局域预测结果的平均相对误差为 2.878%，最小相对误差为 0.069%，最大相对误差为 8.408%，表明预测结果同样准确且稳定可靠。

当用 RBF 神经网络预测时，取原始数据前 400 个样本作为训练集进行建模分析，后 57 个新样本为测试集，但 $\tau=7d$ 和 $m=3$ 确定后，测试集的预测区间变为 $(m-1)\tau+1=15d$ 之后的新样本，即预测区间为第 416～457d，共 42d。由图 2-8 和图 2-9 可知，预测值变化趋势与实际值变化趋势几乎一致，服从实际情况的一般变化规律，其中第 11～16 个和第 18～30 个预测结果与实验结果完全一样，说明该预测方法也是较为理想的预测方案；轴承 A 的 RBF 神经网络预测结果的平均相对误差为 1.131%，最小相对误差为 0，最大相对误差为 4.622%，表明预测结果准确可行且稳定可靠。

用 Volterra 自适应法预测时，与 RBF 神经网络预测模型同理，测试集的预测区间为 $(m-1)\tau+1=15d$ 之后的新样本，即预测区间为第 416～457d，共 42d。由图 2-8 和图 2-9 可知，预测值变化趋势与实际值变化趋势十分相似，服从实际情况的一般变化规律，是理想的预测方案，但预测结果若能滞后一个单位，该预测方法会更加理想可靠；轴承 A 的 Volterra 预测结果的平均相对误差为 1.293%，最小相对误差为 0.039%，最大相对误差为 4.451%，表明预测结果准确可行且稳定可靠。

2. 轴承 B

将图 2-3 所示的原始数据代入上述混沌预测模型，得到的 5 种预测模型的预测值与实际值对比结果如图 2-10 所示，每一步预测值的相对误差如图 2-11 所示。

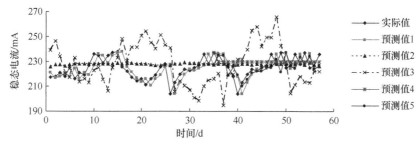

图 2-10　轴承 B 的 5 种预测模型预测结果

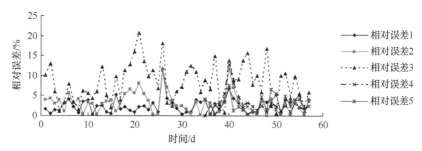

图 2-11　轴承 B 的 5 种预测模型预测结果的相对误差

由图 2-10 和图 2-11 可知，一阶局域预测值变化趋势与实际值变化趋势十分相似，服从实际情况的一般变化规律，是理想的预测方案，但预测结果超前一步；轴承 B 的一阶局域预测结果的平均相对误差为 2.661%，最小相对误差为 0.342%，最大相对误差为 11.672%，表明预测结果准确可行且稳定可靠。加权一阶局域预测值变化趋势不明显，近似为一条直线，其与实际值上下波动差值较小，预测结果同样安全可行；轴承 B 的加权一阶局域预测结果的平均相对误差为 3.214%，最小相对误差为 0.029%，最大相对误差为 11.647%，表明预测结果同样准确可行且稳定可靠。改进的加权一阶局域预测结果与实际情况的变化差距较远，且波动差值较大，根据预测值变化趋势可判断该模型的预测结果不是十分理想；轴承 B 的改进的加权一阶局域预测结果的平均相对误差为 8.189%，最小相对误差为 0.600%，最大相对误差较大，为 20.605%，明显高于其他模型，表明预测结果相对不稳定。

当用 RBF 神经网络进行预测时，首先取原始数据前 400 个样本作为训练集进行建模分析，再以后 57 个新样本为测试集，但 $\tau=11d$ 和 $m=4$ 确定后，测试集的预测区间变为 $(m-1)\tau+1=34d$ 之后的新样本，即预测区间为第 435～457d，共 23d。根据图 2-10 和图 2-11 可知，预测值变化趋势并不明显，且近似为一条直线，其中第 5～8 个预测值与实际值相差较大，但其他预测值与实际值上下波动差值均较小，预测结果同样安全可行；轴承 B 的 RBF 神经网络预测结果的平均相对误差为 2.930%，最小相对误差为 0.000%，最大相对误差为 12.759%，表明预测结果同样准确可行且稳定可靠。

与 RBF 神经网络预测模型同理，用 Volterra 自适应预测时，测试集的预测区间为 $(m-1)\tau+1=34d$ 之后的新样本，即预测区间为第 435～457d，共 23d。根据图 2-10 和图 2-11 可知，预测值变化趋势与实际值变化趋势十分相似，服从实际情况的一般变化规律，是理想的预测方案，但预测结果若能滞后一个单位，该预测方法会更加理想可靠；轴承 B 的 Volterra 预测结果的平均相对误差为 2.958%，最小相对误差为 0.291%，最大相对误差为 7.497%，表明预测结果同样准确且稳定可靠。

3. 轴承 C

将图 2-4 所示的原始数据代入混沌预测模型，得到的 5 种预测模型的预测值与实际值的对比结果如图 2-12 所示，每一步预测值的相对误差如图 2-13 所示。

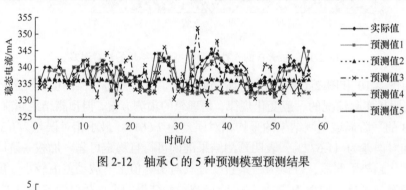

图 2-12　轴承 C 的 5 种预测模型预测结果

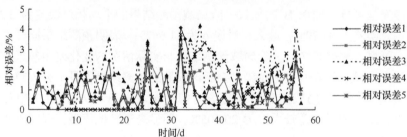

图 2-13　轴承 C 的 5 种预测模型预测结果的相对误差

由图 2-12 和图 2-13 可知，一阶局域预测值变化趋势与实际值变化趋势十分相像，且与实际情况的演变规律几乎一致，是十分理想的预测方案，唯一的不足是预测结果超前一步；轴承 C 的一阶局域预测结果的平均相对误差为 0.972%，最小相对误差为 0.061%，最大相对误差为 4.104%，表明该方案的预测结果准确可行且稳定可靠。加权一阶局域预测值变化趋势不明显，近似为一条直线，其与实际值上下波动差值较小，预测结果同样安全可行；轴承 C 的加权一阶局域预测结果的平均相对误差为 1.116%，最小相对误差为 0.014%，最大相对误差为 3.164%，表明预测结果同样准确可行且稳定可靠。第 1~10 个、第 21~30 个和第 41~57 个改进的加权一阶局域预测值与实际值相差甚小，预测结果十分理想；第 11~20 个和第 31~40 个预测结果与实际情况的变化差距较远，但波动差值较小，预测结果同样安全可靠；轴承 C 的改进的加权一阶局域预测结果的平均相对误差为 1.502%，最小相对误差为 0.017%，最大相对误差为 4.214%，表明预测结果稳定可靠。

采用 RBF 神经网络预测时，取原始数据前 400 个样本数作为训练集进行建模分析，后 57 个新样本作为测试集，但 $\tau=2d$ 和 $m=4$ 确定后，测试集的预测区间为 $(m-1)\tau+1 =7d$ 之后的新样本，即预测区间为第 408~457d，总共 50d。为了有效预防数据太大而引起神经网络的麻痹，应先把时间序列归一化处理至[-1,1]区间，待预测结束后再实施反归一化处理。由图 2-12 和图 2-13 可知，第 0~24 个预测值变化趋势与实际值变化趋势几乎一致，在这个预测段大部分预测值和实际值完全一致，实现了零误差预测，预测结果相当可观；第 25~50 个预测值变化趋势不明显，近似为一条直线，上下波动差值较小，说明该预测方法是十分理想的预测方案；轴承 C 的 RBF 神经网络预测结果的平均相对误差为 1.021%，最小相对误差为 0，最大相对误差为 3.933%，表明预测结果准确可行且稳定可靠。

与 RBF 神经网络预测模型同理，采用 Volterra 自适应预测时，测试集的预测区间为 $(m-1)\tau+1=7d$ 之后的新样本，即预测区间为第 408~457d，共 50d。先把时间序列归一化处理至[-1,1]区间，等预测结束后再进行反归一化处理。由图 2-12 和图 2-13 可知，预测值变化趋势与实际值变化趋势十分相似，服从实际情况的一般变化规律，是十分理想的预测方案，但预测结果若能滞后一个单位，则该预测方法会更加理想可靠；轴承 C 的 Volterra 自适应预测结果的平均相对误差为 0.787%，最小相对误差为 0.040%，最大相对误差为 3.234%，表明预测结果同样准确可行且稳定可靠。

2.3.3　预测值融合结果

1. 预测值分析

分析上述 5 种方法的预测结果，其中轴承 B 的改进的加权一阶局域预测值的相对误差出现最大值 20.605%，为避免最大预测误差的出现以及考虑预测结果的可靠性，综合分析 5 种预测模型可知，最后 12 步的预测结果均较为理想可靠。A、B、C 三个轴承的最后 12 步预测值的平均相对误差如表 2-2 所示。

表 2-2　最后 12 步预测值的平均相对误差　　　　　　　(单位：%)

轴承	一阶局域预测法	加权一阶局域预测法	改进的加权一阶局域预测法	RBF 神经网络预测法	Volterra 自适应预测法
A	1.709	1.651	1.728	1.852	1.500
B	3.306	1.934	6.949	1.978	3.338
C	1.062	0.991	1.449	1.680	0.637

　　由表 2-2 可以看出，轴承 B 利用改进的加权一阶局域预测法进行预测时，最后 12 步的平均相对误差达到最大，为 6.949%；轴承 C 根据 Volterra 自适应预测法预测时，平均相对误差最小，为 0.637%。因此，最后 12 步的预测结果十分安全可靠，可较好地应用于工程实际，下文以最后 12 步的预测结果进行融合处理。将最后 12 步摩擦力矩预测值与实际值对比分析，结果如图 2-14(a)~(c)所示，图

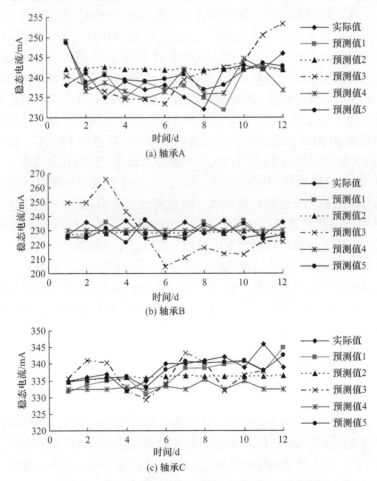

图 2-14　三个轴承最后 12 步预测值与实际值对比分析

中，预测值 1～5 分别代表一阶局域预测法、加权一阶局域预测法、改进的加权一阶局域预测法、RBF 神经网络预测法、Volterra 自适应预测法的预测结果。

由图 2-14(a)～(c)可知，最后 12 步的原始数据在 5 个预测结果的中间值上下浮动，表明每种预测模型均能预测出未来每一步的摩擦力矩值。但每种模型都有自己的局限性和适用性，其预测结果只能反映总体信息的某一侧面。仅根据一种模型决定预测值的大小显然是不精确的，也不能仅靠一次实验或几次实验来判断模型的优劣。因此，不能说上述 5 种方法中哪一种方法估计的结果最真实和最可信，而只能说这 5 种方法描述了滚动轴承摩擦力矩特性的 5 个不同侧面。只有将诸多侧面信息进行有效融合，方可获得总体特征信息的一个有效估计。

2. 预测融合

由上述 5 种预测方法的预测结果，将每一步的 5 个预测值进行自助-最大熵融合，可得到每一步的估计真值与区间。首先用自助法自助抽样，抽样个数 $r=5$，共抽取 $B=20000$ 次；根据 20000 个生成数据，基于最大熵法建立相应的概率密度函数，并在置信水平为 100% 时，得到区间估计值 $[\Phi_L, \Phi_U]$ 和真值 Φ_0。轴承 A、B、C 最后 12 步的估计区间和估计真值分别如表 2-3～表 2-5 所示。

表 2-3　轴承 A 最后 12 步的预测值　　　　　　　　(单位：mA)

预测步数	一阶局域预测法	加权一阶局域预测法	改进的加权一阶局域预测法	RBF 神经网络预测法	Volterra 自适应预测法	估计区间 $[\Phi_L, \Phi_U]$	估计真值 Φ_0
1	248.90	242.11	240.34	249.00	248.59	[239.86,249.48]	245.05
2	237.91	242.13	237.71	236.62	238.91	[236.31,242.44]	238.70
3	240.91	242.59	236.53	238.69	240.62	[236.19,242.93]	239.66
4	234.91	242.04	234.59	236.56	239.38	[234.18,242.46]	237.60
5	238.91	241.95	234.47	234.69	239.06	[234.06,242.36]	237.51
6	236.91	241.93	233.43	236.37	239.55	[232.96,241.93]	237.50
7	237.91	241.94	239.43	241.99	240.71	[237.68,242.22]	240.67
8	234.91	241.84	241.35	235.89	237.01	[234.73,242.21]	238.75
9	231.91	242.03	242.51	235.99	238.07	[232.18,243.05]	238.80
10	241.91	241.96	243.76	244.64	241.78	[241.62,244.80]	243.06
11	242.91	242.21	250.50	242.00	243.51	[241.53,250.98]	244.47
12	241.91	241.93	253.26	236.84	242.87	[235.92,254.17]	243.59

表 2-4　轴承 B 最后 12 步的预测值　　　　（单位：mA）

预测步数	一阶局域预测法	加权一阶局域预测法	改进的加权一阶局域预测法	RBF 神经网络预测法	Volterra 自适应预测法	估计区间 $[\varPhi_L, \varPhi_U]$	估计真值 $\varPhi_0$
1	224.81	226.70	249.42	230.03	225.43	[223.45,250.78]	232.71
2	226.82	227.50	249.62	230.03	224.85	[223.48,250.99]	233.17
3	235.81	227.93	265.98	230.03	231.56	[225.82,268.10]	239.24
4	227.81	228.19	242.93	230.03	221.53	[220.34,244.12]	231.48
5	236.81	228.48	226.35	230.03	237.26	[225.74,237.87]	230.47
6	224.81	227.60	204.53	230.03	226.08	[203.12,231.44]	221.94
7	226.81	228.35	210.96	230.03	224.28	[209.90,231.09]	223.77
8	235.81	228.70	217.93	230.03	233.47	[217.93,235.81]	227.85
9	227.81	227.84	213.88	230.03	227.87	[212.98,230.93]	224.89
10	236.81	229.34	212.99	230.05	234.51	[211.66,238.13]	227.04
11	224.81	227.70	222.12	230.03	224.07	[221.68,230.47]	226.07
12	226.81	226.21	222.29	230.03	226.94	[221.86,230.46]	226.25

表 2-5　轴承 C 最后 12 步的预测值　　　　（单位：mA）

预测步数	一阶局域预测法	加权一阶局域预测法	改进的加权一阶局域预测法	RBF 神经网络预测法	Volterra 自适应预测法	估计区间 $[\varPhi_L, \varPhi_U]$	估计真值 $\varPhi_0$
1	331.80	334.60	330.55	332.37	334.62	[330.32,334.85]	332.68
2	333.79	335.43	335.54	332.38	335.44	[332.20,335.72]	334.52
3	334.79	335.49	340.99	332.38	335.85	[331.90,341.47]	336.03
4	335.79	336.08	340.32	333.08	336.21	[332.67,340.72]	336.41
5	330.80	335.80	331.91	332.37	333.09	[330.53,336.08]	332.99
6	333.79	336.14	329.22	333.35	338.38	[328.71,338.89]	333.67
7	338.78	336.38	333.90	332.38	340.65	[331.92,341.11]	335.59
8	338.78	336.30	343.32	335.28	340.37	[334.83,343.76]	338.64
9	339.77	336.21	340.27	332.39	340.45	[331.95,340.89]	337.32
10	340.77	336.22	331.90	334.79	340.89	[331.40,341.39]	335.95
11	337.78	336.21	336.61	332.39	338.07	[332.08,338.39]	335.79
12	344.76	336.42	337.79	332.37	342.49	[331.69,345.45]	337.51

由表 2-3～表 2-5 可知每一步的具体估计区间和估计真值,不难看出估计区间上下差值极小,即利用自助-最大熵法所求的区间估计值较为精确,估计区间 $[\varPhi_L, \varPhi_U]$ 实时预测出各时刻数据波动范围的增大与缩小趋势。上述多个时间序列预

测模型均可揭示摩擦力矩系统某一侧面的信息特征，且多种方法可揭示总体系统多个侧面的信息特征，从而获得系统本身的特征信息集。对特征信息集进行自助-最大熵融合，可最终推断出每一步的估计区间和估计真值。将表 2-3～表 2-5 所得真值与其实际值进行对比，结果如图 2-15(a)～(c)所示。

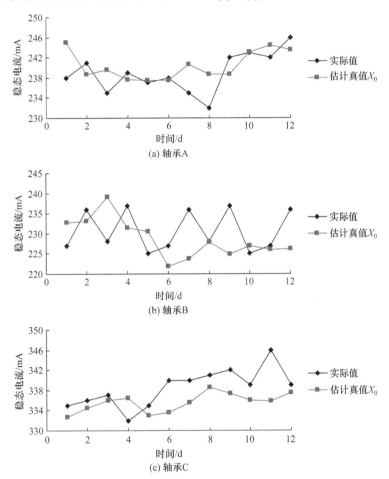

图 2-15 三个轴承最后 12 步估计真值与实际值对比分析

由图 2-15 的估计真值与实际值，不难求出三个轴承每一步融合结果的相对误差，其结果如图 2-16 所示。

由图 2-16 中估计真值与实际值对比结果可知，每一步的估计真值 Φ_0 与其实际值非常接近，满足工程要求；表明融合后的结果更能反映实际情况的变化规律，可及时追踪摩擦力矩时间序列的总体发展趋势，这正是从历史数据中挖掘出的摩擦力矩性能演变态势。由图 2-16 中各案例的预测误差可知，轴承 A 最大相对误差为 2.961%，最小相对误差为 0.025%；轴承 B 融合后的最大相对误差稍大，但

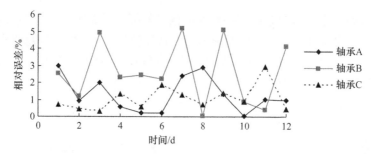

图 2-16　估计真值与实际值的相对误差

仅为 5.183%，最小相对误差为 0.0065%；轴承 C 融合后的最大相对误差为 2.951%，最小相对误差为 0.439%。因此，采用所提自助-最大熵融合方法，在仅有的 5 个预测数据下便可准确建立概率密度函数，在给定置信水平下所得的预测结果和实验结果在数值上十分接近，验证了融合技术可以有效地解决区间估计与真值估计问题；估计区间$[\Phi_L, \Phi_U]$和估计真值 Φ_0 准确刻画出滚动轴承摩擦力矩时间序列不确定的强烈波动和趋势变化特征，为实施时间序列有效预测和生产控制奠定了基础。

2.4　本 章 小 结

嵌入维数、时间延迟、最大 Lyapunov 指数可准确描述出滚动轴承摩擦力矩性能时间序列的混沌特性。通过混沌时间序列的奇怪吸引子，可有效挖掘出其相轨迹具有线性增加的确定性规律。

本章基于一阶局域预测模型、加权一阶局域预测模型、改进的加权一阶局域预测模型、RBF 神经网络预测模型、Volterra 自适应预测模型 5 种时间序列预测模型，实现了滚动轴承摩擦力矩性能时间序列的有效预测，揭示出总体系统多个侧面的信息特征；提出自助-最大熵融合技术，实现了摩擦力矩性能时间序列未来状态下的区间估计和真值估计，有效提取出摩擦力矩在未来状态下的变化趋势。

实验研究表明，本章所提方法可真实有效地解决概率分布与趋势规律均未知的摩擦力矩时间序列变化趋势的预测问题，跳出了传统建模的局限性，并避免了人为主观因素的影响，是对现有时间序列分析和预测方法的有益补充。

第3章 滚动轴承性能变异的模糊评估

3.1 概　述

动量轮轴承是卫星控制系统的核心部件，可在卫星系统参数或周围条件发生变化时，快速有效地做出响应，直接反映其对姿态调整的灵活性，并决定着卫星能否以一定的精度保持在预定的方位或者指向顺利地完成任务，对卫星的整体可靠性及寿命有直接影响。及时有效地对动量轮轴承进行性能变异分析和健康监测可以明显消除或最小化潜在的失效概率，实现对其未来性能状况的准确预测，进而提高卫星使用性能并确保其服役期间的安全性与可靠性。

由于动量轮轴承价格昂贵、变异因素复杂、寿命长，难以进行大样本性能变异实验。而现有的变异性能评估方法大都利用大样本失效数据、可重复的大样本寿命、可靠性实验，并假设备参数影响因素服从经典的分布，如正态分布、韦布尔分布和瑞利分布等，其参数分布类型建立在有限状态假设基础之上，即在参数化建模求解的过程中已经将所研究问题模糊化。信息论认为，任何性能时间序列信号都隐含其系统参与演化的所有变量的大量特征信息，凭借时间序列信号能从复杂的表象中寻找出隐藏的确定性规则。正如遗传学观点即任何进化或演变的出现都伴随有基因改变(即基因突变)一样，这种基因突变会推动整个过程定向发展，这也正是我们在时间序列中想要提取的有关系统的性能变异信息。

本章根据卫星动量轮轴承不同瞬时阶段的工作状态来实时测量并获取其稳态电流信号，因为稳态电流信号是衡量动量轮运转灵敏性及寿命的重要性能参量，最能反映其性能变异或退化过程；在随机因素的权重影响程度、先验信息、概率均未知的情况下建立其性能变异状况的分析计算模型，获取稳态电流信号性能时间序列的模糊等价关系来表征系统性能变异的突变基因，进而准确地描述动量轮轴承的性能变异过程；通过两个典型的滚动轴承温升实验，利用该理论来分析温度时间序列的性能变异状况，进而验证模型的通用性与实用性。

3.2 数　学　模　型

3.2.1 性能变异分析的模糊理论基础

考虑到非线性离散系统卫星动量轮的性能变异评估是以模糊关系为理论依据

的[63]，设其稳态电流信号的原始时间序列向量为

$$Z = (z_1, z_2, \cdots, z_t, \cdots, z_T) \tag{3-1}$$

式中，t 为时间点；z_t 为 Z 中第 t 时间点的数据；T 是原始数据总个数。

为分析原始数据性能变异情况，现将原始序列向量 Z 进行分组处理，设任意两组为 X 和 Y，即

$$X = (x_1, x_2, \cdots, x_i, \cdots, x_m) \tag{3-2}$$

和

$$Y = (y_1, y_2, \cdots, y_j, \cdots, y_n) \tag{3-3}$$

式中，X 与 Y 来自原始数据序列向量 Z；x_i、y_j 是稳态电流数据；i、j 表示数据序号；m、n 分别为 X、Y 组的数据个数。

直积 $X \times Y$ 中的一个模糊关系矩阵 R 可以表示为

$$R = \left\{ \mu_R(x_i, y_j) \right\}_{m \times n} \tag{3-4}$$

式中，$\mu_R(x_i, y_j) \in [0,1]$，表示 μ 为 R 的隶属函数或 (x_i, y_j) 对 R 的隶属度。

当 $X = Y$ 时，称模糊关系矩阵 R 为 X 上的模糊关系。

3.2.2 模糊关系的基本定理

1. 模糊等价关系

具有自反性、传递性和对称性的模糊关系称为等价关系。

考虑模糊等价关系矩阵：

$$R = \left\{ r_{ij} \right\} = \left\{ \mu_R(x_i, y_j) \right\} \tag{3-5}$$

式中，$r_{ij} = \mu_R(x_i, y_j)$，两者一一对应。

模糊等价关系具有自反性，即

$$r_{ij} = \mu_R(x_i, y_j) = 1, \quad i = j \tag{3-6}$$

模糊等价关系具有对称性，即

$$r_{ij} = r_{ji} \tag{3-7}$$

模糊等价关系具有传递性，即对于任意的 $(x,y),(y,z),(x,z) \in X \times Y$，均有

$$R \supseteq R \circ R \tag{3-8}$$

式中，运算符 "∘" 为矩阵的模糊运算 $M(\wedge, \vee)$，有

$$\mu_R(x, z) \geqslant \vee(\mu_R(x, y) \wedge \mu_R(y, z)) \tag{3-9}$$

式中，"∨" 表示 "或" 运算取最大，"∧" 表示 "与" 运算取最小，如 $A = (0.7, 0.4, 0.2)$，

$\boldsymbol{B}$=(0.3,0.6,0.4),则 $\boldsymbol{A} \circ \boldsymbol{B}^{\mathrm{T}}$=(0.7∧0.3)∨(0.4∧0.6)∨(0.2∧0.4)=0.3∨0.4∨0.2=0.4。

2. 模糊相似关系

具有自反性和对称性的模糊关系称为模糊相似关系，模糊相似关系矩阵 $\boldsymbol{R}$ 为

$$\boldsymbol{R} = \left\{r_{ij}\right\}_{m \times m} \tag{3-10}$$

式中，r_{ij} 表示模糊相似系数，$r_{ij} \in [0,1]$。

在进行轴承变异性能诊断时，使用的是模糊等价关系，但在实际测量计算中，所得到的常常是模糊相似关系，因此必须用传递闭包法将模糊相似关系转变为模糊等价关系。

3.2.3　性能变异诊断的基本原理

在性能数据序列的处理过程中，一般采用经典统计学的理论体系。这往往要求待测量的数据具有典型的概率分布(如正态分布)并伴随有大量的样本信息，以便更好地进行概率论和统计学意义上的数学分析处理。

本节以模糊理论为基础，结合系统实时运转的稳态电流信号，提出一种轴承性能变异状况分析的新方法。该方法对数据分布无特别要求并且适用于小样本数据。

1. 模糊相似系数

设卫星动量轮轴承稳态电流序列分为 m 组，即原始数据向量 $\boldsymbol{Z}$ 有 m 个样本

$$\boldsymbol{Z}_i = (Z_{i1}, Z_{i2}, \cdots, Z_{ik}, \cdots, Z_{in}), \quad k=1,2,\cdots,n; \ i=1,2,\cdots,m \tag{3-11}$$

构成一个集合

$$\hat{\boldsymbol{Z}} = (\boldsymbol{Z}_1, \boldsymbol{Z}_2, \cdots, \boldsymbol{Z}_t, \cdots, \boldsymbol{Z}_m) \tag{3-12}$$

式中，m 为样本个数；n 为每个样本的含量；Z_{ik} 为第 i 个样本的第 k 个数据。

设数据总个数为 $S=mn$，则第 i 个样本的第 k 个数据 Z_{ik} 的顺序号为 $t(t=1,2,\cdots,S)$。于是，顺序号 t 就相当于时间参数。

无论 Z_{ik} 是不是模糊数，将 Z_{ik} 线性映射到[0,1]区间，看成模糊数 C_{ik}，就可以用模糊集合理论处理。

设线性映射式为

$$C_{ik} = \frac{Z_{ik} - Z_{\min}}{Z_{\max} - Z_{\min}} \tag{3-13}$$

$$Z_{\max} = \max_{i,k} Z_{ik} \tag{3-14}$$

$$Z_{\min} = \min_{i,k} Z_{ik} \tag{3-15}$$

式中，C_{ik} 为模糊数，$C_{ik} \in [0,1]$；$k=1,2,\cdots,n$；$i=1,2,\cdots,m$。

　　各样本向量之间的相似程度可用模糊相似系数来度量，所构成的模糊相似关系矩阵描述为

$$\boldsymbol{R} = \left\{ r_{il} \right\}_{m \times m}, \quad i=1,2,\cdots,m; \ l=1,2,\cdots,m \tag{3-16}$$

式中，r_{il} 为模糊相似系数。

　　这里用最大最小法计算模糊相似系数：

$$r_{il} = \frac{\sum_{k=1}^{n}(C_{ik} \wedge C_{lk})}{\sum_{k=1}^{n}(C_{ik} \vee C_{lk})}, \quad l=1,2,\cdots,m; \ i=1,2,\cdots,m \tag{3-17}$$

在式(3-16)和式(3-17)中，有

$$r_{il} = \begin{cases} 1, & i = l \\ r_{li}, & i \neq l \end{cases}, \quad l=1,2,\cdots,m; \ i=1,2,\cdots,m \tag{3-18}$$

2. 模糊等价关系及其意义

　　在式(3-18)中的模糊关系确定后，用模糊集合理论的传递闭包法可获得卫星动量轮轴承稳态电流信号的模糊等价关系，求解方法如下。

　　对于任意的模糊关系矩阵 $\boldsymbol{R}$，存在

$$T(\boldsymbol{R}) = \boldsymbol{R}^{h-1} = \boldsymbol{R}^{h} = \cdots, \quad h=1,2,\cdots \tag{3-19}$$

式中，$T(\boldsymbol{R})$ 为模糊等价关系，并可以按照式(3-19)依次求出，步骤如下：

　　(1) 求出 $\boldsymbol{R}^2 = \boldsymbol{R} \circ \boldsymbol{R}$；

　　(2) 求出 $\boldsymbol{R}^4 = \boldsymbol{R}^2 \circ \boldsymbol{R}^2$；

　　……

　　(q) 直到运算至 $\boldsymbol{R}^{2q} = \boldsymbol{R}^q$，$\boldsymbol{R}^q$ 为所求的模糊等价关系矩阵 $T(\boldsymbol{R})$，即模糊集合理论的传递闭包为

$$T(\boldsymbol{R}) = \boldsymbol{R}^q \tag{3-20}$$

有

$$T(\boldsymbol{R}) = \begin{bmatrix} \alpha_{11} & \alpha_{12} & \alpha_{13} & \cdots & \alpha_{1l} & \cdots & \alpha_{1m} \\ \alpha_{21} & \alpha_{22} & \alpha_{23} & \cdots & \alpha_{2l} & \cdots & \alpha_{2m} \\ \alpha_{31} & \alpha_{32} & \alpha_{33} & \cdots & \alpha_{3l} & \cdots & \alpha_{3m} \\ \vdots & \vdots & \vdots & & \vdots & & \vdots \\ \alpha_{i1} & \alpha_{i2} & \alpha_{i3} & \cdots & \alpha_{il} & \cdots & \alpha_{im} \\ \vdots & \vdots & \vdots & & \vdots & & \vdots \\ \alpha_{m1} & \alpha_{m2} & \alpha_{m3} & \cdots & \alpha_{ml} & \cdots & \alpha_{mm} \end{bmatrix} = \begin{bmatrix} 1 & \alpha_{12} & \alpha_{13} & \cdots & \alpha_{1l} & \cdots & \alpha_{1m} \\ & 1 & \alpha_{23} & \cdots & \alpha_{2l} & \cdots & \alpha_{2m} \\ & & 1 & \cdots & \alpha_{3l} & \cdots & \alpha_{3m} \\ & & & & \vdots & & \vdots \\ & \text{对} & \text{称} & & 1 & \cdots & \alpha_{im} \\ & & & & & & \vdots \\ & & & & & & 1 \end{bmatrix} \tag{3-21}$$

式中，$0 \leqslant \alpha_{il} \leqslant 1$，且有

$$\alpha_{il} = \begin{cases} 1, & i = l \\ \alpha_{li}, & i \neq l \end{cases} \tag{3-22}$$

式中，α_{il} 为卫星动量轮轴承稳态电流信号原始数据中第 i 个样本向量 $\mathbf{Z}_i$ 和第 l 个样本向量 $\mathbf{Z}_l$ 的模糊等价关系，即式(3-12)中 $\mathbf{Z}_i$ 特征和 $\mathbf{Z}_l$ 特征的符合程度，称为模糊等价关系系数，它有如下意义：

(1) α_{il} 越接近 1，$\mathbf{Z}_i$ 和 $\mathbf{Z}_l$ 两个样本向量的特征符合程度越好，表明两者之间特征的退变程度越小。

(2) α_{il} 越接近 0，$\mathbf{Z}_i$ 和 $\mathbf{Z}_l$ 两个样本向量的特征符合程度越差，表明两者之间特征的退变程度越大。

(3) 特别地，当 $\alpha_{il}=1$ 时，$\mathbf{Z}_i$ 和 $\mathbf{Z}_l$ 是完全一样的，不存在任何退变；当 $\alpha_{il}=0$ 时，$\mathbf{Z}_i$ 和 $\mathbf{Z}_l$ 是毫不相干的，存在极其显著的退变。

模糊等价关系能够反映系统自身每一时间段的变化信息，实时监测两分段样本之间特征符合程度并反映出研究对象的一般演变规律；模糊等价关系也正是从卫星动量轮灵敏电流信号序列中寻找到的隐藏的确定性规则，表征卫星动量轮性能变异程度的最优测度，可据此进行卫星动量轮轴承性能变异过程的评估。

在实际工程中，$\alpha_{il}=1$ 和 $\alpha_{il}=0$ 是几乎不存在的。此时可依据模糊数概念、最优水平 λ 和 λ 水平截集 A_λ 诊断研究对象性能变异情况存在的显著性。

3. 性能变异依据

在模糊集合理论中，0 和 1 可以分别代表事件的真和假两个极端边界状态，0 表示研究对象的两个实体之间是毫无关联的，1 表示两个实体绝对紧密关联或关系绝对清晰，现可以用 λ 水平和 λ 水平截集 A_λ 来诊断滚动轴承性能变异存在的显著性。

若

$$\alpha_{il} > \lambda \tag{3-23}$$

则 $\mathbf{Z}_i$ 和 $\mathbf{Z}_l$ 在 λ 水平下彼此之间关系趋于清晰，两者之间关联程度较大，相似性强，即不存在明显的性能变异。

若

$$\alpha_{il} \leqslant \lambda \tag{3-24}$$

则 $\mathbf{Z}_i$ 和 $\mathbf{Z}_l$ 在 λ 水平下彼此之间关系模糊不定，两者之间关联程度较小，相异性强，即存在明显的性能变异。

根据模糊集合理论，λ 为研究对象从一个极端属性过渡到另一个极端属性的边界，又称模糊数。当 $\lambda=0.5$ 时，研究对象的两实体模糊性达到最大，介于较难

分辨的真和假之间；当 $\lambda>0.5$ 时，$\mathbf{Z}_i$ 和 $\mathbf{Z}_l$ 关系趋于清晰，相似度较高且未发生明显的性能变异；当 $\lambda<0.5$ 时，两事物关联度较小或两者之间差异大，视为两者之间工作性能不一致并产生明显性能变异[64]。因此，在数据分析时取 $\lambda=0.5$。

4. 轴承性能变异的模糊特征

定义性能变异系数集合为

$$\mathbf{U} = [u_1, u_2, \cdots, u_j, \cdots, u_{m-1}] \tag{3-25}$$

且有

$$u_j = \frac{\sum_{i=1}^{m-j} \alpha_{i,i+j}}{m-j}, \quad u_j \in [0,1], \quad j=1,2,\cdots,m-1 \tag{3-26}$$

式中，u_j 为性能变异系数，即模糊等价关系系数 α_{il} 的分段均值；m 为样本含量；j 为各样本采样的时间先后顺序。同样以 λ 水平和 λ 水平截集 A_λ 来诊断性能变异存在的显著性[65]。

u_j 的变化范围为

$$\delta_u = \max u_j - \min u_j, \quad j=1,2,\cdots,m-1 \tag{3-27}$$

u_j 是 α_{il} 的分段均值，其意义如下：

(1) 若 $u_j<0.5$，则系统性能变异程度较大、运转灵敏性降低，视为发生变异；若 $u_j>0.5$，结果相反；若 $u_j=0.5$，关系最为模糊，为安全考虑可视为发生微性能变异。

(2) 若随着时间参数 j 增大，u_j 无明显变化，则研究对象不存在显著性能变异。

(3) 若随着时间参数 j 增大，u_j 明显减小，则研究对象存在显著的性能变异。

(4) 若随着时间参数 j 增大，u_j 由小明显变大后又明显变小，则研究对象存在周期性的性能变异情况。

(5) 随着时间参数 j 增大，若 u_j 由小明显变大后又明显变小的次数为 w，则研究对象的周期性性能变异进行 $w+1$ 个周期。

在工程实际中，无任何性能变异的理想系统几乎是不存在的。一般认为，无系统性能变异是指系统性能变异程度很小，达到忽略不计的程度。

3.3　案例研究

本实验模拟卫星动量轮轴承瞬时局部工作状况，反映其不同瞬时阶段的稳定运转信息，实验转速为常量，不同样本之间转速略有变化。若分析其整个工作轨道的变异性能，需要对不同转速下的动量轮分别进行实验，再将每个瞬时阶段连接起来便可获得整个工作周期的性能演变情况。其中，动量轮组件 A 稳态转速为 3500r/min，B 与 C 稳态转速为 6000r/min。采集实验数据的频率为 1 次/d，每套组件各采集 30 个实验数据。通过对三套动量轮轴承稳态电流实验数据的研究，分析各个动量轮组件稳定运转过程的性能变异情况。

3.3.1　仿真研究

本节所研究的是概率分布及趋势项先验信息均未知的乏信息性能变异分析问题，而经典统计方法是很难做到的，因此通过仿真与实验相结合的方法来验证所提方法的可行性。以均匀分布、线性分布、周期性分布为例进行仿真研究，分别验证三套动量轮轴承不同性能变异状态的正确性。模型求解步骤如图 3-1 所示。

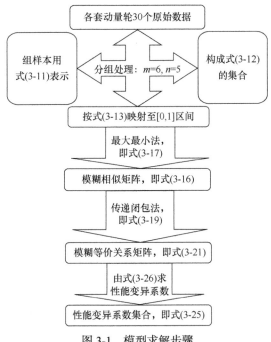

图 3-1　模型求解步骤

1. 案例 1

1) 动量轮轴承 A 仿真案例

此案例为均匀分布的仿真案例，且这类分布的随机变量不含有系统性能状况的性能变异，因此研究对象的真实情况不存在稳定性退变。在仿真过程中，首先取均匀分布的均值为 $X_0=200$，上下区间为[-2,2]，随机离散数据样本个数为 $m=6$，每个样本的样本含量为 $n=5$，共有 30 个数据，可构成 $\hat{Z} = [Z_1, Z_2, Z_3, Z_4, Z_5, Z_6]$。其中：

Z_1=[198.07, 201.27, 198.27, 201.17, 201.55]

Z_2=[200.94, 201.91, 199.36, 200.67, 199.47]

Z_3=[199.65, 199.13, 199.40, 198.19, 199.79]

Z_4=[198.82, 200.94, 200.73, 199.65, 201.77]

Z_5=[201.53, 199.65, 201.83, 199.37, 201.25]

Z_6=[199.95, 199.61, 199.12, 199.84, 199.63]

计算后可得到模糊等价关系矩阵：

$$T(R) = \begin{bmatrix} 1.000 & 0.533 & 0.533 & 0.607 & 0.607 & 0.533 \\ 0.533 & 1.000 & 0.628 & 0.533 & 0.533 & 0.628 \\ 0.533 & 0.628 & 1.000 & 0.533 & 0.533 & 0.653 \\ 0.607 & 0.533 & 0.533 & 1.000 & 0.616 & 0.533 \\ 0.607 & 0.533 & 0.533 & 0.616 & 1.000 & 0.533 \\ 0.533 & 0.628 & 0.653 & 0.533 & 0.533 & 1.000 \end{bmatrix}$$

然后，根据式(3-26)便可得到该系统的性能变异系数集合 U=[0.569, 0.533, 0.598, 0.617, 0.533]。

图 3-2(a)描述了均匀分布的数据分布情况，图 3-2(b)描述了性能变异系数 u_j 和时间参数 j 的关系，随着 j 的变化，u_j 变化很小，因此各样本间不存在显著的性能退变。

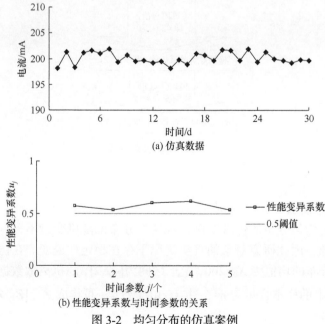

(a) 仿真数据

(b) 性能变异系数与时间参数的关系

图 3-2　均匀分布的仿真案例

另外，根据各样本之间的模糊等价关系矩阵也可以得出相同的结论，因为 $\min \alpha_{il}=0.533>\lambda(=0.5)$，所以该组均匀分布的性能数据稳定性是良好的，无明显的性能变异特征。

2) 动量轮轴承 A 实际实验案例

首先，根据连续监测的稳态电流信号，已知样本个数为 $m=6$，每个样本的样本含量为 $n=5$，共有 30 个数据，则构成 $\hat{Z}=[Z_1, Z_2, Z_3, Z_4, Z_5, Z_6]$，其中：

$$Z_1=[200, 203, 203, 200, 201]$$

$$Z_2=[206, 200, 199, 198, 198]$$

$$Z_3=[205, 202, 203, 203, 201]$$

$$Z_4=[201, 200, 203, 203, 200]$$

$$Z_5=[201, 196, 197, 194, 189]$$

$$Z_6=[197, 197, 201, 199, 202]$$

计算后可得到模糊等价关系矩阵：

$$T(R)=\begin{bmatrix} 1.000 & 0.786 & 0.879 & 0.879 & 0.571 & 0.794 \\ 0.786 & 1.000 & 0.786 & 0.786 & 0.571 & 0.786 \\ 0.879 & 0.786 & 1.000 & 0.899 & 0.571 & 0.794 \\ 0.879 & 0.786 & 0.899 & 1.000 & 0.571 & 0.794 \\ 0.571 & 0.571 & 0.571 & 0.571 & 1.000 & 0.571 \\ 0.794 & 0.786 & 0.794 & 0.794 & 0.571 & 1.000 \end{bmatrix}$$

然后，根据式(3-26)便可得到该动量轮轴承 A 的性能变异系数集合 $U=[0.723, 0.758, 0.748, 0.678, 0.794]$。

图 3-3(a)为原始数据分布，由图可直观地看出原始数据的一般演化规律，其符合均匀分布。其中，前 21 个数据十分稳定，且电流值基本趋于平稳，第 22～25 个数据数值稍微减小，即稳定性稍微降低，第 26～30 个数据又趋于平稳，即稳定性又逐渐增加。图 3-3(b)描述了动量轮轴承 A 性能变异系数 u_j 随时间参数 j 的变化关系，其中 u_1、u_2、u_3 三者之间变化较小，$u_4=0.678$ 突然变小，但 $u_5=0.794$ 又再次变大，即该组数据稳定性由大变小再变大，同时也验证了和原始数据直接分析的一致性。总的来讲，随着 j 的变化，u_j 的变化很小，且 $\min u_j=0.678>\lambda(=0.5)$。因此该卫星动量轮轴承各样本间不存在性能变异，保持着高度灵敏的运转状态。

2. 案例 2

1) 动量轮轴承 B 的仿真案例

此案例为线性分布仿真案例，该类分布的随机变量具有单调性。因此，研究对象的真实情况应具有单调趋势的退变，即随着时间参数的增加，其性能变异程

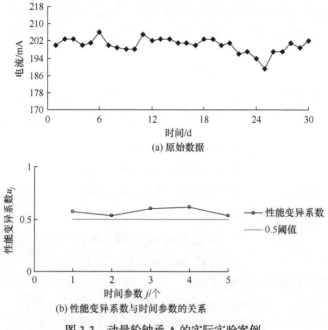

(a) 原始数据

(b) 性能变异系数与时间参数的关系

图 3-3 动量轮轴承 A 的实际实验案例

度会逐渐增加。首先，设线性分布基值 X_0=200，梯度增量为 0.25，随机离散数据样本个数为 m=6，每个样本的样本含量为 n=5，共有 30 个数据，构成 $\hat{Z} = [Z_1, Z_2, Z_3, Z_4, Z_5, Z_6]$，其中：

$$Z_1=[200.00, 200.25, 200.50, 200.75, 201.00]$$

$$Z_2=[201.25, 201.50, 201.75, 202.00, 202.25]$$

$$Z_3=[202.50, 202.75, 203.00, 203.25, 203.50]$$

$$Z_4=[203.75, 204.00, 204.25, 204.50, 204.75]$$

$$Z_5=[205.00, 205.25, 205.50, 205.75, 206.00]$$

$$Z_6=[206.25, 206.50, 206.75, 207.00, 207.25]$$

计算后可得到模糊等价关系矩阵：

$$T(R) = \begin{bmatrix} 1.000 & 0.286 & 0.286 & 0.286 & 0.286 & 0.286 \\ 0.286 & 1.000 & 0.583 & 0.583 & 0.583 & 0.583 \\ 0.286 & 0.583 & 1.000 & 0.706 & 0.706 & 0.706 \\ 0.286 & 0.583 & 0.706 & 1.000 & 0.773 & 0.773 \\ 0.286 & 0.583 & 0.706 & 0.773 & 1.000 & 0.815 \\ 0.286 & 0.583 & 0.706 & 0.773 & 0.815 & 1.000 \end{bmatrix}$$

然后，根据式(3-26)便可得到该系统的性能变异系数集合 $U=[0.633, 0.587, 0.525, 0.434, 0.286]$。

图 3-4(a)显示了仿真数据的线性分布规律，图 3-4(b)描述了线性系统性能变异系数 u_j 和时间参数 j 的关系，随着 j 的变化，u_j 有明显的单调下降趋势，表明各样本之间存在单调趋势的性能变异，即随着时间的延长，性能变异变得剧烈。也可以认为，各样本之间的间隔越大，关系越疏松。所以，该项分布的仿真性能数据存在明显的性能变异现象。

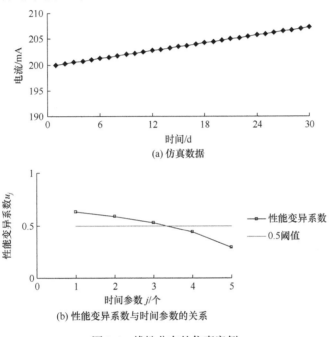

(a) 仿真数据

(b) 性能变异系数与时间参数的关系

图 3-4　线性分布的仿真案例

2) 动量轮轴承 B 实际实验案例

稳态电流时间序列中，样本个数 $m=6$，各样本的样本含量为 $n=5$，共有 30 个数据，构成 $\hat{Z} = [Z_1, Z_2, Z_3, Z_4, Z_5, Z_6]$，其中：

$$Z_1=[215, 215, 200, 204, 209]$$

$$Z_2=[206, 205, 215, 221, 217]$$

$$Z_3=[218, 221, 218, 225, 216]$$

$$Z_4=[221, 219, 227, 236, 235]$$

$$Z_5=[229, 235, 237, 238, 246]$$

$$Z_6=[242, 247, 224, 226, 231]$$

计算后可得到模糊等价关系矩阵：

$$T(R) = \begin{bmatrix} 1.000 & 0.439 & 0.439 & 0.439 & 0.439 & 0.439 \\ 0.439 & 1.000 & 0.636 & 0.636 & 0.636 & 0.636 \\ 0.439 & 0.636 & 1.000 & 0.686 & 0.686 & 0.686 \\ 0.439 & 0.636 & 0.686 & 1.000 & 0.746 & 0.690 \\ 0.439 & 0.636 & 0.686 & 0.746 & 1.000 & 0.690 \\ 0.439 & 0.636 & 0.686 & 0.690 & 0.690 & 1.000 \end{bmatrix}$$

性能变异系数集合 U=[0.639, 0.613, 0.587, 0.538, 0.439]。

图 3-5(a)为稳态电流时间序列，从图中可看到原始数据的一般规律符合线性分布，且近似单调递增。图 3-5(b)描述了性能变异系数 u_j 随时间参数 j 的变化，由图可知 u_j 具有明显的单调下降趋势，且 $\min u_j$=0.439<λ(=0.5)，则该套动量轮性能数据的各样本之间存在单调趋势的性能变异，该实验结果和线性分布的仿真分析保持良好的一致性。所以，动量轮轴承 B 运转状态较差，极有可能已失效，应对其及时采取维修或更换措施，避免出现不必要的经济损失。

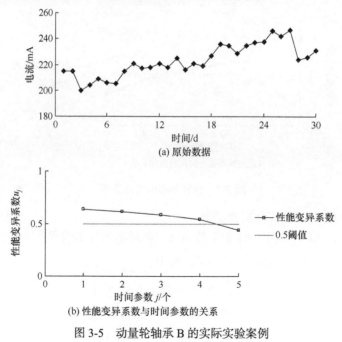

(a) 原始数据

(b) 性能变异系数与时间参数的关系

图 3-5　动量轮轴承 B 的实际实验案例

3. 案例 3

1) 动量轮轴承 C 仿真案例

此案例为周期性分布仿真案例，随机变量具有周期性。该类研究对象的真实情况具有周期性的退变，即随着时间参数的增加，性能变异程度会呈现周期性重复规律。设周期性分布为正弦分布，初始值 X_0=200，幅值为 10，周期数为 3，随机离散数据样本个数为 m=6，样本含量为 n=5，构成 $\hat{Z} = [Z_1, Z_2, Z_3, Z_4, Z_5, Z_6]$，其中：

$$Z_1=[200.00, 206.05, 209.64, 209.29, 205.16]$$

$$Z_2=[198.92, 193.12, 190.13, 191.16, 195.80]$$

$$Z_3=[202.15, 207.62, 209.99, 208.28, 203.19]$$

$$Z_4=[196.81, 191.72, 190.01, 192.38, 197.85]$$

$$Z_5=[204.20, 208.84, 209.87, 206.88, 201.08]$$

$$Z_6=[194.84, 190.71, 190.36, 193.95, 200.00]$$

计算后可得到模糊等价关系矩阵：

$$T(R) = \begin{bmatrix} 1.000 & 0.247 & 0.916 & 0.247 & 0.916 & 0.247 \\ 0.247 & 1.000 & 0.247 & 0.691 & 0.247 & 0.691 \\ 0.916 & 0.247 & 1.000 & 0.247 & 0.918 & 0.247 \\ 0.247 & 0.691 & 0.247 & 1.000 & 0.247 & 0.691 \\ 0.916 & 0.247 & 0.918 & 0.247 & 1.000 & 0.247 \\ 0.247 & 0.691 & 0.247 & 0.691 & 0.247 & 1.000 \end{bmatrix}$$

性能变异系数集合 U=[0.247, 0.804, 0.247, 0.804, 0.247]。

图 3-6 描述了周期趋势系统中各个样本间的关系，即性能变异系数 u_j 随时间参数 j 的变化规律，由图可知一个具有周期性趋势变异的系统关系图呈现出"尖峰"特征。随时间的延长，性能变异系数由小逐渐增大，并在"尖峰"处取得最大值。通过"尖峰"后，性能变异系数 u_j 再由大逐渐变小，周期变化。因此，具有明显的"尖峰"特征的性能变异系数，必然存在周期性系统误差，且"尖峰"的个数比样本的周期数少 1。

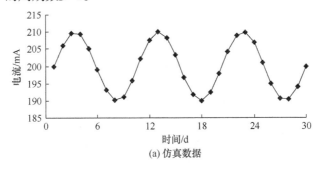

(a) 仿真数据

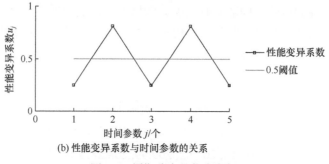

(b) 性能变异系数与时间参数的关系

图 3-6　周期分布的仿真案例

2) 动量轮轴承 C 实际实验案例

样本个数为 $m=6$，每个样本的样本含量为 $n=5$，共有 30 个数据，构成 $\hat{\boldsymbol{Z}} = [\boldsymbol{Z}_1,$ $\boldsymbol{Z}_2, \boldsymbol{Z}_3, \boldsymbol{Z}_4, \boldsymbol{Z}_5, \boldsymbol{Z}_6]$，其中：

$$\boldsymbol{Z}_1=[240, 238, 232, 239, 246]$$
$$\boldsymbol{Z}_2=[250, 252, 251, 248, 235]$$
$$\boldsymbol{Z}_3=[236, 239, 239, 240, 248]$$
$$\boldsymbol{Z}_4=[247, 242, 240, 235, 236]$$
$$\boldsymbol{Z}_5=[236, 239, 240, 241, 242]$$
$$\boldsymbol{Z}_6=[246, 239, 235, 232, 232]$$

计算后可得模糊等价关系矩阵：

$$\boldsymbol{T}(\boldsymbol{R}) = \begin{bmatrix} 1.000 & 0.500 & 0.674 & 0.500 & 0.674 & 0.500 \\ 0.500 & 1.000 & 0.500 & 0.506 & 0.500 & 0.506 \\ 0.674 & 0.500 & 1.000 & 0.500 & 0.818 & 0.500 \\ 0.500 & 0.506 & 0.500 & 1.000 & 0.500 & 0.600 \\ 0.674 & 0.500 & 0.818 & 0.500 & 1.000 & 0.500 \\ 0.500 & 0.506 & 0.500 & 0.600 & 0.500 & 1.000 \end{bmatrix}$$

性能变异系数集合 $\boldsymbol{U}=[0.5, 0.65, 0.5, 0.59, 0.5]$。

由图 3-7(a)可以看出，动量轮轴承 C 的时间序列符合周期分布，且周期数为 3。图 3-7(b)描述了该动量轮性能变异系数 u_j 随时间参数 j 的变化规律，u_j 具有明显的周期趋势，表明该套动量轮的各样本之间存在周期趋势的性能变异特征。可以看出，"尖峰"的个数和周期数的对应关系为 2 个"尖峰"对应 3 个周期，即随时间参数 j 的增大，若 u_j 由小明显变大后又明显变小的次数为 w，则研究对象的周期性性能变异为 $w+1$ 个周期，从而验证了理论与实际的统一关系(两者保持良好的一致性)。由于 $\min u_j=0.5=\lambda$ 可看作性能数据发生和未发生性能变异状况的临界状态，安全起见，认为该动量轮轴承已发生轻微性能变异，应尽快采取维修保护措施。

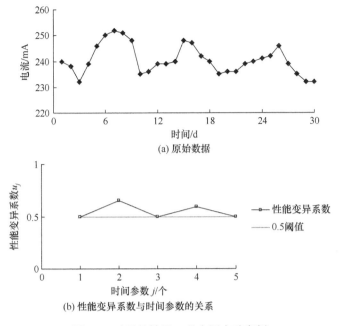

图 3-7　动量轮轴承 C 的实际实验案例

　　根据仿真与实验的有效结合，该性能变异模型得到了有效的验证，为确保该模型的通用性及实用性，接下来将进行基于温度性能时间序列的轴承性能变异过程的评估分析。

3.3.2　实验研究

　　温度测量实验同时进行两组，样本轴承的型号相同，只是来自不同的生产厂家，轴承温度性能的性能变异分析如下。

　　1) 温度实验 1

　　样本个数为 m=5，每个样本的样本含量为 n=10，共有 50 个数据，构成 $\hat{Z}$ = [Z_1, Z_2, Z_3, Z_4, Z_5, Z_6, Z_7, Z_8, Z_9, Z_{10}]，其中：

$$Z_1=[39.4, 40.0, 37.9, 40.8, 40.0], \quad Z_2=[39.6, 39.4, 39.4, 38.9, 39.5]$$
$$Z_3=[41.0, 40.3, 39.5, 40.0, 39.9], \quad Z_4=[39.8, 39.1, 40.6, 39.5, 40.4]$$
$$Z_5=[39.0, 39.5, 40.1, 41.3, 39.6], \quad Z_6=[40.1, 39.0, 41.9, 40.2, 40.7]$$
$$Z_7=[37.6, 41.5, 41.8, 39.3, 40.2], \quad Z_8=[40.4, 38.6, 40.2, 39.8, 39.0]$$
$$Z_9=[40.2, 37.8, 41.7, 39.6, 41.8], \quad Z_{10}=[37.4, 41.3, 39.5, 40.7, 40.3]$$

可得性能变异系数集合 U=[0.694, 0.71, 0.714, 0.703, 0.703, 0.689, 0.7, 0.676, 0.647]。

　　图 3-8(a)为实验 1 的温度时间序列，从图中可看到该轴承温度数据走势平稳，没有明显的上升或下降趋势，符合典型的均匀分布。由 3.3.1 节的仿真与实验可初步

判断该轴承运转稳定，温度性能未发生性能变异。图 3-8(b)是对初步判断的进一步肯定，直观地描述了温度性能变异系数 u_j 和时间参数 j 的关系，其中 $u_1 \sim u_7$ 变化较小，在 0.7 左右浮动，u_8、u_9 两者有明显的变小趋势，这是因为前 40 个温度数据波动小，后 10 个数据波动稍大，再次验证该性能变异模型也可以灵敏地监测出轴承温度的性能变异信息。总的来看，随着 j 的变化，u_j 的变化很小，且 $\min u_j = 0.647 > \lambda (=0.5)$。因此，该轴承不存在明显温度性能的性能变异，保持着较好的运转状态。

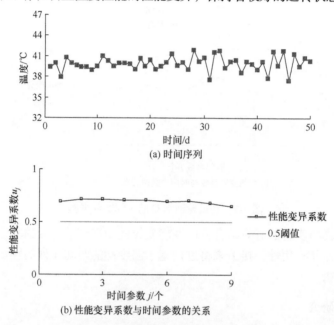

图 3-8　温度实验 1 的性能变异分析

2) 温度实验 2

样本个数为 $m=6$，每个样本的样本含量为 $n=6$，共有 36 个数据，构成 $\hat{Z} = [Z_1, Z_2, Z_3, Z_4, Z_5, Z_6]$，其中：

$Z_1 = [52.8, 51.8, 53.9, 53.7, 52.9, 53.1]$，　　$Z_2 = [53.7, 54.6, 53.7, 52.9, 53.8, 54.8]$

$Z_3 = [52.9, 50.7, 54.5, 53.9, 50.8, 53.5]$，　　$Z_4 = [53.6, 54.1, 53.9, 54.8, 50.7, 54.3]$

$Z_5 = [53.5, 51.5, 54.6, 52.4, 56.6, 58.2]$，　　$Z_6 = [57.2, 58.1, 58.0, 60.4, 59.1, 60.0]$

可得性能变异系数集合 $U = [0.594, 0.616, 0.564, 0.526, 0.465]$。

图 3-9(a)为实验 2 的温度时间序列，由图不难看出，前 12 个数据运转平稳且波动小，第 13~29 个数据运转平稳但波动稍大，后 7 个数据有明显的上升趋势。图 3-9(b)直观地描述了性能变异系数 u_j 随时间参数 j 的变化：u_1 和 u_2 稍大，u_3 和 u_4 稍小，但均大于 0.5，$u_5 = 0.465 < 0.5$，即性能变异系数明显下降，表明性能变异

模型的量化分析与数据的直观分析保持良好的一致性，也说明了该轴承前期运转良好，后期的温度性能有明显的性能变异，且极有可能已失效，应对其及时采取相应的保养措施。

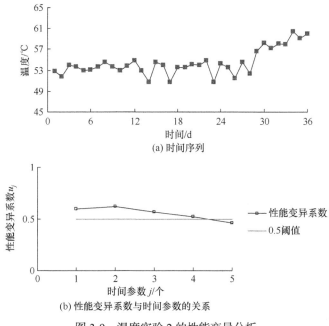

(a) 时间序列

(b) 性能变异系数与时间参数的关系

图 3-9　温度实验 2 的性能变异分析

对三个卫星动量轮轴承稳态电流和两个同型号轴承温度性能的实际实验案例进行性能变异过程的分析，结果表明动量轮轴承 A 和温度实验 1 的轴承运转特性良好，保持较高的稳定性能；动量轮轴承 B 和温度实验 2 的轴承性能序列呈现出明显的上升趋势，且 $\min u_j < \lambda (=0.5)$，性能变异系数随时间变化单调递减，性能变异现象严重，有可能导致动量轮轴承的性能失效，应及时采取补救与维护措施；动量轮轴承 C 的性能变异系数呈现周期分布，但 $\min u_j = 0.5 = \lambda$，处于退变的临界状态，安全起见，仍须采取相应的维护措施，避免不必要的经济损失。

3.4　本　章　小　结

本章根据所建立的卫星动量轮轴承性能变异过程的分析模型，在系统本身性能参数、先验信息、概率密度、趋势项均未知的情况下，基于模糊等价关系求取性能变异系数，来挖掘系统内部存在的固有确定性规律，准确地监控动量轮轴承性能时间序列的性能变异信息。

对三个卫星动量轮轴承稳态电流和两个同型号轴承温度性能时间序列的原

始数据进行[0, 1]区间映射，用最大最小法找出相对应的模糊相似关系，再用传递闭包法转换为模糊等价关系，进而计算出研究对象性能参数的性能变异系数，且用三组不同分布的仿真数据验证了该理论的可行性。

　　所建立模型借助在线获取的时间性能数据，可及时发现动量轮轴承性能变异和失效隐患，从而避免恶性事故发生。

第4章 滚动轴承性能演变历程的量化评估

4.1 概　　述

滚动轴承广泛应用在航空发动机的传动和承力机械系统中，由于其长期工作在高温、高压、重载等苛刻环境下，是航空发动机整个机械系统中最薄弱的环节之一，因此其性能成为决定航空发动机整体使用寿命和可靠性的重要因素。性能失效是指在滚动轴承服役期间，内部零件损伤量或者变形量的累积，最终导致轴承运转无法满足预定要求。滚动轴承从开始服役运转良好到最终性能失效这一过程中会有很多迹象显示出来，如滚动轴承的振动、摩擦力矩或温升等性能会出现一系列的异常变化，这些异常的变化通常预示着滚动轴承内部机械零件的磨损或者损伤状态的加剧[66]。从这些异常现象中挖掘出滚动轴承服役过程中的性能退化信息，对轴承性能变异程度的发展趋势进行预判，可以避免轴承变异因素累计超出正常范围，遏制航空发动机骤然停机造成恶性事故的发生。

目前，对于滚动轴承性能变异的分析主要是通过对振动信号在时域、频域和时频域的分析进行的，但时域、频域和时频域分析方法都需要滚动轴承从开始服役到失效的大样本原始数据，由于时间、费用、技术条件等的限制，现代长寿命产品如某些新型航空发动机轴承性能分析经常面临的是小样本和无失效数据。现有对小样本问题的研究，一般都事先假设样本概率密度函数已知，而且也多为对滚动轴承疲劳寿命的研究，在滚动轴承服役期间，有很多性能变异与失效概率分布是未知的或不确定的，如摩擦力矩、振动与噪声等。因此，本章对小样本且概率分布未知问题的研究具有重要意义。

对于概率分布未知、趋势未知的小样本问题，基于经典统计理论的研究结果可能是不合理的。因为在样本数据概率分布未知的情况下，模糊变量的定义比随机变量更加简单容易，所以模糊数学被越来越多地应用在对不确定问题的建模上，迄今为止，将模糊数学应用到滚动轴承性能演变历程的量化评估方面的研究还比较少。自助-最大熵法能够对未知小样本的概率密度函数做出主观偏见最小的最佳估计，在处理概率分布未知的小样本问题时能起到非常重要的作用。模糊等价系数是一个模糊性概念，在 0 和 1 的两个事物极端状态中变化，0 表示研究对象的两个实体毫不相干，1 则表示两个实体完全一样。如果将这种关联程度用经典精确数学中的概率加以量化，则实现了模糊现象的精确刻画，将模糊数学和概率论联系在一起。现有文献对它们内在联系的研究少之又少，那么研究这种联系并将其应用到工程实际中以实现模糊性的明晰表达显得尤为重要。

鉴于以上存在的问题，本章首先在小样本且概率分布未知的条件下，对滚动轴承振动加速度原始数据进行分组，并选定本征样本，计算各样本间模糊等价系数；然后运用自助法对小样本数据进行等概率可放回抽样，获得大量样本数据，用最大熵法得到 Lagrange 乘子，进而求出各样本概率密度函数，运用交集法得到各样本相对于本征样本的变异概率；最后建立模糊等价系数和变异概率关系曲线，实现模糊到精确的转化，并以此监控滚动轴承振动性能演变过程，避免恶性事故的发生。

4.2　数　学　模　型

在服役过程中，需定时采集滚动轴承的振动加速度原始信号数据。将采集到的原始数据进行分组，设分组后获得 N 个样本。本征样本是指滚动轴承处于最佳运行状态时期的样本，该时期滚动轴承几乎无性能失效的可能性，记为第 1 个样本，用向量 $\boldsymbol{X}_1$ 表示，即

$$\boldsymbol{X}_1 = (x_1(1), x_1(2), \cdots, x_1(k), \cdots, x_1(M)) \tag{4-1}$$

式中，$x_1(k)$ 为本征样本的第 k 个数据；k 为数据在本征样本中的序号，$k=1,2,\cdots,M$，M 为数据总个数。

随着定时采样次数的增加，采集到的滚动轴承振动加速度数据越来越多，获得第 r 个任一样本向量 $\boldsymbol{X}_r$ 为

$$\boldsymbol{X}_r = (x_r(1), x_r(2), \cdots, x_r(k), \cdots, x_r(M)) \tag{4-2}$$

式中，$x_r(k)$ 为第 r 个样本的第 k 个数据；r 为样本的序号，$r=1,2,\cdots,N$。

4.2.1　模糊等价系数

传统的测量数据处理中往往要求数据具有典型的概率分布，如正态分布，以便进行概率论和统计学意义上的数学处理。本节内容是以模糊集合理论为基础的，对数据概率分布无特别要求，还允许小的样本量。

设滚动轴承服役周期内共获得 A 个振动加速度数据，将数据分为 N 组，即 N 个样本，每组 M 个数据，即样本含量为 M，且 $A=MN$；任一样本为 $\boldsymbol{X}_r=(x_r(1), x_r(2), \cdots, x_r(k), \cdots, x_r(M))$，即式(4-2)。

第 i 个样本向量 $\boldsymbol{X}_i$ 和第 l 个样本向量 $\boldsymbol{X}_l$ 的模糊等价关系为

$$
\begin{aligned}
T(R) &= \begin{bmatrix}
\mu_{11} & \mu_{12} & \mu_{13} & \cdots & \mu_{1l} & \cdots & \mu_{1N} \\
\mu_{21} & \mu_{22} & \mu_{23} & \cdots & \mu_{2l} & \cdots & \mu_{2N} \\
\mu_{31} & \mu_{32} & \mu_{33} & \cdots & \mu_{3l} & \cdots & \mu_{3N} \\
\vdots & \vdots & \vdots & & \vdots & & \vdots \\
\mu_{i1} & \mu_{i2} & \mu_{i3} & \cdots & \mu_{il} & \cdots & \mu_{iN} \\
\vdots & \vdots & \vdots & & \vdots & & \vdots \\
\mu_{N1} & \mu_{N2} & \mu_{N3} & \cdots & \mu_{Nl} & \cdots & \mu_{NN}
\end{bmatrix} \\
&= \begin{bmatrix}
1 & \mu_{12} & \mu_{13} & \cdots & \mu_{1l} & & \mu_{1m} \\
& 1 & \mu_{23} & \cdots & \mu_{2l} & & \mu_{2m} \\
& & 1 & \cdots & \mu_{3l} & & \mu_{3m} \\
& & & & \vdots & & \vdots \\
& \text{对称} & & & 1 & \cdots & \mu_{im} \\
& & & & & & \vdots \\
& & & & & & 1
\end{bmatrix}
\end{aligned} \tag{4-3}
$$

式中

$$
0 \leqslant \mu_{il} \leqslant 1
$$

$$
\mu_{il} = \begin{cases} 1, & i = l \\ \mu_{li}, & i \neq l \end{cases} \tag{4-4}
$$

在式(4-3)中，元素 μ_{il} 描述了滚动轴承振动加速度第 i 个样本向量 X_i 和第 l 个样本向量 X_l 的模糊等价关系，即任一样本向量 X_i 和任一样本向量 X_l 特征符合的程度。故 μ_{il} 记为样本向量 X_i 和 X_l 的模糊等价系数，其意义如下：

(1) μ_{il} 越接近 1，样本向量 X_i 和 X_l 特征符合程度越好，表明两者之间特征变异程度越小。

(2) μ_{il} 越接近 0，样本向量 X_i 和 X_l 特征符合程度越差，表明两者之间特征变异程度越大。

(3) 特别地，当 μ_{il}=1 时，样本向量 X_i 和 X_l 是完全一样的，不存在任何变异特征；当 μ_{il}=0 时，样本向量 X_i 和 X_l 是毫不相干的，存在极其显著的变异特征。

4.2.2　自助-最大熵原理

自助法是利用原始观测数据模拟未知概率分布的常用方法。在对整体数据系统进行有用信息的挖掘和推断时，自助法无疑已经成为一种不可或缺的重要非参数估计方法，并且广泛应用在点估计、区间估计、参数预测等问题的建模中，成为统计学研究中最具活力的方法。本节首先基于自助法对小样本数据进行等概率可放回自助抽样，进而扩充小样本数据；然后以最大熵法对未知概率密度函数做出主观偏见为最小的最佳估计，进而求出概率密度函数，在求解过程中，引入 Lagrange 乘子，从而把概率密度函数求解问题转化为 Lagrange 乘子的求解问题。

在滚动轴承服役周期内，设获得任一样本向量为 X_r，即

$$X_r = (x_r(1), x_r(2), \cdots, x_r(k), \cdots, x_r(M)), \quad r=1,2,\cdots,N \tag{4-5}$$

式中，$x_r(k)$ 为样本向量 X_r 的第 k 个数据；M 为样本向量 X_r 的样本含量。

从样本向量 X_r 中等概率可放回地抽样，每次抽取 w 个数据，构成一个自助样本向量 X_b，连续重复抽取 B 次，得到 B 个自助样本，用向量表示为

$$X_b = \left[x_b(1), x_b(2), \cdots, x_b(l), \cdots, x_b(w) \right], \quad b=1,2,\cdots,B \tag{4-6}$$

式中，X_b 为第 b 个自助样本向量；$x_b(l)$ 为 X_b 的第 l 个数据；w 为 X_b 的数据个数。

因此，可以得到一个样本含量为 B 的自助样本向量 X_B，即

$$X_B = (x_1, x_2, \cdots, x_b, \cdots, x_B) \tag{4-7}$$

式中

$$x_b = \frac{1}{w} \sum_{l=1}^{w} x_b(l) \tag{4-8}$$

通过自助样本向量 X_B 中的数据构建样本向量 X_r 的概率密度函数 $f(x)$，过程如下。

为了叙述方便，将样本向量 X_r 中离散数据连续化，定义最大熵的表达式为

$$H(x) = -\int_S f(x) \ln f(x) \mathrm{d}x \tag{4-9}$$

式中，$f(x)$ 为样本向量 X_r 的概率密度函数；S 为积分区间。

S 的约束条件为

$$\int_S f(x)\mathrm{d}x = 1 \tag{4-10}$$

$$\int_S x^i f(x)\mathrm{d}x = m_i, \quad i = 0,1,2,\cdots,m \tag{4-11}$$

式中，m_i 为第 i 阶原点矩；m 为最高原点矩阶数；i 为原点矩阶数。

由式(4-7)可知，B 可以是一个很大的数，所以可以得到第 i 阶原点矩 m_i 为

$$m_i = \frac{1}{B} \sum_{b=1}^{B} (x_b)^i \tag{4-12}$$

通过调整 $f(x)$ 可以使熵达到最大值，此时可以通过 Lagrange 乘子法进行求解，其解为

$$f(x) = \exp\left(c_0 + \sum_{i=1}^{m} c_i x^i \right) \tag{4-13}$$

式中，c_0 为首个 Lagrange 乘子；c_i 为第 $i+1$ 个 Lagrange 乘子。

c_0 应满足

$$c_0 = -\ln\left[\int_S \exp\left(\sum_{i=1}^m c_i x^i\right)\mathrm{d}x\right] \tag{4-14}$$

其余 Lagrange 乘子应满足

$$\frac{\displaystyle\int_S x^i \exp\left(\sum_{i=1}^m c_i x^i\right)\mathrm{d}x}{\displaystyle\frac{1}{B}\sum_{b=1}^B (x_b)^i \int_S \exp\left(\sum_{i=1}^m c_i x^i\right)\mathrm{d}x} = 1 \tag{4-15}$$

4.2.3 基于交集法求变异概率

当滚动轴承处于最佳运行状态时期时，其振动加速度数据属于随机变量，该随机变量属于某个特定分布。但是，随着时间的推移，由于服役过程的不确定性，会有各种扰动出现，则随机变量的概率分布会发生变化，此时，滚动轴承处于非最佳运行状态。性能变异是一个连续的过程，而不是性能由正常到失效的"突变"，只要性能数据概率分布发生了改变，就认为滚动轴承振动性能发生了变异。

本节用变异概率评估滚动轴承振动性能，以本征样本的概率密度函数为参考，将其他样本概率密度函数与其取交集。交集面积越大，变异概率越小；反之，变异概率越大。

设选定本征样本向量为 X_1，即式(4-1)，由自助-最大熵法可得其概率密度函数 $f_1(x)$ 为

$$f_1(x) = \exp\left(c_{10} + \sum_{i=1}^m c_{1i} x^i\right) \tag{4-16}$$

设通过实验获得的任一样本向量为 X_r，即式(4-2)，由自助-最大熵法可得其概率密度函数 $f_r(x)$ 为

$$f_r(x) = \exp\left(c_{r0} + \sum_{i=1}^m c_{ri} x^i\right) \tag{4-17}$$

根据交集概念，定义 $\lambda_{1,r}$ 为二者的变异概率，即

$$\lambda_{1,r} = 1 - A(f_1(x) \cap f_r(x)) \tag{4-18}$$

式中，$A(f_1(x)\cap f_r(x))$ 为 $f_1(x)$ 与 $f_r(x)$ 交集的面积。

4.3 案 例 研 究

4.3.1 仿真研究

在本仿真案例中，用计算机仿真 9 个正态分布数据样本，即 $N=9$，每个样本的样本含量为 10，即 $M=10$，共 90 个数据，如图 4-1 所示。数学期望均为 $E=0$，

标准差分别为 $s_1=0.10$、$s_2=0.15$、$s_3=0.20$、$s_4=0.40$、$s_5=0.48$、$s_6=0.52$、$s_7=0.55$、$s_8=0.60$、$s_9=0.80$。选定 $E=0$，$s_1=0.10$ 的样本为本征样本，真实情况是随着标准差的增加，数据波动变大，各样本与本征样本的模糊等价系数变小，变异概率变大。以下通过所提数学模型，计算各样本与本征样本的模糊等价系数和变异概率以验证该模型的正确性。

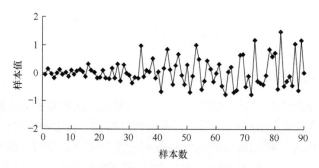

图 4-1 不同标准差下正态分布的仿真数据

由图 4-1 可知，仿真数据可分为样本 $X_1 \sim X_9$，且本征样本为 X_1。计算后样本 $X_1 \sim X_9$ 的模糊等价关系矩阵为

$$
\boldsymbol{T(R)} = \begin{bmatrix}
1.000 & 0.852 & 0.784 & 0.723 & 0.669 & 0.609 & 0.531 & 0.505 & 0.453 \\
0.852 & 1.000 & 0.784 & 0.723 & 0.669 & 0.609 & 0.531 & 0.505 & 0.453 \\
0.784 & 0.784 & 1.000 & 0.723 & 0.669 & 0.609 & 0.531 & 0.505 & 0.453 \\
0.723 & 0.723 & 0.723 & 1.000 & 0.669 & 0.609 & 0.531 & 0.505 & 0.453 \\
0.669 & 0.669 & 0.669 & 0.669 & 1.000 & 0.740 & 0.531 & 0.505 & 0.453 \\
0.609 & 0.609 & 0.609 & 0.609 & 0.740 & 1.000 & 0.531 & 0.505 & 0.453 \\
0.531 & 0.531 & 0.531 & 0.531 & 0.531 & 0.531 & 1.000 & 0.505 & 0.453 \\
0.505 & 0.505 & 0.505 & 0.505 & 0.505 & 0.505 & 0.505 & 1.000 & 0.453 \\
0.453 & 0.453 & 0.453 & 0.453 & 0.453 & 0.453 & 0.453 & 0.453 & 1.000
\end{bmatrix}
$$

样本 $X_1 \sim X_9$ 与本征样本 X_1 的模糊等价系数如图 4-2 所示。

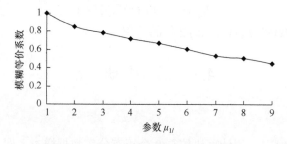

图 4-2 $X_1 \sim X_9$ 与 X_1 的模糊等价系数

由图 4-2 可知，$\mu_{11}=1$ 表明本征样本与其本身是完全一样的，$\mu_{12}\sim\mu_{19}$ 依次为 0.852、0.784、0.723、0.669、0.609、0.531、0.505、0.453，则表明样本 $X_2\sim X_9$ 与本征样本 X_1 的特征符合程度越来越小，这与对原始数据直接分析的结果具有一致性。

以上计算结果是用模糊等价系数度量样本 $X_2\sim X_9$ 与 X_1 特征的符合程度，这种度量结果是基于模糊数概念的，但模糊数很难对事物本质进行精确描述，只能反映其大致趋势。鉴于此，引入变异概率对样本 $X_2\sim X_9$ 与本征样本 X_1 的特征符合程度进行精确刻画，进而建立模糊数与概率的联系。

通过自助法对本征样本 X_1 进行等概率可放回抽样，取 $B=10000$，得到自助样本 X_{B1}，同理，对 $X_2\sim X_9$ 进行等概率可放回抽样，得到 $X_{B2}\sim X_{B9}$，如图 4-3 所示。

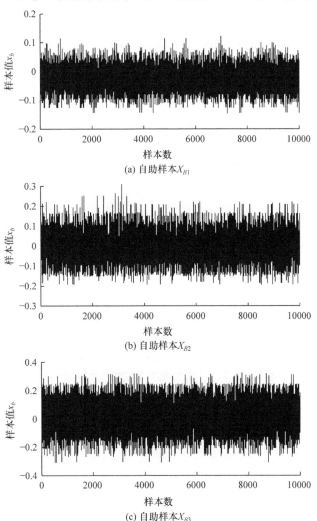

(a) 自助样本 X_{B1}

(b) 自助样本 X_{B2}

(c) 自助样本 X_{B3}

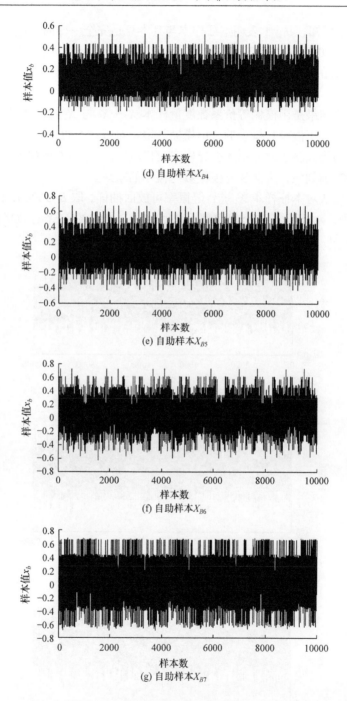

(d) 自助样本 X_{B4}

(e) 自助样本 X_{B5}

(f) 自助样本 X_{B6}

(g) 自助样本 X_{B7}

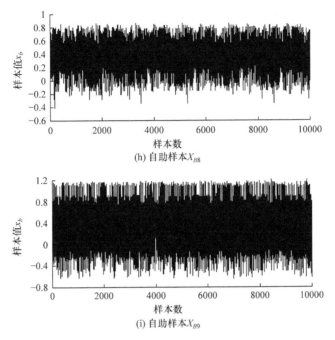

(h) 自助样本 X_{B8}

(i) 自助样本 X_{B9}

图 4-3　自助样本 $X_{B1}\sim X_{B9}$

根据最大熵原理，可得本征样本 X_1 的概率密度函数 $f_1(x)$，如图 4-4 所示。

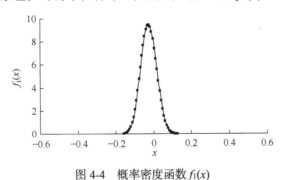

图 4-4　概率密度函数 $f_1(x)$

同理，样本 $X_2\sim X_9$ 的概率密度函数分别为 $f_2(x)\sim f_9(x)$，则 $f_1(x)$ 与 $f_2(x)\sim f_9(x)$ 的交集如图 4-5 所示。

由式(4-18)可知，样本 $X_1\sim X_9$ 相对于本征样本 X_1 的变异概率 $\lambda_{1,r}$ 如表 4-1 所示。

表 4-1　$X_1\sim X_9$ 相对于本征样本 X_1 的变异概率 $\lambda_{1,r}$

样本	X_1	X_2	X_3	X_4	X_5	X_6	X_7	X_8	X_9
变异概率/%	0	28.6	49.8	63.8	68.3	69.1	69.7	73.8	85.7

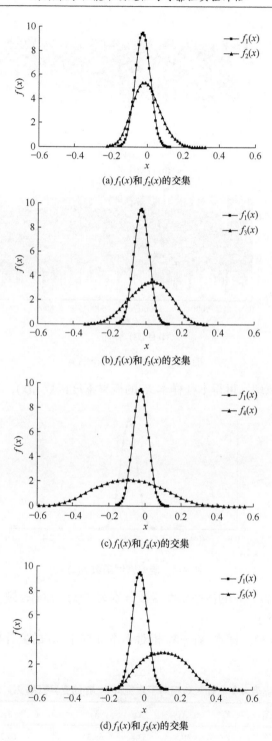

(a) $f_1(x)$和$f_2(x)$的交集

(b) $f_1(x)$和$f_3(x)$的交集

(c) $f_1(x)$和$f_4(x)$的交集

(d) $f_1(x)$和$f_5(x)$的交集

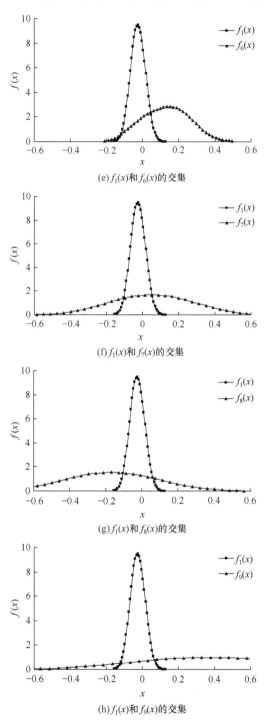

(e) $f_1(x)$和$f_6(x)$的交集

(f) $f_1(x)$和$f_7(x)$的交集

(g) $f_1(x)$和$f_8(x)$的交集

(h) $f_1(x)$和$f_9(x)$的交集

图 4-5　$f_1(x)$与$f_2(x)$～$f_9(x)$的交集

由图 4-5 可知，$f_1(x)$ 与 $f_2(x)$～$f_9(x)$ 的交集面积依次减小。从表 4-1 也可以看出，样本 X_1～X_9 相对于本征样本 X_1 的变异概率依次增加，分别为 0、28.6%、49.8%、63.8%、68.3%、69.1%、69.7%、73.8%、85.7%；$\lambda_{1,4}$=63.8%，$\lambda_{1,5}$=68.3%，$\lambda_{1,6}$=69.1%，$\lambda_{1,7}$=69.7%，即样本 X_4～X_7 相对于本征样本 X_1 的变异概率的增加量 $\lambda_{1,7}-\lambda_{1,4}$ 仅为 5.9%，远小于 $\Delta\lambda_{1\to4}=\lambda_{1,4}-\lambda_{1,1}$=63.8% 和 $\Delta\lambda_{7\to9}=\lambda_{1,9}-\lambda_{1,7}$=16%，表明样本 X_1～X_4 数据段波动情况变化最大，样本 X_7～X_9 数据段波动情况变化次之，样本 X_4～X_7 数据段波动情况变化较小。这与对原始数据直接分析的结果具有一致性，因为 $\Delta s_{1\to4}$(=0.3)$>\Delta s_{7\to9}$(=0.25)$> \Delta s_{4\to7}$(=0.15)，同时也验证了所提数学模型的正确性。

为了建立模糊数与概率的联系，以实现样本 X_1～X_9 相对于本征序列 X_1 符合程度的精确表达，模糊等价系数与变异概率的关系如图 4-6 所示。

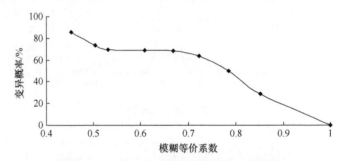

图 4-6　模糊等价系数与变异概率的关系

由图 4-6 可知，当 μ_{11}=1 时，$\lambda_{1,1}$=0，表明样本 X_1 相对其本身不存在任何变异；当 μ_{19}=0.453 时，$\lambda_{1,9}$=85.7%，表明样本 X_9 相对于本征样本 X_1 的特征符合程度为 0.453，这是一个模糊数，表示的精确意义是样本 X_9 相对于本征样本 X_1 的变异概率为 85.7%，每个模糊等价系数均对应 1 个变异概率，从而建立了模糊数与概率的联系，实现了变异本质的精确刻画；该图曲线从右往左呈上升趋势，其中在点 (μ_{14}=0.723，$\lambda_{1,4}$=63.8%) 以左、点 (μ_{17}=0.531，$\lambda_{1,7}$=69.7%) 以右，曲线较为平缓，表明该样本段变异概率几乎相等，数据波动情况几乎相同；两端曲线上升较快，表明两端样本段变异概率增加较快，数据波动情况变化较大；在曲线平缓段，模糊等价系数 μ_{14}～μ_{17} 持续减小而变异概率几乎不变，表明模糊数仅反映数据变化的大致趋势，而概率能够对这种趋势进行精确描述。

4.3.2　实验研究

该实验是一个滚动轴承故障的实验，一台 1470W 电动机、一个扭转传感器和一个功率测试计组成实验台。实验时通过加速度传感器实时测量滚动轴承 (SKF6205) 的振动加速度信号数据，实验时滚动轴承驱动端的转速为 1797r/min，定时采样的时间间隔 τ =10min,最终得到有关滚动轴承内圈沟道磨损的故障数据,磨损直径分别为 0mm、0.1778mm、0.5334mm 和 0.7112mm。每个磨损直径下采集 10 个数据, 共 40 个数据, 将其分为 8 组($X_1 \sim X_8$),即样本数 N=8, 样本含量 M=5, 如图 4-7 所示。

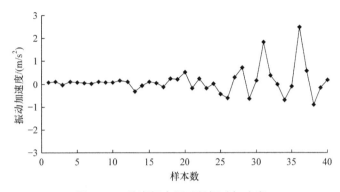

图 4-7　4 种磨损直径下的振动加速度

由图 4-7 可知, 样本 $X_1 \sim X_2$(k=1~10)为磨损直径为 0mm 的数据, 数据趋于平缓; 样本 $X_3 \sim X_4$(k=11~20)为磨损直径为 0.1778mm 的数据, 数据开始波动; 样本 $X_5 \sim X_6$(k=21~30)为磨损直径为 0.5334mm 的数据, 数据波动趋于变大; 样本 $X_7 \sim X_8$(k=31~40)为磨损直径为 0.7112mm 的数据, 数据波动最为剧烈。

选定轴承最佳运行状态下的样本 X_1 为本征样本, 则计算后 $X_1 \sim X_8$ 的模糊等价关系矩阵为

$$T(R) = \begin{bmatrix} 1.000 & 0.944 & 0.875 & 0.841 & 0.769 & 0.597 & 0.558 & 0.522 \\ 0.944 & 1.000 & 0.875 & 0.841 & 0.769 & 0.597 & 0.558 & 0.522 \\ 0.875 & 0.875 & 1.000 & 0.841 & 0.769 & 0.597 & 0.558 & 0.522 \\ 0.841 & 0.841 & 0.841 & 1.000 & 0.769 & 0.597 & 0.558 & 0.522 \\ 0.769 & 0.769 & 0.769 & 0.769 & 1.000 & 0.597 & 0.558 & 0.522 \\ 0.597 & 0.597 & 0.597 & 0.597 & 0.597 & 1.000 & 0.558 & 0.522 \\ 0.558 & 0.558 & 0.558 & 0.558 & 0.558 & 0.558 & 1.000 & 0.664 \\ 0.522 & 0.522 & 0.522 & 0.522 & 0.522 & 0.522 & 0.664 & 1.000 \end{bmatrix}$$

样本 $X_1 \sim X_8$ 与本征样本 X_1 的模糊等价系数如图 4-8 所示。

由图 4-8 可知, 随着样本数的增加, $X_1 \sim X_8$ 与 X_1 的模糊等价系数越来越小, 依次为 1.000、0.944、0.875、0.841、0.769、0.597、0.558、0.522, 表明随着磨损直径的增大, 滚动轴承振动加速度各样本和本征样本的特征符合程度越来越小, 这与对原始数据直接分析的结果具有一致性, 因为随着磨损直径的增大, 原始数据波动程度越来越大。

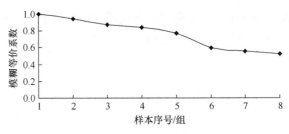

图 4-8 $X_1 \sim X_8$ 与 X_1 的模糊等价系数

根据自助-最大熵原理，样本 $X_1 \sim X_8$ 的概率密度函数 $f_1(x) \sim f_8(x)$ 的 Lagrange 乘子如表 4-2 所示。

表 4-2 $f_1(x) \sim f_8(x)$ 的 Lagrange 乘子

概率密度函数	Lagrange 乘子					
	c_0	c_1	c_2	c_3	c_4	c_5
$f_1(x)$	2.240	0.767	−0.400	0.104	−0.031	−0.022
$f_2(x)$	3.310	0.309	−0.474	−0.120	−0.073	0.021
$f_3(x)$	1.462	0.574	−0.712	0.034	0.007	−0.017
$f_4(x)$	1.382	−0.369	−0.663	0.145	−0.040	−0.022
$f_5(x)$	1.303	0.181	−0.901	0.259	−0.006	−0.047
$f_6(x)$	0.424	0.028	−0.456	−0.043	−0.043	0.009
$f_7(x)$	−0.795	−1.595	−0.512	0.055	−0.075	0.004
$f_8(x)$	−1.069	−1.538	−0.689	−0.126	−0.044	0.036

由式(4-13)结合表 4-2，样本 $X_1 \sim X_8$ 的概率密度函数 $f_1(x) \sim f_8(x)$ 得以确定。由式(4-18)可知，样本 $X_1 \sim X_8$ 相对于本征样本 X_1 的变异概率 $\lambda_{1,r}$ 如表 4-3 所示。

表 4-3 $X_1 \sim X_8$ 相对于本征样本 X_1 的变异概率 $\lambda_{1,r}$

样本	X_1	X_2	X_3	X_4	X_5	X_6	X_7	X_8
变异概率/%	0.0	34.3	67.3	71.9	74.6	76.1	84.4	95.6

由表 4-3 可知，样本 $X_1 \sim X_8$ 相对于本征样本 X_1 的变异概率依次增加，分别为 0、34.3%、67.3%、71.9%、74.6%、76.1%、84.4%、95.6%，表明滚动轴承振动性能变异程度随磨损直径的增大而增加。$\lambda_{1,3}=67.3\%$，$\lambda_{1,4}=71.9\%$，$\lambda_{1,5}=74.6\%$，$\lambda_{1,6}=76.1\%$，即磨损直径从 0.1778mm 增大到 0.5334mm 滚动轴承振动性能变异概率仅增加 $\lambda_{1,6}-\lambda_{1,3}=8.8\%$，远小于 $\Delta\lambda_{1\to3}=\lambda_{1,3}-\lambda_{1,1}=67.3\%$ 和 $\Delta\lambda_{6\to8}=\lambda_{1,8}-\lambda_{1,6}=19.5\%$，表明磨损直径从 0 增大到 0.1778mm 滚动轴承振动性能变异概率变化最大，

0.5334mm 增大到 0.7112mm 时变化次之，0.1778mm 增大到 0.5334mm 时变化最小。

为了建立模糊数与概率的联系，以实现滚动轴承振动性能变异本质的精确刻画，求得样本 $X_1 \sim X_8$ 相对于本征样本 X_1 的模糊等价系数与其变异概率的关系，如图 4-9 所示。

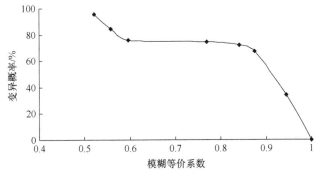

图 4-9　模糊等价系数与变异概率的关系

由图 4-9 可知，从右往左该曲线呈"躺椅状"上升趋势，该趋势大致分为三个阶段。第 1 阶段：当 μ_{1l} 从 1 开始减小(即磨损直径从 0 开始增大)时，滚动轴承振动性能变异概率增加较快。第 2 阶段：随着 μ_{1l} 继续减小(即磨损直径继续增大)，其变异概率增加缓慢且有微量波动。第 3 阶段：当 μ_{1l} 减小到 0.6 左右后(即磨损直径增加到 0.5334mm 左右后)，其变异概率继续快速增加。这三个阶段正好对应滚动轴承服役过程中经历的三个阶段，在磨损直径达到约 0.1778mm 以前，轴承处于初级磨合阶段，该阶段轴承振动性能变异概率增加较快，至 72% 左右，振动性能变异十分显著；磨损直径在 0.1778mm 到 0.5334mm 变化时，轴承处于正常性能退化阶段，该阶段变异概率增加缓慢且持续时间较长，变化量仅约 4%；磨损直径达到 0.5334mm 之后，轴承处于性能恶化阶段，该阶段磨损程度逐渐加剧，振动性能变异概率较快，增加至 96% 左右。

4.4　本 章 小 结

本章将模糊等价关系和自助-最大熵原理应用到滚动轴承性能演变历程的量化评估中，提出用交集法求解变异概率的新思路；所提模型是对原始数据本身计算得到的客观规律，可以在只有小样本数据而没有样本数据概率密度函数等任何先验信息的条件下，分析滚动轴承振动性能演变历程，弥补了传统统计学的不足；建立了模糊等价系数与变异概率的有效对应关系，实现了模糊数学精确表达事物本质的量化标准,从而将模糊数学和概率论联系在一起;在滚动轴承服役过程中,变异概率曲线呈"躺椅状"非线性趋势。随着内圈沟道磨损直径的增大,变异概率将经历三个阶段:先快速增加,再缓慢增加且有微量波动,最后又快速增加,对应轴承磨损的三个阶段,即初级磨合阶段、正常性能退化阶段和性能恶化阶段。根据该曲线实时监控滚动轴承振动性能演变趋势,在轴承磨损进入性能恶化阶段之前及时更换轴承,可有效避免因轴承失效导致的恶性事故的发生。

第5章 点蚀缺陷滚动轴承的静力学和显式动力学仿真分析

5.1 概　　述

静力学分析作为 ANSYS 有限元仿真软件中最基础和最简单的分析模块，主要用于分析结构在恒定载荷作用下的响应，如 X、Y、Z 三个坐标方向的位移求解结果(DOF SOLUTION)、应力求解结果(STRESS)，主要有主应力、最大等效接触应力等，也就是结构在恒定载荷作用下的变形和受力区域的应力应变大小情况。恒定载荷就是结构受到的载荷力大小不随着时间变化，始终保持恒定的大小和方向。通常来讲，在 ANSYS 静力学分析模块中，所施加的载荷主要包括外部施加的作用力和压力、稳态的惯性力(如地心引力和离心力等)、位移载荷(如使结构某一部分的初始状态在某一方向上产生一定量的初始位移)、温度载荷等。

静力学分析在各种结构分析中作为最简单的形式，主要从静力学(静力平衡条件)、几何学(位移协调条件)、物理学(胡克定理)三个方面对结构进行分析，对应的力学知识主要有材料力学、结构力学、弹性力学等。静力学分析既可以是线性分析，也可以是非线性分析。常见的非线性静力学分析包括大变形、塑形、蠕变、应力刚化、接触(间隙)分析等。

显式动力学程序 LS-DYNA 于 20 世纪 90 年代中后期引入我国，之后得到很多相关工程领域的青睐。至今为止，关于非线性结构动力学仿真分析的技术研究及其在各个行业中的应用都取得了巨大的成功，而显式动力学仿真软件 LS-DYNA 则成为其中最为主流的仿真分析软件，并且得到了广大使用者的一致认可。ANSYS 通过引入 LS-DYNA 算法，完善了其在显式动力学分析上的不足。LS-DYNA 强大的显式动力学分析功能与 ANSYS 有限元分析软件功能齐全的后处理器相结合，两者相辅相成，使得对显式动力学的分析更加普及。

5.2 点蚀缺陷滚动轴承的静力学仿真分析

在运用赫兹接触理论求解接触问题时，由于实际情况与理论环境存在一定的差异，求解前需要做出一些假设，如下所述：

(1) 接触模型中必须存在至少两个物体并且存在接触关系，受载时不会出现刚性位移，只发生弹性变形，且遵循胡克定律；

(2) 受载时，接触模型中只产生小变形，接触区域可以预先确定；

(3) 应力、应变关系取线性；

(4) 接触表面充分光滑，只有法向力作用，不存在切向摩擦力；

(5) 不考虑接触面的介质(如润滑油)、不计动摩擦影响。

在各类球轴承和轻载滚子轴承中，滚动体与滚道面或沟道面的接触方式以点接触为主，根据赫兹接触理论推测物体的接触面为椭圆形，表面压力呈半椭球分布，具体理论计算过程如下。

长半轴轴长为

$$a = n_a \left(\frac{3\eta Q}{2\sum \rho} \right)^{1/3} \tag{5-1}$$

短半轴轴长为

$$b = n_b \left(\frac{3\eta Q}{2\sum \rho} \right)^{1/3} \tag{5-2}$$

两物体趋近量即接触弹性变形量为

$$\delta = n_\delta \left(\frac{9}{32} \eta \, Q^2 \sum \rho \right)^{1/3} \tag{5-3}$$

接触面中心最大压应力为

$$P_0 = \frac{1}{\pi n_a n_b} \left[\frac{3}{2} \left(\frac{\sum \rho}{\eta} \right) Q \right]^{1/3} = \frac{3Q}{2\pi ab} \tag{5-4}$$

接触面上任一点压应力为

$$P(x, y) = P_0 \sqrt{1 - \left(\frac{x}{a} \right)^2 - \left(\frac{y}{b} \right)^2} \tag{5-5}$$

式(5-1)～式(5-3)中，n_a、n_b、n_δ 为与接触点主曲率差函数有关的系数；η 为两物体的综合弹性常数，且有

$$\eta = \frac{1 - \mu_1^2}{E_1} + \frac{1 - \mu_2^2}{E_2} \tag{5-6}$$

E_1、E_2 和 μ_1、μ_2 分别为材料的弹性模量和泊松比；Q 为滚动体与滚道之间的接触负荷；$\sum \rho$ 为接触点的主曲率和函数。

按照赫兹接触理论，两个相当长且等长度的平行圆柱体接触时表面压力呈半

椭圆柱分布。各类滚子轴承一般均为线接触，表面压力可以认为近似呈椭圆柱分布。需要指出的是，各种球面滚子轴承与滚道的接触面大小均按点接触计算，当接触椭圆长轴小于滚子长度时，应力和变形也按点接触计算，当接触椭圆长轴大于滚子长度时，应力和变形按线接触计算。线接触计算公式如下。

接触半宽度为

$$b' = \left(\frac{4\eta Q}{\pi l \sum \rho} \right)^{1/2} \tag{5-7}$$

接触宽度中心最大压应力为

$$P_0' = \left(\frac{Q \sum \rho}{\pi \eta l} \right)^{1/2} \tag{5-8}$$

式中，l 为模型线接触的有效长度。

接触线上任一点压应力为

$$P'(x, y) = P_0' \sqrt{1 - \left(\frac{y}{b'} \right)^2} \tag{5-9}$$

5.2.1　深沟球轴承 6205 的点蚀缺陷静力学分析

通过 ANSYS 有限元分析软件对深沟球轴承 6205 的接触模型进行静力学分析，得出普通轴承的钢球与外圈之间的应力仿真分析结果与赫兹接触理论计算所得到的结果保持很高的一致性。接下来，将针对在轴承外圈沟道面上存在点蚀缺陷的接触模型进行讨论，分析随着点蚀缺陷尺寸的变化，接触模型的接触应力将如何改变，本节对于存在点蚀缺陷的接触模型的建立依然以深沟球轴承 6205 为例。

在本次分析的钢球与外圈沟道面的接触模型中，添加了一种新的结构模型，即点蚀缺陷。点蚀缺陷存在于外圈沟道面上，通过建立一个拥有具体尺寸大小的球形孔洞进行模拟点蚀剥落，分析深沟球轴承最大受载的滚子与存在点蚀缺陷的外圈沟道面的接触应力变化情况。具体点蚀缺陷的尺寸大小如表 5-1 所示。

表 5-1　深沟球轴承 6205 点蚀缺陷尺寸大小

序号	点蚀直径/mm	序号	点蚀直径/mm
1	0.15	4	0.6
2	0.3	5	0.75
3	0.45		

网格划分的优劣直接影响分析结果的准确性，很多细节需要格外注意。当存

在点蚀缺陷的结构模型建立完成以后，因为点蚀缺陷的存在，且尺寸非常小，所以依然选取自由网格划分方式，同时开启智能网格控制，在完成第一次网格划分之后，选取 refine at 中的 line 选项，单击 refine 按钮，选取点蚀缺陷边缘线进行细化处理，如图 5-1 所示，这样能够使接触区域的网格充分细化，以保证分析结果的准确性。

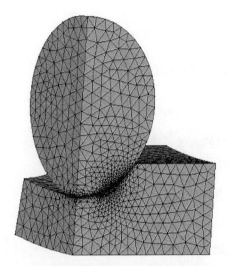

图 5-1　点蚀缺陷的分析模型及网格划分

1. 分析结果

　　无点蚀缺陷下外圈沟道面等效接触应力分布如图 5-2 所示。不同点蚀缺陷下外圈沟道面的等效接触应力分布如图 5-3(a)～(e)所示。

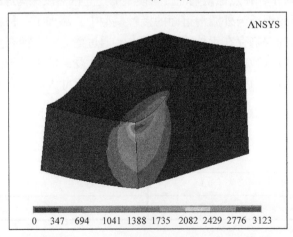

图 5-2　无点蚀缺陷下外圈沟道面的等效接触应力分布(单位：MPa)

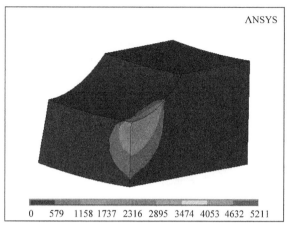

(a) 点蚀直径为0.15mm

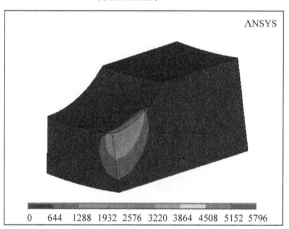

(b) 点蚀直径为0.3mm

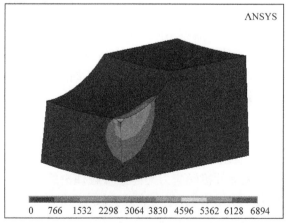

(c) 点蚀直径为0.45mm

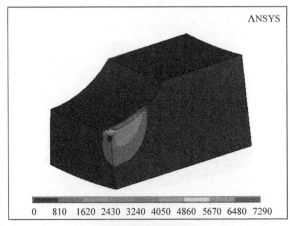

(d) 点蚀直径为0.6mm

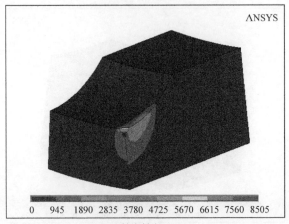

(e) 点蚀直径为0.75mm

图 5-3　不同点蚀缺陷下外圈沟道面的等效接触应力分布(单位：MPa)

在以上应力分布图中可以观察不同点蚀缺陷下外圈沟道面的等效接触应力分布情况和接触区域的最大等效接触应力值。之后对各个点蚀缺陷下的最大等效接触应力进行整合，可得到如图 5-4 所示结果，即不同点蚀缺陷下各个接触模型中外圈沟道面的最大等效接触应力值。

2. 讨论

通过仿真分析可以看出，正常情况下，当载荷为 3000N(点蚀直径为 0)时，钢球与外圈沟道面的最大等效接触应力与赫兹接触理论的计算结果基本一致，为 3119.53MPa；当点蚀开始出现时，最大等效接触应力发生了明显的变化，出现了剧增的情况；在点蚀直径为 0.15mm 时，最大等效接触应力为 5205.23MPa，与正常情况下相比，增加了 66.9%；之后随着点蚀直径的增加，最大等效接触应力也

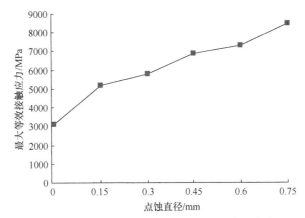

图 5-4　不同点蚀直径的最大等效接触应力曲线

在不断变大，增幅依次为 11.4%、18.9%、5.7%、16.6%。

普通轴承在开始运转时，外圈沟道面是一个完好的曲率曲面，钢球与外圈沟道面的接触呈现一个标准的点-面接触，接触区域为一个椭圆面，各个部分受力均符合理论分析情况，所以与赫兹接触理论基本一致。由于钢球与外圈沟道面的接触部分比较集中，且在钢球的交变循环载荷作用下，接触部分会发生疲劳情况，不再是正常的弹性变形，外圈沟道面上会出现磨损严重的情况，之后出现裂纹，最终导致表层剥落，形成点蚀。

在点蚀形成之后，钢球与外圈沟道面的接触形式发生改变，点-面接触仍然是主要接触方式，但是会出现局部的线-面接触，随着点蚀直径的增大，两种接触形式的占比将会发生转换，线-面接触的比重逐渐增加，接触区域将集中在点蚀的边缘线上，所以会出现整体的局部应变情况，而且，在接触区域的外圈沟道面最大回转位置上，钢球与外圈沟道面的接触角度最小，发生的局部应变最为剧烈，也是最大接触应力存在的位置，即点蚀扩大的最初位置。

综上所述，随着点蚀直径的增大，钢球与外圈沟道面的主要接触区域会发生偏移，且主要接触形式会发生改变，导致钢球与外圈沟道面的最大接触应力逐渐增大。

5.2.2　圆柱滚子轴承 N1015 的点蚀缺陷静力学分析

本节针对存在点蚀缺陷的 N1015 圆柱滚子轴承进行静力学分析，讨论点蚀缺陷会对轴承部件间的接触应力产生何种影响，随着点蚀尺寸的变化，与其相对应的接触应力将会发生何种变化。理论验证证明 ANSYS 静力学分析的准确性，在接下来的分析中，将继续采用圆柱滚子轴承 N1015 作为分析对象。

在点蚀缺陷静力学分析中，结构模型中添加了点蚀缺陷，通过在外圈沟道面上建立一个圆形孔洞来模拟点蚀缺陷，位于最大受载滚子与外圈沟道面接触区域，由于分析的轴承对象应用于精密的机械设备，所以对点蚀缺陷的尺寸选择上也要有所要求，最终选取分析尺寸为 0mm²、0.2mm²、0.4mm²、0.6mm²，深度始终保持为 0.5mm，如图 5-5 所示。

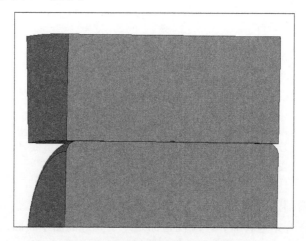

图 5-5　圆柱滚子轴承的点蚀模型

在结构模型发生改变的同时，网格划分方式也需要做出变化，由于在轴承外圈沟道面上产生了点蚀缺陷，且尺寸非常小，若依然采用映射网格划分，难免会出现无法正常操作或者网格形状发生变异的情况。所以，为了避免发生以上两种情况，在对结构模型进行网格划分时，存在点蚀缺陷的外圈沟道面模型与圆柱滚子轴承模型同时划分，采用自由网格划分方式，并开启智能网格控制，这样可以保证接触区域的网格节点能够一一对应，在完成第一步划分之后，再对点蚀缺陷边缘线进行细化，保证求解精度。

在求解完成后，单击 results summary 按钮，查看是否完全求解，当 time 显示为 1 时，表示完全求解。之后查看等效接触应力，如图 5-6(a)～(d)所示。

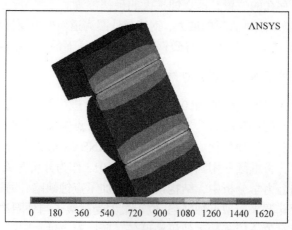

(a) 普通轴承

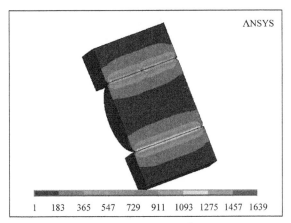

(b) 点蚀面积为0.2mm^2

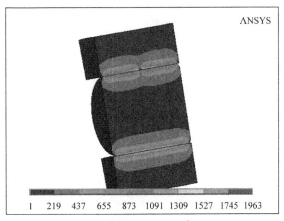

(c) 点蚀面积为0.4mm^2

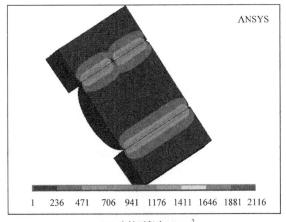

(d) 点蚀面积为0.6mm^2

图 5-6　不同点蚀面积下的等效接触应力分布(单位：MPa)

　　因为圆柱滚子的母线修边采用的是对数曲线，通过等效接触应力的结果分布可以看出在不同点蚀面积存在的情况下滚动轴承外圈沟道面与圆柱滚子的等效接触应力的变化情况，应力分布较为均匀，只有在点蚀部分存在局部应变情况。对各个点蚀面积下的仿真结果进行分析，提取相应的最大等效接触应力，结果如图 5-7 所示。

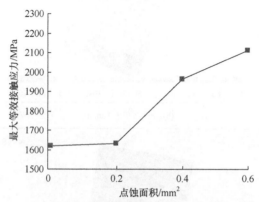

图 5-7　不同点蚀面积下的最大等效接触应力曲线

　　由图 5-7 可得出如下结论：点蚀面积在 $0\sim0.2$mm^2 时，轴承的最大等效接触应力变化不大，增幅为 0.8%；点蚀面积在 $0.2\sim0.4$mm^2 时，轴承的最大等效接触应力增幅为 20%；而点蚀面积在 $0.4\sim0.6$mm^2 时的增幅为 7.5%，总体来看，轴承点蚀在中期扩散时，对圆柱滚子与外圈沟道面接触应力的影响比较明显。

　　在轴承运转过程中，圆柱滚子与外圈沟道面的主要接触方式为线接触，本次分析的圆柱滚子母线的修正方法为对数曲线修正，它是目前最为理想的方法。在轴承承受径向载荷时，除了载荷过大的情况，滚子两端发生局部应变的可能性非常小，所以在正常情况下，接触方式为线接触。当点蚀出现时，因为滚子接触方式的原因，在点蚀尺寸很小时，不会对接触长度产生明显的影响，对接触区域各个部分的平均受力的影响也不会太大，所以在 $0\sim0.2$mm^2 这一阶段，接触区域的最大等效接触应力不会有明显的增幅。然而，在点蚀面积增加到一定程度成为影响接触长度的一个不可忽略的情况时，就要考虑点蚀对应力的影响，即随着接触长度的缩短，各个位置的平均受载也在增加，在点蚀边缘的接触位置，将会发生明显的局部应变情况，这时就会出现最大等效接触应力的急剧增长，点蚀的扩散总是从发生局部应变的位置开始的。

5.3　点蚀缺陷滚动轴承的显式动力学仿真分析

　　LS-DYNA 有限元分析软件的分析对象主要以非线性动力学为主，在求解的方式上也与 ANSYS 动力学分析不同，前者应用的是显式时间积分法，完成整个分析的求解过程。在显式动力学分析中，求解过程中采用的求解方程为

$$M\ddot{a}(t) + C\dot{a}(t) + Ka(t) = Q(t) \tag{5-10}$$

式中，$\ddot{a}(t)$ 为系统的节点加速度向量；$\dot{a}(t)$ 为系统的节点速度向量；M 为质量矩阵；C 为阻尼矩阵；K 为刚度矩阵；$Q(t)$ 为节点载荷向量。

在 LS-DYNA 有限元仿真分析中，显式动力学分析的平衡方程考虑到了惯性力与阻尼力两个参数的影响，在此基础上得到了求解方程式的方程组。在显式动力学仿真分析中，对运动方程进行积分的方法为直接积分法中的中心差分法。在此方法中，加速度和速度都可以通过位移表示，方式如下：

$$\ddot{a} = \frac{a_{t+\Delta t} - 2a_t + a_{t-\Delta t}}{\Delta t^2} \tag{5-11}$$

$$\dot{a}_t = \frac{-a_{t-\Delta t} + a_{t+\Delta t}}{2\Delta t} \tag{5-12}$$

将式(5-11)和式(5-12)代入式(5-10)，可求解各个离散点速度和加速度的递推公式：

$$\left(\frac{M}{\Delta t^2} + \frac{C}{2\Delta t}\right)a_{t+\Delta t} = Q - \left(K - \frac{2M}{\Delta t^2}\right)a_t - \left(\frac{M}{\Delta t^2} + \frac{C}{2\Delta t}\right)a_{t-\Delta t} \tag{5-13}$$

在给定初始条件和一定的起步计算方法后，就可以利用式(5-13)求解各个离散时间点的位移，从而求出应力、应变、加速度等。

5.3.1　深沟球轴承 6205 的点蚀缺陷显式动力学分析

在完成对深沟球轴承 6205 的赫兹接触理论的验证和点蚀缺陷下的静力学分析之后，以此为基础，本节分析深沟球轴承 6205 在存在点蚀缺陷的情况下，轴承运行过程中的振动情况随着点蚀直径的改变将发生怎样的变化。

1. 有限元模型建立

在运用 ANSYS 进行仿真分析的过程中，软件提供了两种操作模式：图形用户界面(GUI)操作和命令流操作。大部分分析不可能一步完成，往往需要多次尝试，有很多没有争议的操作也需要一遍遍地进行，这样就浪费了大量的精力和时间，这时就需要考虑两种操作模式的结合使用，使得工作高效率地进行。

1) 单元材料属性的定义

在本次显式动力学分析中，根据需要选择 SOLID164 单元(实体单元)和 SHELL163 单元(壳单元)，编辑命令流如下：

```
ET,1,SOLID164
ET,2,SHELL163
MP,DENS,1,7.8E-6
```

```
MP,EX,1,2.07E5
MP,NUXY,1,0.3
EDMP,RIGI,2,7,4
MP,DENS,2,7.8E-6
MP,EX,2,2.07E5
MP,NUXY,2,0.3
MP,DENS,3,7.8E-6
MP,EX,3,2.07E5
MP,NUXY,3,0.3
EDMP,RIGI,4,7,4
MP,DENS,4,7.8E-6
MP,EX,4,1.96E5
MP,NUXY,4,0.3
EDMP,RIGI,5,6,7
MP,DENS,5,7.8E-6
MP,EX,5,2.07E5
MP,NUXY,5,0.3
```

2) 结构模型的建立

对轴承外圈沟道面点蚀缺陷的模拟与静力学分析时相同，点蚀直径分别为0mm、0.15mm、0.3mm、0.45mm、0.6mm、0.75mm。建模命令流如下：

```
CYL4,0,0,22,0,26,360,15
VGEN,1,all,,,,,,-7.5,,1,1
TORUS,19.284,0,4.185,0,360
VSBV,1,2,,DELETE,DELETE
CYL4,0,0,12.5,0,16.5,360,15
VGEN,1,1,,,,,,-7.5,,1,1
TORUS,19.587,0,4.056,0,360
VSBV,1,2,,DELETE,DELETE
CYL4,0,0,18,0,21,360,15
VGEN,1,1,,,,,,-7.5,,1,1
SPH4,0,19.5,0,4.01
LOCAL,11,1,0,0,0,90,0,0,1,1
VGEN,9,2,,,0,360/9,0,,1,0
CSYS,0
VSBV,1,2,,DELETE,DELETE
VSBV,13,5,,DELETE,DELETE
VSBV,1,6,,DELETE,DELETE
VSBV,2,7,,DELETE,DELETE
VSBV,1,8,,DELETE,DELETE
```

```
VSBV,2,9,,DELETE,DELETE
VSBV,1,10,,DELETE,DELETE
VSBV,2,11,,DELETE,DELETE
VSBV,1,12,,DELETE,DELETE
SPH4,0,19.5,0,3.969
LOCAL,11,1,0,0,0,90,0,0,1,1
VGEN,9,1,,,0,360/9,0,,1,0
CSYS,0
SPH4,0,23.4257,0,0.0866
VSBV,3,13,,DELETE,DELETE
```

3) 网格划分

考虑到求解简化，需要对分析模型进行相关设置，即轴承内圈和保持架设置为刚性体，外圈外表面设置为刚性面，且仅保留径向位移自由度，内圈和保持架仅保留绕轴旋转自由度，以此模拟轴承工况。在对轴承整体结构进行网格划分时，选择合适的网格尺寸后，各零件单元属性的选择如下：

外圈：SOLID164，MP1。

内圈：SOLID164，MP2。

滚子：SOLID164，MP3。

保持架：SOLID164，MP4。

外圈外表面：SHELL163，MP5，R1。

在选取相对应的材料属性之后，对零件分别进行网格划分，接触部分做细化处理，其他部分可以进行适当简化，以减少求解工程量。圆柱滚子轴承 N1015 的结构模型及网格划分如图 5-8(a)～(c)所示。

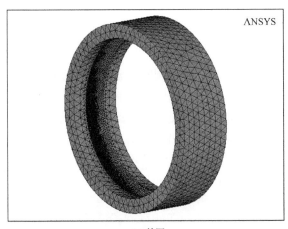

(a) 外圈

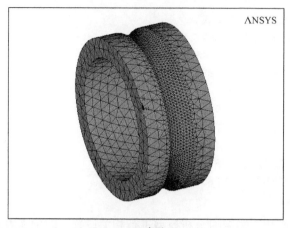

(b) 内圈

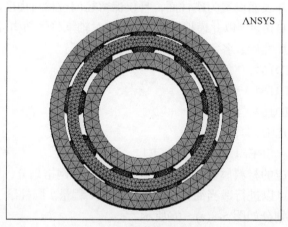

(c) 整体

图 5-8　圆柱滚子轴承 N1015 的结构模型及网格划分

4) 定义接触信息

根据深沟球轴承的运行机理可以判断，旋转时主要伴随着三种接触，即钢球与外圈沟道面之间的接触、钢球与内圈沟道面之间的接触、钢球与兜孔之间的接触，所以在仿真分析中选择的接触类型为自动面-面接触。

首先，建立 part，输入命令流 EDPART, CREATE，结果会根据单元属性的不同产生五种 part，根据结构对应的 part 定义接触信息，命令流如下：

```
EDCGEN,ASTS,1,3,0.3,0.15,0,0,0,,,,,0,10000000
EDCGEN,ASTS,4,3,0,0,0,0,0,,,,,0,10000000
EDCGEN,ASTS,2,3,0.3,0.15,0,0,0,,,,,0,10000000
```

5) 施加边界条件及载荷

在材料属性的定义中，已经对相应的结构单元进行了自由度的约束，所以在此不必重复操作。

载荷主要包括轴承受到的径向外力载荷和轴承旋转的速度载荷，假设轴承匀速转动，取值为 100rad/s，外力载荷为恒定外力，压力大小为 5MPa，作用在轴承外圈单侧外表面上。

本次仿真分析需要施加的载荷有两个：外圈上半部外表面的压力载荷和内圈的旋转载荷。为了防止因载荷加载过快而出现求解错误，需要对载荷进行分段加载，这时就需要定义数组载荷，命令流如下：

```
*DIM,TIME,ARRAY,10,1,1,,,
*DIM,ZHUANSU,ARRAY,10,1,1,1,,,
*DIM,PRESSURE,ARRAY,10,1,1,,,
*SET,TIME(1,1,1),0
*SET,TIME(2,1,1),0.01
*SET,TIME(3,1,1),0.02
*SET,TIME(4,1,1),0.03
*SET,TIME(5,1,1),0.04
*SET,TIME(6,1,1),0.05
*SET,TIME(7,1,1),0.06
*SET,TIME(8,1,1),0.07
*SET,TIME(9,1,1),0.08
*SET,TIME(10,1,1),0.09
*SET,ZHUANSU(3,1,1),100
*SET,ZHUANSU(5,1,1),100
*SET,ZHUANSU(4,1,1),100
*SET,ZHUANSU(6,1,1),100
*SET,ZHUANSU(7,1,1),100
*SET,ZHUANSU(8,1,1),100
*SET,ZHUANSU(9,1,1),100
*SET,ZHUANSU(10,1,1),100
*SET,PRESSURE(1,1,1),5
*SET,PRESSURE(2,1,1),5
*SET,PRESSURE(3,1,1),5
*SET,PRESSURE(4,1,1),5
*SET,PRESSURE(5,1,1),5
*SET,PRESSURE(6,1,1),5
*SET,PRESSURE(7,1,1),5
*SET,PRESSURE(8,1,1),5
*SET,PRESSURE(9,1,1),5
*SET,PRESSURE(10,1,1),5
```

在定义好时间数组、压力数组和转速数组之后，再分别完成加载。

6) 求解前的参数设置

求解参数的设置是求解前的最后一步工作,只有相关的参数得到正确的设定,才能得到准确的结果。具体操作命令流如下:

```
TIME,0.08,
EDRST,100,
EDHTIME,1000,
EDENERGY,1,1,1,1
EDDUMP,1,
EDOPT,ADD,blank,BOTH
EDCTS,0,0.7
```

2. 后处理结果分析

(1) 应力分布如图 5-9(a)和(b)所示。

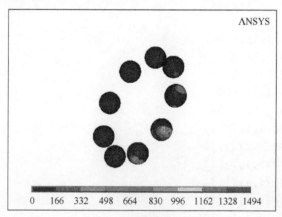

(a) 钢球

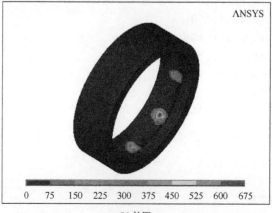

(b) 外圈

图 5-9　轴承不同零件的应力分布(单位：MPa)

(2) 通过选取外圈最大受力部分的一个节点，提取出节点在整个分析过程中沿径向载荷方向的运动速度数据，由速度的变化情况来反映轴承的振动情况，如图 5-10(a)～(f)所示。

通过以上节点在不同点蚀直径下的速度曲线可以看出，在 0～0.4s 段基本一致，产生这一现象与选择的加载方式有关。在加载过程中，为了避免因加载过快导致轴承的剧烈振动和求解结果的不收敛，采用了分布加载的方式，先加载径向载荷，再加载转动载荷。

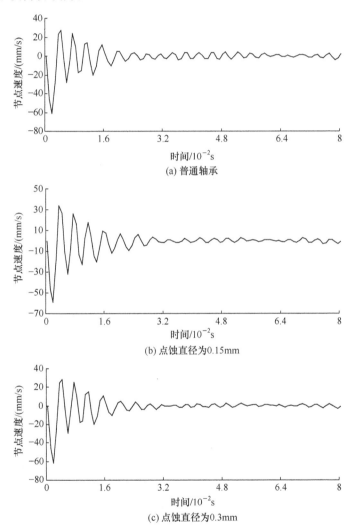

(a) 普通轴承

(b) 点蚀直径为0.15mm

(c) 点蚀直径为0.3mm

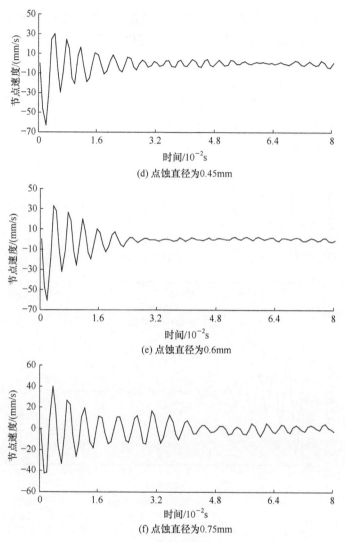

(d) 点蚀直径为0.45mm

(e) 点蚀直径为0.6mm

(f) 点蚀直径为0.75mm

图 5-10　不同点蚀直径下的节点速度曲线

　　接下来，对仿真所得的节点速度进行方差处理，通过比较方差的大小，来反映振动的变化情况，如图 5-11 所示。

　　由仿真数据处理得到的节点速度方差曲线可以看出，随着点蚀直径的增大，节点速度方差整体呈现增长，说明随着点蚀直径的增大，深沟球轴承 6205 的振动情况越来越剧烈，与静力学分析中最大等效接触应力呈现相同的变化趋势，说明轴承振动情况与外圈沟道面和滚动体之间的接触应力密切相关。对于每一阶段点蚀直径的增加，各个阶段振动情况的变化程度分别为1.65%、2.39%、3.92%、1.04%、6.36%，即随着点蚀直径每增加到一个阶段，轴承振动情况的恶化程度也逐渐增加。

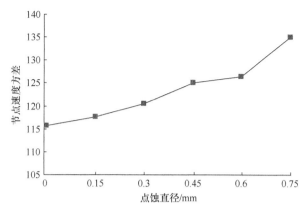

图 5-11　不同点蚀直径下的节点速度方差曲线

5.3.2　圆柱滚子轴承 N1015 的点蚀缺陷显式动力学分析

1. 有限元模型建立

针对不同的轴承型号，随着轴承尺寸的变化，点蚀缺陷的尺寸也不尽相同。因为本次分析的对象为高精密轴承，对精度的要求非常高，需要精度保持在一个良好的水平，所以分析的点蚀缺陷的尺寸不宜过大，经过分析讨论之后，确定点蚀缺陷的尺寸为 $0.2mm^2$、$0.4mm^2$、$0.6mm^2$，深度始终为 $0.5mm$。

因为结构的差异，在对圆柱滚子轴承进行网格划分时，采用自由网格划分方式，同时开启智能网格控制，在完成第一步划分之后，选取点蚀缺陷的边缘线进行细化，这样可以保证缺陷附近应力传递的高效性。

2. 后处理结果分析

(1) 圆柱滚子轴承运行中的应力分布如图 5-12(a)和(b)所示。

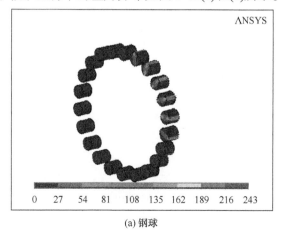

(a) 钢球

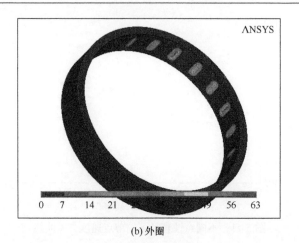

(b) 外圈

图 5-12　轴承不同零件的应力分布(单位：MPa)

(2) 不同点蚀缺陷下节点速度曲线如图 5-13(a)～(d)所示。

3. 讨论

通过以上节点速度曲线可以看出，曲线既有相似的部分，也有差异较大的地方。每一条曲线都有与之相对应的数据序列，分别对各个数据序列进行处理，通过数据的处理结果来反映各个点蚀面积下轴承的振动情况。在数据处理过程中，

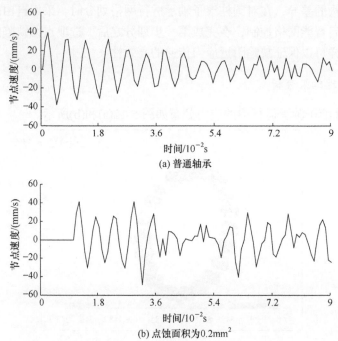

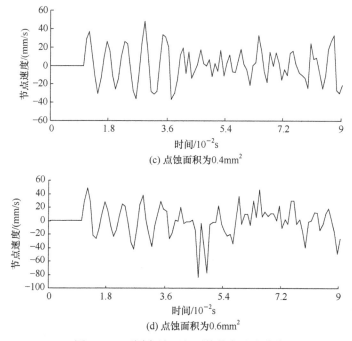

(c) 点蚀面积为0.4mm²

(d) 点蚀面积为0.6mm²

图 5-13　不同点蚀面积下的节点速度曲线

计算以上各组数据序列的方差,可以得到如图 5-14 所示结果。速度稳定后不同点蚀面积下的节点速度方差曲线如图 5-15 所示。

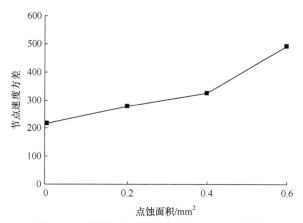

图 5-14　不同点蚀面积下的节点速度方差曲线

(1) 根据图 5-14 可以看出,在 0~0.04s 的图形曲线完全一致,这是因为轴承的加载方式采用的是分段加载,分析总时长为 0.09s,整个分析中压力从 0~0.09s 始终加载,速度载荷在 0.04s 开始加载,防止因加载过快导致轴承运转出现不正常的现象。

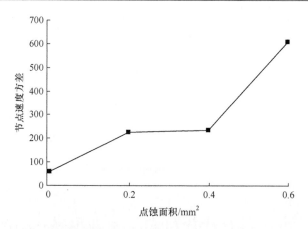

图 5-15　　速度稳定后不同点蚀面积下的节点速度方差曲线

（2）在得到的分析数据中，对轴承的速度数据求方差，这样可以通过求出的方差值看出整个数据的波动情况，轴承外圈节点的上下运动速度变化范围越大，就说明轴承的振动越剧烈。先求出整个分析过程中的速度数据的方差，再求轴承运动平稳以后的速度方差，即 0.05s 之后的速度数据，所得结果如图 5-15 所示。从分析结果中可以看出，普通轴承的方差最小，随着点蚀面积的增大，方差值会以不同的增长速度逐渐变大，进而说明振动愈加剧烈。

（3）在圆柱滚子轴承 N1015 的静力学分析和显式动力学分析中可以看出，随着点蚀缺陷尺寸的增大，最大等效接触应力增加的速度为先小后大，显式动力学中轴承外圈振动变化情况是先大后小再变大，两者的整体变化趋势基本一致，而变化速率不同，说明球孔形点蚀缺陷对圆柱滚子轴承的影响很复杂，可能由于滚动体与沟道面之间的接触形式为线接触，也可能是因为滚子母线长度与点蚀缺陷尺寸相差较大，滚动轴承在运转时，点蚀缺陷对整体的滚动轴承影响不是很明显，导致最大等效接触应力值与滚动轴承振动变化不一致。

5.4　本 章 小 结

本章首先分析了深沟球轴承 6205 和圆柱滚子轴承 N1015 在运行过程中的接触方式，与相对应的赫兹接触理论做分析，验证了在一定载荷作用下，两种轴承在静力学分析中 ANSYS 仿真分析和赫兹接触理论的一致性。为了研究点蚀缺陷对深沟球轴承 6205 和圆柱滚子轴承 N1015 性能的影响，应用 ANSYS 进行仿真分析，得出最大等效接触应力，分析了点蚀的变化对最大等效接触应力的影响，总结出其中的规律。

对深沟球轴承 6205 和圆柱滚子轴承 N1015 进行显式动力学分析，提取滚动轴承外圈上节点的径向速度数据，进而讨论轴承外圈的振动情况。通过分析发现，随着点蚀缺陷尺寸的增加，深沟球轴承的最大等效接触应力变化规律与轴承振动情况保持一致，而圆柱滚子轴承接触区域的最大等效接触应力变化规律与振动情况存在一定的差异，这很可能是由于两种滚动轴承的滚动体与沟道面的接触形式不一样，球孔形点蚀缺陷对它们造成的影响不一致。

第二篇　轴承性能不确定性的实验分析与评估

第 6 章　滚动轴承振动性能不确定性的静态评估与动态预测

本章基于模糊集合理论与范数理论，提出模糊范数方法，以实施滚动轴承振动性能不确定性的静态评估；基于灰色系统理论与自助原理，提出灰自助法，以实施轴承振动性能不确定性的动态预测。

6.1　实验方案与实验数据

实验是在一个专用的轴承性能实验台上进行的，用加速度传感器测量轴承径向振动加速度，实验数据的单位为 m/s²。实验用某型号球轴承的运行条件为轴向载荷 19.6N、转速 1500r/min。实验时间为 2010 年 11 月 8 日至 2010 年 12 月 23 日共 46 天。

对采集到的实验数据按天进行处理，即每 5 天取一次数据，共计 10 天的数据：11 月 8 日数据、11 月 13 日数据、11 月 18 日数据、11 月 23 日数据、11 月 28 日数据、12 月 3 日数据、12 月 8 日数据、12 月 13 日数据、12 月 18 日数据和 12 月 23 日数据。

每天选取前 1000 个数据作为研究对象，从而得到轴承整个实验过程的 10000 个原始振动数据(共计 $R=10$ 个时间序列，每个时间序列有 $n=1000$ 个数据)。振动信息的时间序列如图 6-1 所示。

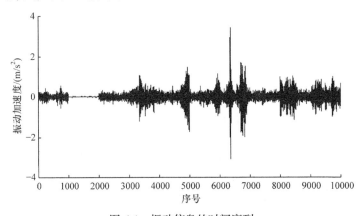

图 6-1　振动信息的时间序列

6.2　滚动轴承振动性能不确定性的静态评估

轴承振动性能概率分布与趋势先验信息的缺乏，使得统计分析难以进行。为此，本节通过融合模糊集合理论和范数理论，提出轴承振动性能不确定性的模糊范数评估方法，其可以在概率分布和趋势未知的条件下揭示轴承振动性能的变异程度。

6.2.1　滚动轴承振动性能不确定性的模糊范数法评估模型

假设所研究轴承的振动性能为随机变量 x。在轴承服役或者实验期间，对其振动性能进行定期采样分析，获得该性能的 R 个时间序列的数据。令 X_r 表示第 r 个时间序列向量，有

$$X_r = \{x_r(k)\}, \quad k = 1,2,\cdots,n; r = 1,2,\cdots,R \tag{6-1}$$

式中，$x_r(k)$ 表示向量 X_r 中的第 k 个原始数据，k 为当前数据的序号。

1. 测量值的模糊可用区间

借助隶属函数，模糊数学研究具有模糊性的事物从真到假或从假到真变化的中间过渡规律。测量过程中所获得的被测量的真值(记为 X_0)总是客观且唯一存在的。因此，定义集合 A 为

$$A = \{X_0\} \tag{6-2}$$

集合 A 中只有唯一的一个元素 X_0。

根据集合理论[63,65,66]，测量值 $x_i(i=1,2,\cdots,n$，n 是测量值的个数)和集合 A 之间满足如下二值逻辑特征函数关系：

$$G_A(x) = \begin{cases} 1, & x_i \in A \\ 0, & x_i \notin A \end{cases} \tag{6-3}$$

式中，1 表示真，即 $x_i \in A$；0 表示假，即 $x_i \notin A$。

根据模糊集合理论，x_i 对集合 A 的隶属关系表示 x_i 接近 A 的程度，可以认为是一种过渡，将过渡区间记为 B，并由下面的隶属函数表征，如图 6-2 所示。

$$\mu(x) = \begin{cases} \mu_1(x), & x_i \leqslant X_0 \\ \mu_2(x), & x_i > X_0 \end{cases} \tag{6-4}$$

式中，$\mu_1(x) \in [0,1]$，$\mu_2(x) \in [0,1]$。隶属函数 $\mu(x)$ 描述了测量值 x_i 符合集合 A 的程度。

通常，真值 X_0 是未知的，可用统计理论中的数学期望或模糊数学中的模糊期望来估计。图 6-2 中，可用 x_v 即 $\mu(x) = 1$ 时 x 的值来估计 X_0：

$$X_0 \approx x\big|_{\mu(x)=1} = x_v \qquad (6\text{-}5)$$

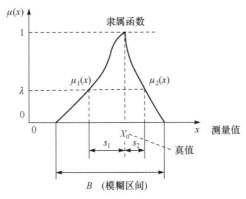

图 6-2　隶属函数与测量值

由图 6-2 可以看出，$\mu_1(x)$ 是增函数，而 $\mu_2(x)$ 是减函数。若取 $\lambda \in [0,1]$ 为 λ 水平，则 $\mu_{A_\lambda} = \lambda$，$x$ 隶属于集合 A 的区间为

$$U_{F_\lambda} = x_U - x_L = s_1 + s_2 \qquad (6\text{-}6)$$

式中，x_L 和 x_U 分别由式(6-7)和式(6-8)确定，s_1 和 s_2 是 λ 水平下 x 轴上 X_0 两侧附近的两个区间。

$$\min|\mu_1(x) - \lambda|x = x_L \qquad (6\text{-}7)$$

$$\min|\mu_2(x) - \lambda|x = x_U \qquad (6\text{-}8)$$

对于所有的测量值 x_i，如给定 $\lambda = \lambda^*$，则 $U_{F_\lambda} = U_{F_{\lambda^*}}$ 被唯一确定，即测量值 x_i 相对真值 X_0 的分散范围为 $U_{F_{\lambda^*}}$。

图 6-2 中，B 为模糊区间，λ^* 为最优水平，$U_{F_{\lambda^*}}$ 为最优水平 λ^* 下的模糊可用区间。于是，可以定义下列特征函数：

$$G_{A_\lambda}(x) = \begin{cases} 1(真), & \mu_A(x) \geqslant \lambda^* \\ 0(假), & \mu_A(x) < \lambda^* \end{cases} \qquad (6\text{-}9)$$

式(6-9)表明，落在区间 $U_{F_{\lambda^*}}$ 内的 x 值是可用的，用 1 表示(为真)，而那些落在区间 $U_{F_{\lambda^*}}$ 外的 x 值是不可用的，用 0 表示(为假)。

根据测量不确定度理论，可以用模糊区间 $U_{F_{\lambda^*}}$ 来表征测量结果的扩展不确定度。

2. λ^* 的理论取值

从模糊数学角度讲，λ^* 确定了事物从一个极端向另一个极端转变的界限。事实上，λ^* 可以看成一个模糊数，而模糊数取值为 0.5 时最具模糊性，即亦真亦假。$\lambda \geqslant 0.5$ 意味着集合 A 中包含了绝大部分可用的 x。因此，在理论上，可以确定 λ^* 为 0.5。但在实际测量中，一般取 $\lambda^*=0.4\sim0.5$。当 n 值较小时，取 $\lambda^*=0.4$。

3. 参数的映射

模糊数学中的隶属函数可以用误差理论中的概率分布密度函数确定。如果 $p=p(x)$ 已知，则通过如下线性变换：

$$\mu(x) = (p(x) - p_{\min})/(p_{\max} - p_{\min}), \quad p_{\max} \neq p_{\min} \tag{6-10}$$

将 p 映射到区间 $[0,1]$，从而得到 $\mu(x)$。由式(6-8)和式(6-9)可知，x_v 对应着最大概率分布密度值 $p_{\max}$。

因为前面已将 x_i 视为一个模糊数，故理论上它也属于 $[0,1]$ 区间。于是，可以通过如下线性变换：

$$\eta_v = (x_v - x_{\min})/(x_{\max} - x_{\min}) \tag{6-11}$$

$$\eta(x) = (x - x_{\min})/(x_{\max} - x_{\min}) \tag{6-12}$$

$$\tau = \tau(x) = |\eta(x) - \eta_v| = |x - x_v|/|x_{\max} - x_{\min}| \tag{6-13}$$

将测量值 x_i 映射到 $[0,1]$ 区间，从而得到用模糊数 $\tau(x)$ 表示的测量值。式(6-13)中，x_v 可以用 $\tau_v = 0$ 代替。

在区间 $[0,1]$ 上，如果用 Φ_{F_λ} 表示 U_{F_λ}，ξ_1 和 ξ_2 分别表示 s_1 和 s_2，则式(6-6)就可以表示为

$$\begin{aligned}
U_{F_\lambda} &= s_1 + s_2 \\
&= |x - x_v|_{\mu_1(x)=\lambda} + |x - x_v|_{\mu_2(x)=\lambda} \\
&= (x_{\max} - x_{\min})\left(\tau\big|_{\mu_1(\tau)=\lambda}\right) + (x_{\max} - x_{\min})\left(\tau\big|_{\mu_2(\tau)=\lambda}\right) \\
&= \left(\tau\big|_{\mu_1(\tau)=\lambda} + \tau\big|_{\mu_2(\tau)=\lambda}\right)(x_{\max} - x_{\min}) \\
&= (\xi_1 + \xi_2)(x_{\max} - x_{\min}) = \Phi_{F_\lambda}(x_{\max} - x_{\min})
\end{aligned} \tag{6-14}$$

式中

$$\Phi_{F_\lambda} = \xi_1 + \xi_2 \tag{6-15}$$

于是，图 6-2 就变成图 6-3。

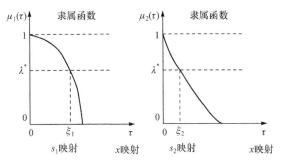

图 6-3　隶属函数与映射参数

如果已知离散值 $\mu_{1j}(\tau_j)$ 和 $\mu_{2j}(\tau_j)$ ，$j=1,2,\cdots$ ，就可以用下面的最大模糊范数最小法得到 $\mu_1(\tau)$ 和 $\mu_2(\tau)$ 。

首先，定义最大模范数为

$$\|r\|_\infty = \max |r_j|, \quad j=1,2,\cdots \tag{6-16}$$

其次，用多项式

$$f_1 = f_1(\tau) = 1 + \sum_{l=1}^L a_l \tau^l \tag{6-17}$$

$$f_2 = f_2(\tau) = 1 + \sum_{l=1}^L b_l \tau^l \tag{6-18}$$

分别逼近离散值 $\mu_{1j}(\tau_j)$ 和 $\mu_{2j}(\tau_j)$ ，就可以得到

$$\mu_1(\tau) = f_1(\tau) \tag{6-19}$$

$$\mu_2(\tau) = f_2(\tau) \tag{6-20}$$

然后，假设

$$r_{1j} = f_1(\tau_j) - \mu_{1j}(\tau_j), \quad j=1,2,\cdots,v \tag{6-21}$$

$$r_{2j} = f_2(\tau_j) - \mu_{2j}(\tau_j), \quad j=v,v+1,\cdots,n \tag{6-22}$$

选择 $a_l = a_l^*$ ，满足

$$\|r_1\|_\infty \to \min \tag{6-23}$$

选择 $b_l = b_l^*$ ，满足

$$\|r_2\|_\infty \to \min \tag{6-24}$$

从而求出待定系数 a_l 和 b_l 。

在式(6-17)和式(6-18)中，通常多项式阶次 L 取值为 3 或 4 时，即可获得较高的逼近精度。

式(6-23)和式(6-24)的约束条件为

$$f_1' = \mathrm{d}f_1/\mathrm{d}\tau \leqslant 0 \tag{6-25}$$

$$f_2' = \mathrm{d}f_2/\mathrm{d}\tau \leqslant 0 \tag{6-26}$$

这显示了隶属函数本身的单调性。

上述最大模糊范数最小法的逼近精度高于最小二乘法。另外，ξ_1 和 ξ_2 可以通过下面两个式子求解：

$$\left| \mu_1(\tau) - \lambda^* \right|_{\tau=\xi_1} \to \min \tag{6-27}$$

$$\left| \mu_2(\tau) - \lambda^* \right|_{\tau=\xi_2} \to \min \tag{6-28}$$

置信水平 P 为

$$P = \frac{\int_0^{\xi_1} f_1(\tau)\mathrm{d}\tau \bigg|_\lambda + \int_0^{\xi_2} f_2(\tau)\mathrm{d}\tau \bigg|_\lambda}{\int_0^{\xi_1} f_1(\tau)\mathrm{d}\tau \bigg|_{\lambda=0} + \int_0^{\xi_2} f_2(\tau)\mathrm{d}\tau \bigg|_{\lambda=0}} \times 100\% \tag{6-29}$$

式中，$|_\lambda$ 表示在水平 λ 下。式(6-29)还必须满足 $0 \leqslant P \leqslant 1$。

由式(6-17)、式(6-18)和式(6-29)可知，置信水平 P 受 λ 和 L 的共同影响。在实际计算中，一般给定置信水平 P，优选 $L=3$，再参照参数 λ^* 的理论取值，调节 λ 以满足 P，就可以得到 P 置信水平下的最优水平 λ^* 和模糊可用区间 $U_{F_{\lambda^*}}$。

4. 线性隶属函数的建立

将时间序列向量 $\boldsymbol{X}_r$ 按升序排列，得到一个新的数据序列向量：

$$\boldsymbol{X} = \left\{ x_1, x_2, \cdots, x_i, \cdots, x_n \right\}, \quad x_i \leqslant x_{i+1} \tag{6-30}$$

定义相邻数据的差值为

$$\varDelta_i = x_{i+1} - x_i \geqslant 0 \tag{6-31}$$

一般 $\varDelta_i$ 越小，测量值越密集；反之，测量值越疏松，即 $\varDelta_i$ 和 x_i 的分布密度有关。

基于差值序列 $\varDelta_i$，定义线性隶属函数：

$$m_j = 1 - (\varDelta_j - \varDelta_{\min}) / \varDelta_{\max} \tag{6-32}$$

为近似的概率分布密度因子。其中

$$\varDelta_{\max} = \max \varDelta_j, \quad j = 1, 2, \cdots, n-1 \tag{6-33}$$

$$\varDelta_{\min} = \min \varDelta_j, \quad j = 1, 2, \cdots, n-1 \tag{6-34}$$

根据模糊集合理论，设最大概率分布密度因子为 m_{max}，当数据序列值为 x_i 时 m_j 取得最大值 m_{max}，此时的 x_i 和 i 就是所求的 x_v 和 v。若有 t 个相同的 m_{max}，则可以由算数平均值算法确定 x_v 和 v。因此有

$$p_{1j}(x_j) = m_j, \quad j = 1,2,\cdots,v \tag{6-35}$$

$$p_{2j}(x_j) = m_j, \quad j = v,v+1,\cdots,n \tag{6-36}$$

最后，由式(6-10)~式(6-26)可以得到 $\mu_{1j}(\tau_j)$ 和 $\mu_{2j}(\tau_j)$。

6.2.2　静态评估的步骤

静态评估的步骤如下：

(1) 测量样本为

$$\boldsymbol{X}_r = \left\{ x_r(k) \right\}, \quad k = 1,2,\cdots,n; r = 1,2,\cdots,R$$

(2) 将测量序列向量 $\boldsymbol{X}_r$ 按升序排列，得到 R 个新序列向量：

$$\boldsymbol{X} = \left\{ x_1,\cdots,x_i,\cdots,x_n \right\}, \quad x_i \leqslant x_{i+1}$$

(3) 获得 v 和 x_v 之后，由式(6-31)~式(6-36)计算：

$$p_{1j}(x_j) = m_j, \quad j = 1,2,\cdots,v$$

$$p_{2j}(x_j) = m_j, \quad j = v,v+1,\cdots,n$$

(4) 由式(6-10)~式(6-26)计算 $\mu_{1j}(\tau_j)(j=1,2,\cdots,v)$ 和 $\mu_{2j}(\tau_j)(j=v,v+1,\cdots,n)$。

(5) 在约束条件式(6-25)和式(6-26)下，根据式(6-17)、式(6-18)和式(6-21)~式(6-24)建立 f_1 和 f_2 的数学模型。

(6) 由式(6-19)和式(6-20)，得到隶属函数 $\mu_1(\tau)$ 和 $\mu_2(\tau)$。

(7) 给定置信水平 $P=90\%$，多项式阶次 $L=3$，调节 λ，由式(6-27)和式(6-28)计算出 $\lambda=\lambda^*$ 水平下的 ξ_1 和 ξ_2，根据式(6-14)得到模糊可用区间 $U_{F_{\lambda^*}}$，即测量值的扩展不确定度。

6.2.3　静态评估的实验结果分析

置信水平 P 受水平 λ 和多项式阶次 L 的共同影响。在本案例中要求 $P=90\%$，$L=3$，通过调节 λ 获得最优水平 λ^*，如表 6-1 所示。

表 6-1　$P=90\%$、$L=3$ 时，10 个时间区间对应的最优水平 λ^*

r	1	2	3	4	5	6	7	8	9	10
λ^*	0.5895	0.459	0.557	0.6	0.523	0.622	0.7135	0.521	0.728	0.55

借助静态评估步骤，可以得到 $\lambda = \lambda^*$ 水平下的 ξ_1 和 ξ_2 及估计真值 X_0，再借助式(6-7)和式(6-8)，分别计算出轴承振动加速度每天的上下边界值 X_U 和 X_L，计算结果如图 6-4 所示。

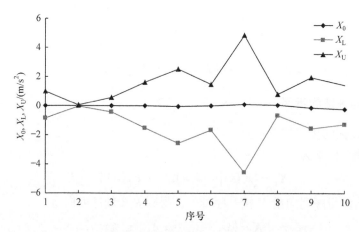

图 6-4　10 个振动加速度时间序列的真值及上下边界值

在最优水平 λ^* 下，获得的轴承振动性能的扩展不确定度的计算结果如图 6-5 所示。

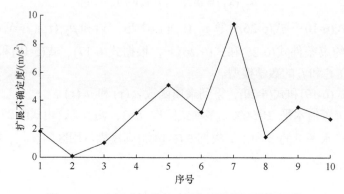

图 6-5　10 个振动加速度时间序列的扩展不确定度

对比分析图 6-4 和图 6-5，可以得到以下结果：

(1) 图 6-4 中，轴承振动加速度的估计真值基本保持不变，表明使用模糊数学中的模糊期望来估计真值是可靠的，也表明真值是唯一存在的。

(2) 当 $r=1\sim3$ 时，也就是从第 1 天到第 3 天，相对于各自的估计真值，轴承呈现出比较平稳的振动过程，振动加速度的波动区间以及不确定性均比较平稳，其中计算得到的不确定度分别为 1.8531、0.0776 和 1.0257，表明轴承振动性能变异比较小。

(3) 当 $r=4\sim7$ 时，也就是从第 4 天到第 7 天，相对于各自的估计真值，加速度波动量除了第 6 天相对第 5 天略有降低外，轴承呈现出波动量增大的振动过程，即波动区间逐渐增大，不确定性也相应逐渐增大，并在第 7 天达到最大值。这 4 天计算得到的不确定度分别为 3.1213、5.0954、3.1609 和 9.4221，与前 3 天相比，明显增加，表明轴承振动性能发生了较大变异，需要进行进一步诊断，方能确定是否需要采取维护措施。

(4) 当 $r=8\sim10$ 时，也就是从 8 天到第 10 天，相对于各自的估计真值，轴承再次呈现出比较平稳的振动过程，其不确定度分别为 1.4493、3.5387 和 2.7066，表明轴承振动性能变异不大。

(5) 图 6-4 中的估计区间[X_L, X_U]描绘了轴承振动加速度时间序列相对各自估计真值 X_0 的波动范围，图 6-5 中的扩展不确定度则表征了振动加速度时间序列的不确定性。二者均很好地表明轴承振动性能的变异是一个动态的、非线性的、复杂的未知变化过程。

最为重要的是，在该实验中，轴承振动加速度的概率分布和变化趋势事先均未知，除了获得的振动加速度的时间序列之外，再也没有其他任何先验信息存在。尽管轴承振动性能信息是如此的不完备，但所提出的模糊范数方法仍然能真实地评估轴承振动性能的不确定性。

6.3　滚动轴承振动性能不确定性的动态预测

本节基于 GM(1,1)模型完善的预测机制和自助法强大的模拟再抽样能力[5,29,62]，建立了轴承振动性能不确定性的灰自助动态预测模型。该模型首先对当前时刻获得的一个小样本数据子序列用自助法模拟出大量的自助样本，然后用 GM(1,1)模型预测出大量的数据，进而用统计理论获取当前的概率分布函数，最后获取当前时刻轴承振动性能不确定性的特征信息。

6.3.1　滚动轴承振动性能不确定性的灰自助预测数学模型

假设所研究的轴承的振动性能为随机变量 x，在轴承服役或者实验期间，对其振动性能进行定期采样分析，获得了该性能的 R 个时间序列的数据。第 r 个时间序列向量 $\boldsymbol{X}_r$：

$$\boldsymbol{X}_r = \{x_r(n)\}, \quad n=1,2,\cdots; r=1,2,\cdots,R \tag{6-37}$$

式中，$x_r(n)$表示向量 $\boldsymbol{X}_r$ 中的第 n 个原始数据；n 为当前数据的序号，也就是时刻 n。

本节研究的问题是：借助于与时刻 n 紧邻时刻的前 m 个数据(包括时刻 n 的数据)来评估时刻 n 的不确定度。参数 m 的选择很重要，在时刻 n 只考虑 m 个数据的原因是：在动态测量中，不确定度随时间而变化，m 越大，包含的旧信息越多，估计的不确定度的误差越大。灰色系统理论的灰预测模型 GM(1,1) 和自助法要求 m 的最小值为 4。

在时刻 n，从向量 $\boldsymbol{X}_r$ 中抽取 m 个数据，形成一个小样本数据子序列向量 $\boldsymbol{X}_{rm}$：

$$\boldsymbol{X}_{rm} = \{x_{rm}(u) + q_r\}, \quad u = n-m+1, n-m+2, \cdots, n; n \geqslant m \tag{6-38}$$

式中，q_r 是一个常数，在灰预测模型 GM(1,1) 中，如果 $x_{rm}(u) < 0$，则 q_r 应满足 $x_{rm}(u) + q_r \geqslant 0$；如果 $x_{rm}(u) \geqslant 0$，则取 $q_r = 0$。

借助于自助原理，在时刻 n，从子序列向量 $\boldsymbol{X}_{rm}$ 中等概率可放回地随机抽取 1 个数据，重复抽取 m 次，可以得到一个大小为 m 的自助样本。再连续重复 B 步，则能得到 B 个自助再抽样样本，用向量表示为

$$\boldsymbol{Y}_{r\text{Bootstrap}} = (\boldsymbol{Y}_{r1}, \boldsymbol{Y}_{r2}, \cdots, \boldsymbol{Y}_{rb}, \cdots, \boldsymbol{Y}_{rB}) \tag{6-39}$$

式中，$\boldsymbol{Y}_{rb}$ 是第 r 个时间序列中的第 b 个自助样本，且有

$$\boldsymbol{Y}_{rb} = \{y_{rb}(u)\}, \quad u = n-m+1, n-m+2, \cdots, n; n \geqslant m; b = 1, 2, \cdots, B \tag{6-40}$$

式中，$y_{rb}(u)$ 是 $\boldsymbol{Y}_{rb}$ 中的第 u 个自助再抽样数据，B 是自助再抽样样本个数。

根据灰预测模型 GM(1,1)，设 $\boldsymbol{Y}_{rb}$ 的一次累加生成序列向量为

$$\boldsymbol{X}_{rb} = \{x_{rb}(u)\} = \left\{\sum_{j=n-m+1}^{u} y_{rb}(j)\right\}, \quad u = n-m+1, n-m+2, \cdots, n; n \geqslant m; b = 1, 2, \cdots, B \tag{6-41}$$

灰预测模型可以描述为如下灰微分方程：

$$\frac{\mathrm{d}x_{rb}(u)}{\mathrm{d}u} + c_{r1}x_{rb}(u) = c_{r2} \tag{6-42}$$

式中，u 是时间变量；c_{r1} 和 c_{r2} 是待估系数（$c_{r1} \neq 0$）。

用增量代替微分，即

$$\frac{\mathrm{d}x_{rb}(u)}{\mathrm{d}u} = \frac{\Delta x_{rb}(u)}{\Delta u} = x_{rb}(u+1) - x_{rb}(u) = y_{rb}(u+1) \tag{6-43}$$

式中，Δu 取单位时间间隔 1，再设均值生成序列向量为

$$\boldsymbol{Z}_{rb} = \{z_{rb}(u)\} = \{0.5x_{rb}(u) + 0.5x_{rb}(u-1)\}, \quad u = n-m+2, n-m+3, \cdots, n; \\ n \geqslant m; b = 1, 2, \cdots, B \tag{6-44}$$

在初始条件 $x_{rb}(n-m+1) = y_{rb}(n-m+1)$ 下，式(6-42)的最小二乘解为

$$\hat{x}_{rb}(j+1) = (y_{rb}(n-m+1) - c_{r2}/c_{r1})\mathrm{e}^{-c_{r1}j} + c_{r2}/c_{r1}, \quad j = u-1, u \tag{6-45}$$

式中，c_{r1} 和 c_{r2} 为

$$(c_{r1}, c_{r2})^{\mathrm{T}} = (\boldsymbol{D}_r^{\mathrm{T}} \boldsymbol{D}_r)^{-1} \boldsymbol{D}_r^{\mathrm{T}} (\boldsymbol{Y}_{rb})^{\mathrm{T}} \tag{6-46}$$

$$\boldsymbol{D} = (-\boldsymbol{Z}_{rb}, \boldsymbol{I})^{\mathrm{T}} \tag{6-47}$$

$$\boldsymbol{I} = (1, 1, \cdots, 1) \tag{6-48}$$

由累减生成，在时刻 $w=n+1$ 的预测值可以描述为

$$\hat{y}_{rb}(n+1) = \hat{x}_{rb}(n+1) - \hat{x}_{rb}(n) - q_r, \quad b = 1, 2, \cdots, B \tag{6-49}$$

因此，可以获得第 r 个时间序列在时刻 $w=n+1$ 的 B 个数据，构成如下序列向量：

$$\hat{\boldsymbol{X}}_{rw} = \{\hat{y}_{rb}(w)\}, \quad b = 1, 2, \cdots, B; w = n+1 \tag{6-50}$$

对式(6-50)中的数据用统计理论的直方图方法，可以建立第 r 个时间序列在时刻 w 的概率密度函数：

$$f_{rw} = f_{rw}(x_{rm}) \tag{6-51}$$

式中，f_{rw} 是第 r 个时间序列在时刻 w 的数据序列的灰自助概率密度函数；x_{rm} 是描述第 r 个时间序列中被测数据 $x_{rm}(w)$ 的随机变量。

假设显著性水平为 α，则置信水平可以表示为

$$P = (1 - \alpha) \times 100\% \tag{6-52}$$

且在时刻 n，在某一置信水平 P 下，对变量 x_{rm} 的估计区间为

$$[X_{r\mathrm{L}}, X_{r\mathrm{U}}] = [X_{r\mathrm{L}}(w), X_{r\mathrm{U}}(w)] = [X_{r\alpha/2}, X_{r(1-\alpha/2)}] \tag{6-53}$$

式中，$X_{r\alpha/2}$ 是变量 x_{rm} 对应于概率 $\alpha/2$ 的值；$X_{r(1-\alpha/2)}$ 是变量 x_{rm} 对应于概率 $1 - \alpha/2$ 的值；$X_{r\mathrm{L}}$ 是估计区间的下边界；$X_{r\mathrm{U}}$ 是估计区间的上边界。

定义时刻 n 的扩展不确定度为

$$U_r = U_r(w) = X_{r\mathrm{U}} - X_{r\mathrm{L}} \tag{6-54}$$

式中，U_r 是时刻 n 在置信水平 P 下的估计不确定度，即瞬时不确定度。

显然，基于 GM(1,1) 的自助预测用时刻 $w=n+1$ 的预测值描述时刻 n 的瞬时不确定度。定义式(6-54)的不确定度为时刻 n 的函数，也称为动态不确定度。伴随时间历程的动态测量过程，不同于经典统计方法的静态不确定度，其随着时刻 n 变化而变化。

动态测量过程中，假设在每个时间序列中，测量数据的总数为 $n_r = N$。如果有 h_r 个数据落在估计区间 $[X_{r\mathrm{L}}, X_{r\mathrm{U}}]$ 之外，则定义参数 P_{rB} 为

$$P_{rB} = [1 - h_r / (N - m + 1)] \times 100\% \tag{6-55}$$

式中，P_{rB} 是给定置信水平 P 下，对第 r 个时间序列估计结果的可靠度，用于描述

基于 GM(1,1)的自助预测的可信度。一般地，P_{rB} 不等于 P。根据 P_{rB} 的定义可知，P_{rB} 越大越好，最好是 $P_{rB} \geqslant P$。

由[X_{rL}, X_{rU}]和 P_{rB} 的定义可知，在时刻 w，P 越大，U_r 越大。若 P=100%，则 U_r 可以取到最大值。必须注意的是，U_r 越大，[X_{rL}, X_{rU}]越偏离真值，进而估计结果越失真。因此，给出一个条件：

$$U_{r\text{mean}} = \left[1/(N-m+1) \right] \sum_{k=m}^{N} U(k) \Bigg|_{P_{rB}=100\%} \tag{6-56}$$

考虑到最小不确定性原理，P 应满足：

$$U_{r\text{mean}}\big|_{m,\,B,\,P} \to \min \tag{6-57}$$

式中，$U_{r\text{mean}}$ 是第 r 个时间序列估计的平均不确定度；$\big|_{P_{rB}=100\%}$ 表示在 P_{rB}=100%的条件下；$\to$ 表示趋近一个极限。

第 r 个时间序列的平均不确定度 $U_{r\text{mean}}$ 实际上是一个统计量，它是动态测量过程中变量不确定度的均值，可以作为动态测量过程中随机变量波动状态的评价指标。

从式(6-56)和式(6-57)可以看出，最合适的评估结果是在 P_{rB}=100%的条件下 $U_{r\text{mean}}$ 得到最小值。为此，在工程实践中，应结合具体的研究对象合理地选择三个参数：m、B 和 P。

6.3.2　动态预测的实验结果分析

考虑所提模型中 m、B 和 P 的选取对 $U_{r\text{mean}}$ 的影响，以第 1 个时间序列的数据序列向量 X_1 为例进行说明。

在预测过程中，参数 B 取值过小，自助再抽样将不充分，直接影响预测结果的准确性；参数 B 取值过大，会使预测速度降低的同时过多地占用计算机内存，同样不利于研究对象的在线预测与控制。此外，过大的 B 值并不会使预测的准确性提高，即预测的准确性存在一个极限值。综合考虑，本实验中令 B=1000，m 和 P 变化，基于灰预测模型 GM(1,1)对时间序列 X_1 进行自助预测，得到如表 6-2 所示的比较结果。

表 6-2　m、B 和 P 的选取对 $U_{r\text{mean}}$ 的影响

m	B	P/%	P_{1B}/%	$U_{1\text{mean}}$/(m/s^2)
5	1000	100	100	0.58936
5	1000	99	100	0.48739
5	1000	95	99.09	0.40829

续表

m	B	$P/\%$	$P_{1B}/\%$	$U_{1mean}/(m/s^2)$
5	1000	90	100	0.48801
6	1000	90	99.89	0.46593
7	1000	90	98.89	0.43201

可以看出，对第 1 个时间序列向量 X_1，在 P_{1B}=100%，同时 P 较小的条件下，m=5，P=99%，U_{1mean} 得到最小值 0.48739。鉴于此，对本实验中的其他 9 个时间序列的实验数据均采取 m=5、P=99%、B=1000 进行分析。

分别计算 10 个时间序列的平均不确定度，结果如图 6-6 所示，相应的预测可靠度如图 6-7 所示。

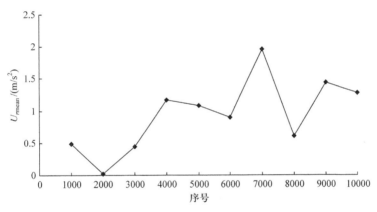

图 6-6　10 个时间序列估计的平均不确定度

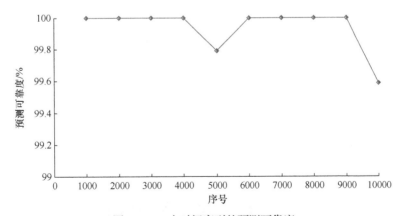

图 6-7　10 个时间序列的预测可靠度

　　比较图 6-6 和图 6-1 可以看出，对于第 r 个时间序列，数据波动越剧烈，相应的 $U_{r\text{mean}}$ 值就越大，性能变异就越为显著。具体来说，在第 2 个时间序列中，数据波动最小，对应的 $U_{2\text{mean}}=0.02275$ 几乎接近 0，即轴承振动性能变异最小；而在第 7 个时间序列中，数据波动最为剧烈，对应的 $U_{7\text{mean}}$ 值达到最大，即振动性能变异最为显著；在第 1、3、8 个时间序列中，数据波动相对较小，对应的 $U_{r\text{mean}}(r=1,3,8)$ 值均在 0.5 左右，即轴承振动性能变异不甚显著；而其他 5 个时间序列，数据的波动相对较大，对应的 $U_{r\text{mean}}(r=4,5,6,9,10)$ 值在 1 和 1.5 之间，即轴承振动性能变异较为显著。因此，可以用估计的平均不确定度 $U_{r\text{mean}}$ 来表征轴承振动性能的波动状态，即变异程度。

　　每个时间序列的振动加速度在各个时刻的估计区间如图 6-8～图 6-17 所示。

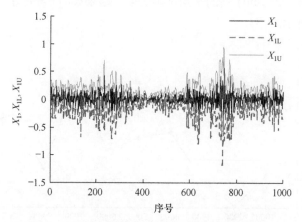

图 6-8　原始数据序列向量 $\boldsymbol{X}_1$ 的估计区间$[X_{1\text{L}}, X_{1\text{U}}]$

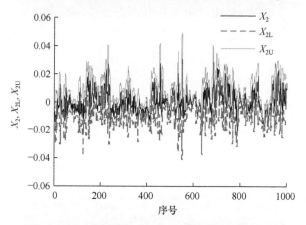

图 6-9　原始数据序列向量 $\boldsymbol{X}_2$ 的估计区间$[X_{2\text{L}}, X_{2\text{U}}]$

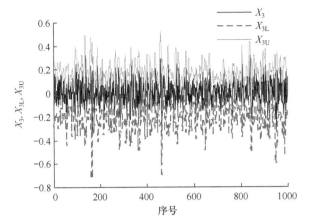

图 6-10　原始数据向量 $\boldsymbol{X}_3$ 的估计区间$[X_{3\mathrm{L}}, X_{3\mathrm{U}}]$

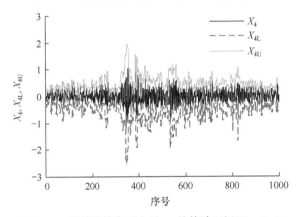

图 6-11　原始数据序列向量 $\boldsymbol{X}_4$ 的估计区间$[X_{4\mathrm{L}}, X_{4\mathrm{U}}]$

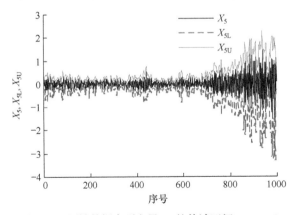

图 6-12　原始数据序列向量 $\boldsymbol{X}_5$ 的估计区间$[X_{5\mathrm{L}}, X_{5\mathrm{U}}]$

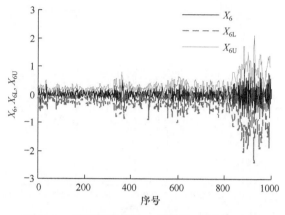

图 6-13　原始数据向量 X_6 的估计区间 $[X_{6L}, X_{6U}]$

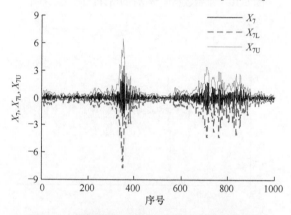

图 6-14　原始数据向量 X_7 的估计区间 $[X_{7L}, X_{7U}]$

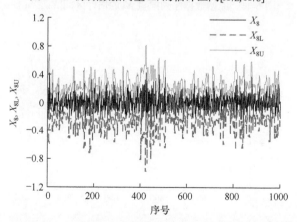

图 6-15　原始数据序列向量 X_8 的估计区间 $[X_{8L}, X_{8U}]$

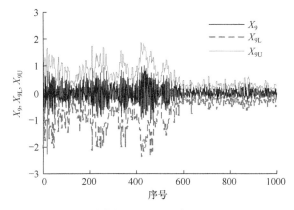

图 6-16　原始数据向量 X_9 的估计区间$[X_{9L}, X_{9U}]$

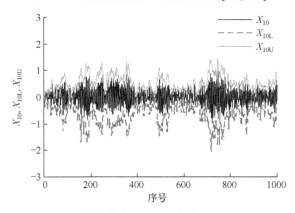

图 6-17　原始数据向量 X_{10} 的估计区间$[X_{10L}, X_{10U}]$

从图6-8~图6-17中可以看到,轴承各个时刻轴承振动性能数据至少有99.59%包络在估计区间内，表明所建立的预测模型能够有效地预测轴承振动性能的变化范围。

在该实验中，轴承振动加速度的概率分布和变化趋势事先均未知，除了振动加速度的时间序列之外，再也没有其他任何先验信息。尽管轴承性能信息如此不完备，所提出的灰自助法仍然能真实地预测轴承振动性能的不确定性，而且预测的可靠度最小为 99.59%，最大为 100%，表明该动态预测方法是可行的。

6.4　静态评估与动态预测结果的对比分析

在静态评估的实验研究中,得到了轴承振动性能不确定性的扩展不确定度 U_r，在动态预测的实验研究中，得到了振动性能不确定性的平均不确定度 U_{rmean}。现在进行对比分析，二者的变化趋势如图 6-18 所示。

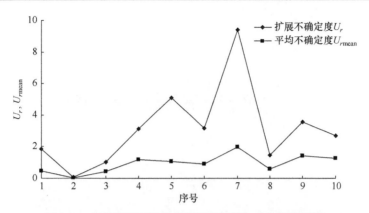

图 6-18　振动性能不确定性的静态评估与动态预测结果

从图 6-18 可以看出，轴承振动性能不确定性的静态评估或动态预测的变化趋势基本一致，数值上的差异在于，在一个评价时间区间内，静态评估结果用两条直线包络数据，而动态预测首先用两条曲线来包络数据，然后以这两条曲线的波动范围平均值作为评估结果。动态预测的整个预测过程是动态的，不断地将旧信息抛弃，同时又将新信息补充进来，从而可以排除各种随机因素和周期趋势的影响，更好地实时追踪振动性能的概率密度函数和趋势项的变化，比较可靠地预测出轴承振动性能未来的发展状态；相反，静态评估不能及时排除系统中各种随机因素和周期趋势的影响，其预测结果的可靠性就相对较低。

如果仅考虑振动性能不确定性的变化趋势，那么这两种方法均可采用。因为轴承的振动性能从整体上看是一个动态的变化过程，但在局部的短时间内可将其看成静态的过程；如果需要精确地预测出振动性能的变化趋势及其变化的大小，动态预测是较为可靠的方法。

6.5　本章小结

在实验研究中，轴承振动加速度的概率分布和变化趋势事先均未知，除了获得的振动加速度的时间序列之外，再也没有其他任何先验信息存在。尽管轴承振动性能信息如此不完备，所提出的模糊范数方法仍然可以真实地静态评估轴承振动性能的不确定性，所提出的灰自助法仍然可以真实地动态预测轴承振动性能的不确定性。

如果仅考虑振动性能不确定性的变化趋势，模糊范数方法和灰自助法均可采用。因为轴承的振动性能从整体上看是一个动态的变化过程，但在局部的短时间内可看成静态的过程；如果需要精确预测振动性能的变化趋势及其变化大小，动态预测是较为可靠的方法。

第7章 滚动轴承振动性能不确定性的混沌灰自助动态评估

7.1 概　述

振动性能影响滚动轴承的工作寿命、服役精度和可靠性，可以作为轴承动态性能评价的一个重要指标。然而，滚动轴承的振动性能具有不确定、概率分布未知等特性，又受到加工与装配、工作环境等多种因素的影响，从而对工程中的动态预测与评估带来较大难度[67-70]。

滚动轴承振动性能的动态不确定性，又称瞬时不确定性，是指随时间变化而变化的振动性能的扩展不确定度。它可以用一个函数表示，函数的具体取值称为动态不确定度。平均不确定度作为一个统计评价指标，可以用来评价滚动轴承振动性能的随机波动状态[70-73]。

实验中采集的振动数据，随着时间变化而变化，可以看作一个非线性时间序列。而混沌理论作为目前非线性分析领域的一种重要方法，对于具有非线性动态特征的滚动轴承振动性能时间序列的预测以及故障诊断，具有不可或缺的作用[74-91]。其中，C-C 方法因计算量小而且容易操作，能同时估计出时间延迟和嵌入维数，被广泛用于相空间重构中[74-85]。最大 Lyapunov 指数作为判别时间序列是否具有混沌特性，一般通过小数据量法进行计算[86-88]。对于时间序列的预测，传统的方法主要有数理统计方法、动力学方法，但是它们都需事先建立一个主观模型，而混沌理论中的局域预测法可以直接根据混沌特征参数(如时间延迟、嵌入维数和最大 Lyapunov 指数等)进行预测，避免了主观因素的影响，从而提高了预测的准确度和可信度[89-90]。局域预测法[91]包括零阶局域预测法、加权零阶局域预测法、一阶局域预测法、加权一阶局域预测法、改进的加权一阶局域预测法，由于零阶局域预测法具有较大的局限性，因此后四种预测方法更为常用。

对于向后预测的每一步，后四种预测方法各有优缺点，可以看作一个具有 4 个数据的小样本。灰自助动态评估模型 GBM(1,1)将灰预测模型 GM(1,1)和 Bootstrap 再抽样模型相融合，而且不依赖于任何概率分布[71,77,92]。对于概率分布未知的小样本数据，最大熵法可以有效而无偏地做出均值估计和区间估计[93-97]。其中，估计真值可以对滚动轴承振动性能瞬时信息的趋势变化进行动态描述，它可以从与原始数据样本瞬时值的对比中比较出来。估计区间是对轴承振动性能波动范围的动态描述。观察估计区间是否能够比较紧密地包络振动性能状态的波动轨迹，可以验证所建模型的有效性。

本章以滚动轴承振动时间序列为研究对象，基于混沌理论中的 C-C 方法计算时间延迟和嵌入维数，运用小数据量法计算最大 Lyapunov 指数；进行相空间重构后，运用四种局域预测法进行预测，以验证混沌理论的适用性和可行性；对于每一步预测出的四个小样本数据，基于灰自助动态评估模型 GBM(1,1)模拟出多个侧面信息的大量生成数据；在给定显著性水平下，运用最大熵法进行真值估计和区间估计；通过计算原始数据样本瞬时值落在估计区间内的概率，并与给定的置信水平相比，确定所建模型的有效性。

7.2　数　学　模　型

在滚动轴承服役期间，对其振动加速度进行定期采样。定义时间变量为 t，采样时间间隔为Δt，不断采集振动加速度数据，获得时间序列向量 $\boldsymbol{X}$：

$$\boldsymbol{X} = (x_1, x_2, \cdots, x_n, \cdots, x_N) \tag{7-1}$$

式中，x_n 为时间序列向量 $\boldsymbol{X}$ 的第 n 个数据；N 为原始数据的个数。

根据相空间重构原理，可获得该时间序列的相轨迹为

$$X(i) = (x(i), x(i+\tau), \cdots, x(i+(k+1)\tau), \cdots, x(i+(m-1)\tau)), \quad i = 1, 2, \cdots, M; k = 1, 2, \cdots, m \tag{7-2}$$

且有

$$M = N - (m-1)\tau \tag{7-3}$$

式中，m 为嵌入维数；τ 为时间延迟，可由 C-C 方法求得；i 为相轨迹的序号；M 为相轨迹的总个数。

7.2.1　滚动轴承振动性能时间序列的混沌性识别

1. C-C 方法计算时间延迟和嵌入维数

C-C 方法计算量小且容易操作，能同时估计出时间延迟 τ 和时间窗口 τ_w。时间延迟 τ 可以保证原时间序列不依赖于嵌入维数 m，同时保证各数据成分相互依赖；时间窗口 τ_w 相对于时间延迟 τ 是一种更好的估计维数的变量，也是数据依赖的最大时间。

首先计算给定时间序列向量 $\boldsymbol{X}$ 的标准差δ，构造三个统计量如下：

$$\overline{S}(t) = \frac{1}{16}\sum_{m=2}^{5}\sum_{\varepsilon=1}^{4} S(m,r_{\varepsilon},t), \quad m=2,3,4,5; \ \varepsilon=1,2,3,4 \tag{7-4}$$

$$\Delta\overline{S}(t) = \frac{1}{4}\sum_{m=2}^{5} \Delta S(m,t) \tag{7-5}$$

$$S_{\mathrm{cor}}(t) = \Delta\overline{S}(t) + \left|\overline{S}(t)\right| \tag{7-6}$$

$$r_{\varepsilon} = \frac{\varepsilon\delta}{2} \tag{7-7}$$

式中，t 为时间序列被分成的段数，$t=0,1,2,\cdots,200$；m 为嵌入维数；ε 为序号。

$\Delta\overline{S}(t)$ 的第一个极小值对应的 t 值即所求的最优时间延迟 τ'；$S_{\mathrm{cor}}(t)$ 的最小值对应的 t 值即所求的时间窗口 τ_w。时间窗口 τ_w、最优时间延迟 τ' 和嵌入维数 m 满足关系式

$$\tau_w=(m-1)\,\tau' \tag{7-8}$$

由式(7-8)可计算出嵌入维数 m。

在求解过程中，还需计算以下变量：

$$S(m,r_{\varepsilon},t) = \frac{1}{t}\sum_{s=1}^{t}[C_s(m,N/t,r_{\varepsilon},t) - C_s^m(1,N/t,r_{\varepsilon},t)] \tag{7-9}$$

$$\Delta\overline{S}(t) = \max\{S(m,r_{\varepsilon},t)\} - \min\{S(m,r_{\varepsilon},t)\} \tag{7-10}$$

时间序列的关联积分定义为

$$C(m,N,r,t) = \frac{1}{M(M-1)}\sum_{1\leqslant i\leqslant\varepsilon\leqslant M}\theta(r-d_{i\varepsilon}), \quad r>0 \tag{7-11}$$

式中

$$d_{i\varepsilon} = \left\|X_i - X_{\varepsilon}\right\| \tag{7-12}$$

$$\theta(x) = \begin{cases} 0, & x<0 \\ 1, & x\geqslant 0 \end{cases} \tag{7-13}$$

2. 运用小数据量法计算最大 Lyapunov 指数

根据所选的最优时间延迟 τ' 和嵌入维数 m 重构相空间，找出每个点的最邻近点并限制其短暂分离。计算各个邻近点对在经过 i 个离散时间步后的距离，并用最小二乘法作出回归直线，进而求得最大 Lyapunov 指数 λ，从而判断滚动轴承振动性能时间序列的混沌特征。若 $\lambda>0$，则说明轴承振动性能具有混沌特征；若 $\lambda=0$，则说明轴承振动性能出现周期现象；若 $\lambda<0$，则说明轴承振动性能具有稳定的不动点的关系。

对于给定轨道上的各点，其与最邻近点 X_{i*} 的距离 $d_i(0)$ 为

$$d_i(0) = \min \left\| X_i - X_{i^*} \right\|, \quad \left| i - i^* \right| > T \tag{7-14}$$

式中，T 为时间序列的平均周期。

对于给定轨道上的各点，经过 g 个离散时间步的距离 $d_i(g)$ 为

$$d_i(g) = \left\| X_{i+g} - X_{i^*+g} \right\|, \quad g = 1,2,\cdots,\min\left(N-i,N-i^*\right) \tag{7-15}$$

对于每个 g，计算 $\ln d_i(g)$ 的平均值 $y(g)$：

$$y(g) = \frac{1}{g^* \Delta t} \sum_{i=1}^{g^*} \ln d_i(g) \tag{7-16}$$

式中，g^* 为非零 $d_i(g)$ 的个数，运用最小二乘法求出回归直线的斜率即最大 Lyapunov 指数。

7.2.2　滚动轴承振动性能时间序列的混沌预测

假设 $X(M)$ 是中心轨迹，$X(M_l)$ 是中心点 $X(M)$ 邻域中的各点，分别用加权零阶局域预测法、一阶局域预测法、加权一阶局域预测法、改进的加权一阶局域预测法进行相空间重构，具体如下。

1. 加权零阶局域预测法

将相空间中心点的空间距离看作拟合参数，根据加权零阶局域预测法，预测相空间轨迹。

$$X(M+1) = \frac{\sum\limits_{l=1}^{L} X(M_l) \mathrm{e}^{-k(d_l-d_{\min})}}{\sum\limits_{l=1}^{L} \mathrm{e}^{-k(d_l-d_{\min})}}, \quad L = m+1 \tag{7-17}$$

且

$$d_l = \sqrt{\left[x(M)-x(M_l)\right]^2 + \left[x(M+\tau)-x(M_l+\tau)\right]^2 + \cdots + \left[x(M+(m-1)\tau)-x(M_l+(m-1)\tau)\right]^2}$$

$$\tag{7-18}$$

式中，$X(M+1)$ 是预测得到的空间轨迹点；L 是邻域中点的个数；d_l 是 $X(M)$ 与 $X(M_l)$ 之间的欧氏距离；$X(M_l)$ 是中心点 $X(M)$ 邻域中的各点；$d_{\min}$ 是邻域中各点到中心点的最小距离；k 是预测参数，一般取 $k \geqslant 1$。

2. 一阶局域预测法

采用式 $X^{\mathrm{T}}(M+1)=aW+bX^{\mathrm{T}}(M)(W=[1,1,\cdots,1]^{\mathrm{T}})$ 拟合中心轨迹 $X(M)$ 周围的邻近

点，应用最小二乘法求出 a、b，代入式 $\boldsymbol{X}^{\mathrm{T}}(M+1)=a\boldsymbol{W}+b\boldsymbol{X}^{\mathrm{T}}(M)$ 便可求得 $\boldsymbol{X}(M+1)$，进而分离时间序列的预测值。

3. 加权一阶局域预测法

相对于一阶局域预测法，加权一阶局域预测法考虑了各个邻近点对中心点的影响比重，即增加了权值项。定义邻近点 $\boldsymbol{X}(M)$ 的权值为

$$P_l = \frac{\mathrm{e}^{-k(d_l-d_{\min})}}{\sum\limits_{l=1}^{L}\mathrm{e}^{-k(d_l-d_{\min})}} \tag{7-19}$$

式中，k 为预测参数，通常取 $k=1$。一阶局域线性拟合方程为

$$\boldsymbol{X}^{\mathrm{T}}(M_l+1) = a\boldsymbol{W} + b\boldsymbol{X}^{\mathrm{T}}(M_l) \tag{7-20}$$

式中，$\boldsymbol{W}=[1,1,\cdots,1]^{\mathrm{T}}$。

当嵌入维数 m 取 1 时，应用最小加权二乘法求解 a、b：

$$\sum_{l=1}^{M}P_l\big[x(M_l+1)-a-bx(M_l)\big]^2 = \min \tag{7-21}$$

将式(7-21)看成关于未知数 a、b 的二元函数，两边求偏导得到

$$\begin{cases} \sum\limits_{l=1}^{L}P_l\big[x(M_l+1)-a-bx(M_l)\big]=0 \\ \sum\limits_{l=1}^{L}P_l\big[x(M_l+1)-a-bx(M_l)\big]x(M_l)=0 \end{cases} \tag{7-22}$$

即

$$\begin{cases} a\sum\limits_{l=1}^{L}P_lx(M_l)+b\sum\limits_{l=1}^{L}P_lx^2(M_l)=\sum\limits_{l=1}^{L}P_lx(M_l)x(M_l+1) \\ a+b\sum\limits_{l=1}^{L}P_lx(M_l)=\sum\limits_{l=1}^{L}P_lx(M_l+1) \end{cases} \tag{7-23}$$

解方程组可得 a 和 b，将其代入式(7-20)即可得到预测公式，从而实现混沌动态预测。

4. 改进的加权一阶局域预测法

该方法是对加权一阶局域预测法的改进，二者之间的差异是所定义的中心轨迹 $\boldsymbol{X}(M)$ 与邻近点/参考轨迹 $\boldsymbol{X}(M_l)$ 之间的相关性不同：加权一阶局域预测法采用欧氏距离来定义邻域点间的相关性，而改进的加权一阶局域预测法的邻域点间的相关性是采用夹角余弦来度量的。夹角余弦 $\cos l$ 表示为

$$\cos l = \frac{\sum_{l=1}^{L} (X(M), X(M_l))}{\sqrt{\left(\sum_{l=1}^{L} X^2(M)\right)\left(\sum_{l=1}^{L} X^2(M_l)\right)}} \tag{7-24}$$

式中，$\cos l$ 为 $X(M)$ 与 $X(M_l)$ 的夹角余弦；$X(M)$ 为中心点轨迹；$X(M_l)$ 为参考轨迹。

改进的加权一阶局域预测法的具体算法与上述加权一阶局域预测法相同，即只需将欧氏距离 d_l 改为夹角余弦 $\cos l$。

7.2.3 灰自助-最大熵法的信息融合

1. 灰自助法

应用加权零阶局域预测法、一阶局域预测法、加权一阶局域预测法、改进的加权一阶局域预测法可预测出滚动轴承未来状态下每一时刻的 4 个振动加速度信息，用向量 $Y(\xi)$ 表示为

$$Y(\xi) = (y_\xi(1), y_\xi(2), y_\xi(3), y_\xi(4)) = (y_\xi(u)), \quad u = 1, 2, \cdots, 4; \xi = 1, 2, \cdots, \psi \tag{7-25}$$

式中，$Y(\xi)$ 为向后预测 ξ 步时滚动轴承的振动性能数据；$y_\xi(u)$ 为向后预测 ξ 步时样本向量 Y 中的第 u 个数据；ψ 为四种预测模型向后预测的最大步数。

为满足灰预测模型 GM(1,1)关于 $y_\xi(u) \geqslant 0$ 的苛刻要求，在式(7-25)中，若有 $y_\xi(u) < 0$，则人为选取一个常数 c，使得 $y_\xi(u) + c \geqslant 0$ 即可。所以，在实际分析时，Y 要表示为

$$Y(\xi) = (y_\xi(u) + c), \quad u = 1, 2, \cdots, 4; \xi = 1, 2, \cdots, \psi \tag{7-26}$$

运用自助法从 Y 中等概率可放回地随机抽取一个数，抽取 z 次，得到第一个自助样本。按此方法重复执行 B 次，得到 B 个自助再抽样样本，用样本 $V_{\text{Bootstrap}}$ 表示为

$$V_{\text{Bootstrap}} = (V_1, V_2, \cdots, V_\beta, \cdots, V_B) \tag{7-27}$$

式中，B 为总的自助再抽样次数，也是自助样本的个数；V_β 为第 β 个自助样本，

$$V_\beta = [v_\beta(\Theta)], \quad \Theta = 1, 2, \cdots, z \tag{7-28}$$

$v_\beta(\Theta)$ 为第 β 个自助样本中的第 Θ 个自助再抽样数据。

根据灰预测模型 GM(1,1)，设 V_β 的一次累加生成向量为

$$Y_\beta = [y_{\xi\beta}(u)] = \sum_{j=1}^{\Theta} v_{\xi\beta}(j) \tag{7-29}$$

灰预测模型可以描述为如下灰微分方程：

$$\frac{\mathrm{d}y_{\xi\beta}(u)}{\mathrm{d}u} + c_1 y_{\xi\beta}(u) = c_2 \tag{7-30}$$

式中，u 为时间变量；c_1 和 c_2 为待定系数。

用增量代替微分，式(7-30)可表示为

$$\frac{\mathrm{d}y_{\xi\beta}(u)}{\mathrm{d}u} = \frac{\Delta y_{\xi\beta}(u)}{\Delta u} = y_{\xi\beta}(u+1) - y_{\xi\beta}(u) = v_{\xi\beta}(u+1) \tag{7-31}$$

式中，Δu 取单位时间间隔 1。再设均值生成序列向量为

$$\boldsymbol{Z}_\beta = [z_\beta(u)] = [0.5y_{\xi\beta}(u) + 0.5y_{\xi\beta}(u-1)] \tag{7-32}$$

在初始条件 $y_{\xi\beta}(1) = v_{\xi\beta}(1)$ 下，灰微分方程的最小二乘解为

$$\hat{y}_{\xi\beta}(z+1) = (v_{\xi\beta}(1) - c_2/c_1)\mathrm{e}^{-c_1 z} + c_2/c_1 \tag{7-33}$$

式中，待定系数 c_1 和 c_2 表示为

$$(c_1, c_2)^{\mathrm{T}} = (\boldsymbol{D}^{\mathrm{T}}\boldsymbol{D})^{-1}\boldsymbol{D}^{\mathrm{T}}(\boldsymbol{V}_\beta)^{\mathrm{T}} \tag{7-34}$$

且有

$$\boldsymbol{D} = (-\boldsymbol{Z}_\beta, \boldsymbol{I})^{\mathrm{T}} \tag{7-35}$$

$$\boldsymbol{I} = [1,1,\cdots,1]^{\mathrm{T}} \tag{7-36}$$

然后由累减生成可得到第 β 个生成数据为

$$\hat{v}(z+1) = \hat{y}_{\xi\beta}(z+1) - \hat{y}_{\xi\beta}(z) - c \tag{7-37}$$

因此，B 个服役精度的生成数据可表示为如下向量：

$$\boldsymbol{Y}_B = (v_1, v_2, \cdots, v_\beta, \cdots, v_B) = (\hat{v}_1(z+1), \hat{v}_2(z+1), \cdots, \hat{v}_\beta(z+1), \cdots, \hat{v}_B(z+1)) \tag{7-38}$$

式中，v_β 为第 β 个生成数据。

2. 运用最大熵法求取概率密度函数

运用最大熵法能够对未知的概率分布求出主观偏见为最小的最佳估计。为叙述方便，用连续变量 w 表示生成数据序列 $\boldsymbol{Y}_B$ 中的离散变量。定义最大熵的表达式为

$$H(w) = -\int_{-\infty}^{+\infty} f(w)\ln f(w)\mathrm{d}w \tag{7-39}$$

式中，$H(w)$ 为信息熵；$f(w)$ 为随机变量 w 的概率密度函数；$\ln f(w)$ 为 $f(w)$ 的对数。

根据最大熵原理，最无主观偏见的概率密度函数应满足熵最大，即

$$H(w) = -\int_S f(w)\ln f(w)\mathrm{d}w \to \max \tag{7-40}$$

式中，S 为随机变量 w 的可行域。

式(7-40)应满足约束条件

$$\int_S w^q f(w)\mathrm{d}w = m_q, \quad q = 0,1,2,\cdots,\gamma; m_0 = 1 \tag{7-41}$$

式中，m_q 为第 q 阶原点矩；γ 为最高阶原点矩的阶数。

采用 Lagrange 乘子法求解此问题，通过调整 $f(w)$ 使熵达到最大值，可得概率密度函数 $f(w)$ 的表达式为

$$f(w) = \exp\left(\lambda_0 + \sum_{q=1}^{\gamma} \lambda_q w^q \right) \tag{7-42}$$

式中，$\lambda_0, \lambda_1, \lambda_2, \cdots, \lambda_\gamma$ 为 Lagrange 乘子。

式(7-41)中

$$m_q = \frac{\displaystyle\int_S w^q \exp\left(\sum_{q=1}^{\gamma} \lambda_q w^q \right) \mathrm{d}w}{\displaystyle\int_S \exp\left(\sum_{q=1}^{\gamma} \lambda_q w^q \right) \mathrm{d}w} \tag{7-43}$$

$$\lambda_0 = -\ln\left[\int_S \exp\left(\sum_{q=1}^{\gamma} \lambda_q w^q \right) \mathrm{d}w \right] \tag{7-44}$$

根据概率密度函数 $f(w)$ 可实现该组生成序列真值与区间的预测。

3. 参数估计

对于随机变量 w 的概率密度函数 $f(w)$，可得序列 $\boldsymbol{Y}_B$ 的估计真值 X_0 为

$$X_0 = \int_{-\infty}^{+\infty} wf(w)\mathrm{d}w \tag{7-45}$$

设显著性水平 $\alpha \in (0,1)$，如果 w_α 满足：

$$P(X < X_\alpha) = \int_{-\infty}^{w_\alpha} f(w)\mathrm{d}w = \alpha \tag{7-46}$$

则称 w_α 为概率密度函数 $f(w)$ 的 α 分位数。

对于双侧分位数，有下式成立：

$$P(X < X_U) = \frac{\alpha}{2} \tag{7-47}$$

$$P(X \geqslant X_L) = \frac{\alpha}{2} \tag{7-48}$$

式中，X_U 和 X_L 分别为生成序列 $\boldsymbol{Y}_B$ 的上界值和下界值；$[X_L, X_U]$ 为 α 水平下的置信区间。

所以，结合灰自助法与最大熵法，可将滚动轴承未来状态每一时刻的 4 个振

动性能信息有效融合,进而预测出其未来每一时刻的振动加速度真值 X_0 与上下区间 $[X_L, X_U]$。

7.2.4 振动性能不确定性的动态评估

从滚动轴承振动数据序列向量 X 中截取 t 时刻紧邻的前 h 个数据,构成一个子序列向量 X_h 为

$$X_h = \{x_h(u)\}, \quad u = H - h + 1, H - h + 2, \cdots, N; h \leqslant H \tag{7-49}$$

式中, $x_h(u)$ 为子序列向量 X_h 中 u 时刻的振动数据。

动态评估的含义是用 t 时刻前的数据样本评估 t 时刻的振动状态。

t 时刻滚动轴承振动性能区间的波动范围表示为

$$U = X_U - X_L \tag{7-50}$$

式中, U 为估计不确定度,即在 t 时刻、置信水平为 P 时的瞬时不确定度。通常置信水平 P 越大,在 u 时刻的区间不确定度 U 越大。若 $P=100\%$,则 U 取得最大值,结果最可信。但 U 越大,估计区间 $[X_L, X_U]$ 越偏离真值,估计结果越失真。

基于泊松计数过程,计算振动数据落在最大熵估计区间 $[X_L, X_U]$ 之外的个数 η,则评估结果的可靠度定义为

$$P_R = [1 - \eta / (N - h)] \times 100\% \tag{7-51}$$

式中, P_R 表示混沌预测的可靠度,一般而言, P_R 不等于置信水平 P,由 P_R 的定义可知, P_R 越大,评估结果的可信度越高,在统计学与实践中,最好是 $P_R > P$。

定义

$$U_{\text{mean}} = [1 / (N - h)] \sum_{L=h+1}^{N} U(L) \Big|_{P_R=100\%} \tag{7-52}$$

式中, U_{mean} 为动态平均不确定度; $\big|_{P_R=100\%}$ 表示在 $P_R=100\%$ 的条件下实现。

考虑到最小不确定性,置信水平 P 应满足如下条件:

$$U_{\text{mean}} \to \min \tag{7-53}$$

统计量 U_{mean} 可作为滚动轴承振动性能随机波动状态不确定性的有效评价指标。实际分析中,振动性能不确定性用 U_{mean} 表达,也可称为动态平均不确定性。

7.3 实 验 研 究

1. 案例 1

实验数据在杭州轴承试验研究中心有限公司采集,实验机为 ABLT-1A 型轴承

寿命强化实验机，主要由实验头、实验头座、传动系统、加载系统、润滑系统、计算机控制系统等部分组成。实验所用轴承为 P2 级角接触球轴承，型号为 7008AC；轴承内径为 40mm，外径为 68mm，厚度为 15mm。实验条件如下：轴承转速 4000r/min，径向载荷 2kN，轴向载荷 3.5kN，N32 油润滑。数据采集系统 1min 采集一次振动数据均方根值，设定振动幅值上界值为 10m/s²，当超过该界定值时，实验机自动停止运转，实验终止。轴承振动数据由计算机控制系统自动采集。

如图 7-1 所示，滚动轴承振动时间序列具有明显的非线性、随机性与不确定性特征；前 100 个振动数据属于初期磨损阶段，振动加速度值逐渐增大，且波动剧烈；第 100～150 个振动数据处于最佳振动性能阶段，振动加速度值较小，振动性能稳定；第 150～270 个振动数据处于正常磨损阶段，振动加速度值有所增大，且波动剧烈；第 270～570 个振动加速度值波动较小。因此，需要根据复杂多变的振动信息，对滚动轴承的振动性能不确定性进行动态预测。

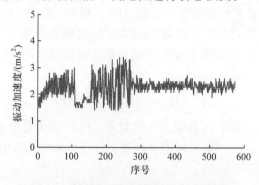

图 7-1 轴承振动性能数据样本(案例 1)

数据样本中有 573 个振动加速度值，以前 550 个数据为基础，向后预测 23 步，作为对比数据样本，验证所建模型的正确性。

运用 C-C 方法计算最优时间延迟 τ' 和嵌入维数 m，首先需要计算三个统计量 $\bar{S}$、$\Delta\bar{S}$ 和 S_{cor}，如图 7-2 所示。$\Delta\bar{S}$ 的第一个局部极小值就是所求最优时间延迟 τ'。寻找 S_{cor} 的全局最小值，即可求得时间窗口。

对应于图 7-2 中，$\Delta\bar{S}$ 的第一个极小值(时间延迟 $\tau=3$min)就是所求最优时间延迟，S_{cor} 的最小值对应的 t 值即时间窗口 $\tau_w=40$min，从而算得 $m=14$。

根据所选的最优时间延迟 τ' 和嵌入维数 m 重构相空间，找出每个点的最邻近点并限制其短暂分离。计算各个点的邻近点对 g 个离散时间步后的距离，并用最小二乘法作出回归直线，如图 7-3 所示。计算图 7-3 中曲线斜率，如图 7-4 所示。

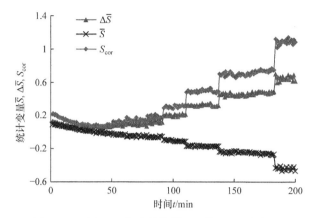

图 7-2　运用 C-C 方法计算 $\overline{S}$ 、$\Delta\overline{S}$ 和 S_{cor}(案例 1)

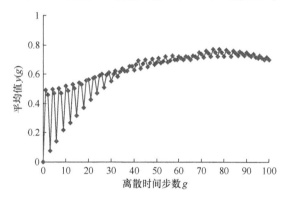

图 7-3　利用最小二乘法作出的回归直线(案例 1)

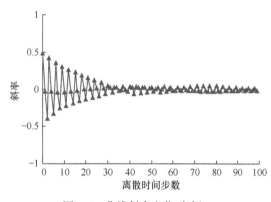

图 7-4　曲线斜率变化(案例 1)

图 7-3 中回归直线的斜率即所求的 Lyapunov 指数。由最大 Lyapunov 指数 $\lambda=0.0028>0$ 可知，该新 P2 级角接触球轴承振动性能时间序列是混沌时间序列。由 $1/\lambda=357.14$ 可知，用混沌预测方法可以最多准确向后预测出 357 步。

　　根据前 550 个数据，分别用一阶局域预测法、加权零阶局域预测法、改进的加权一阶局域预测法、加权一阶局域预测法进行相空间重构，向后预测 23 步，并与实际值进行比较，结果如图 7-5 所示。

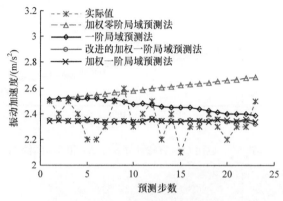

图 7-5　不同方法预测结果(案例 1)

　　由图 7-5 可知，加权零阶局域预测值呈现线性增加的趋势，在第 1、3、9 步预测值与实际值基本一致；一阶局域预测值呈现线性减小的趋势，在第 1、3、8、12、14、18 步预测值与实际值基本一致；改进的加权一阶局域预测值和加权一阶局域预测值基本保持在水平状态，在第 2、7、10、11、14、16～19、21、22 步与实际值基本一致。综上所述，四种局域预测法各有优势，应该充分融合这些方法的有效信息，对滚动轴承的振动性能进行精准预测。

　　以第 1 步为例，应用灰自助法，取自助再抽样次数 B=20000、置信水平 P=95%，对四种局域预测法的预测值进行抽样，得到灰自助样本 $Y_{\text{Bootstrap}}$。由最大熵法计算灰自助样本 $Y_{\text{Bootstrap}}$ 的概率密度函数，结果如图 7-6 所示。

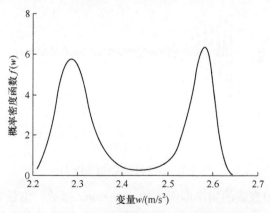

图 7-6　灰自助样本的最大熵概率密度函数(案例 1)

选取置信水平为 95%，得到第 1 步的估计真值 X_0=2.41925m/s^2 和估计区间 $[X_L, X_U]$=[2.18166, 2.66972]。

应用灰自助-最大熵法对以上四种方法预测的 23 步预测值进行抽样，选取置信水平为 95%，得到每步的加权平均值和上界值，结果如图 7-7 所示。

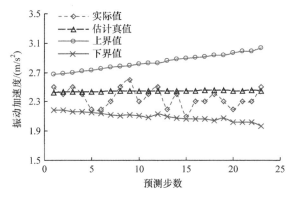

图 7-7　运用灰自助-最大熵法的预测结果(案例 1)

基于泊松计数过程计算振动数据落在最大熵估计区间 $[X_L, X_U]$ 之外的个数，得 η=0，根据式(7-51)，则评估结果的可信度 P_R =100%，表示混沌预测的可靠程度为 100%，满足 $P_R > P$。

根据式(7-50)，未来 23 步滚动轴承振动性能区间的估计不确定度如表 7-1 所示。

表 7-1　估计不确定度 $U(L)$(案例 1)

步数 L	$U(L)$/(m/s^2)	步数 L	$U(L)$/(m/s^2)	步数 L	$U(L)$/(m/s^2)
1	0.48806	9	0.66978	17	0.85429
2	0.49908	10	0.70651	18	0.89832
3	0.53759	11	0.74165	19	0.86185
4	0.55409	12	0.69918	20	0.94972
5	0.57673	13	0.76197	21	0.96415
6	0.60366	14	0.80017	22	0.96708
7	0.64845	15	0.82418	23	1.06768
8	0.67278	16	0.83490		

根据式(7-52)得到滚动轴承振动性能的动态平均不确定度 U_{mean}=17.18187/23=

0.747m/s^2。

2. 案例 2

对新材料圆锥滚子轴承 33022/YA 进行完全寿命实验,实验机型号为 ABLT-2,额定动载荷 C 为 296.635kN,当量动载荷与额定动载荷之比 P/C=0.45,实验机转速为 1000r/min,径向载荷为 F_r=93kN,轴向载荷为 F_a=45kN,用 32 号机械润滑油润滑,基本额定寿命 L_{10h}=238h,加载时分三次加入,每隔 1h 加一次,第一次加载荷的 30%,第二次加载荷的 60%,第三次加至规定载荷。转速分两次加入,第一次加到实验转速的一半,2h 后加到规定转速。轴承振动性能数据样本如图 7-8 所示。

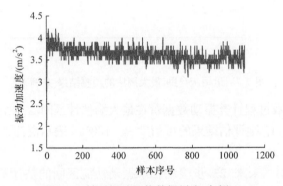

图 7-8　轴承振动性能数据样本(案例 2)

如图 7-8 所示,滚动轴承振动时间序列具有明显的非线性、随机性与不确定性特征,需要根据该类复杂多变的振动信息,对滚动轴承的振动性能不确定性进行动态预测。

数据样本中有 1092 个振动信号,以前 1070 个数据为基础,向后预测 22 步,作为对比数据样本,验证所建模型的正确性。

运用 C-C 方法计算最优时间延迟 τ' 和嵌入维数 m,首先需要计算三个统计量 $\overline{S}$、$\Delta\overline{S}$ 和 S_{cor},结果如图 7-9 所示。$\Delta\overline{S}$ 的第一个局部极小值就是所求最优时间延迟 τ',S_{cor} 的全局最小值就是所求的时间窗口。

对应于图 7-9 中 $\Delta\overline{S}$ 的第一个极小值(时间延迟 τ=3min)就是所求最优时间延迟,S_{cor} 的最小值对应的 t 值即时间窗口 τ_w=25min,从而算得 m=9。

根据所选的最优时间延迟 τ' 和嵌入维数 m 重构相空间,找出每个点的最邻近点并限制其短暂分离。计算各个邻近点对在经过 g 个离散时间步后的距离,并用最小二乘法作出回归直线,结果如图 7-10 所示。计算图 7-10 中曲线斜率,如图 7-11 所示。

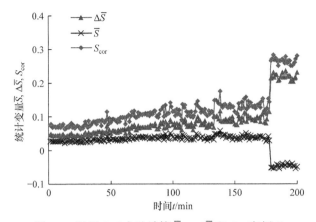

图 7-9　运用 C-C 方法计算 $\overline{S}$ 、$\Delta\overline{S}$ 和 S_{cor}(案例 2)

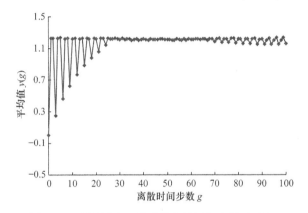

图 7-10　利用最小二乘法作出的回归直线(案例 2)

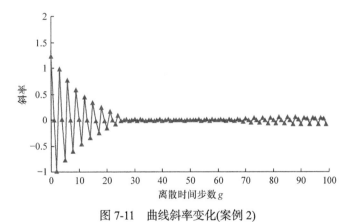

图 7-11　曲线斜率变化(案例 2)

图 7-10 中回归直线的斜率即所求的 Lyapunov 指数。由最大 Lyapunov 指数 $\lambda=0.0052>0$ 可知，该新材料圆锥滚子轴承振动性能时间序列是混沌时间序列。

而且由 $1/\lambda=192.31$ 可知，用混沌预测方法可以最多准确向后预测出 192 步。

　　根据前 1070 个数据，分别用一阶局域预测法、加权零阶局域预测法、改进的加权一阶局域预测法、加权一阶局域预测法进行相空间重构，向后预测 22 步，并与实际值进行比较，结果如图 7-12 所示。

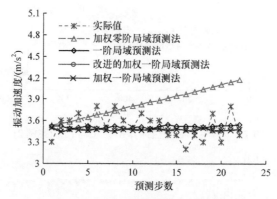

图 7-12　不同方法预测结果(案例 2)

　　由图 7-12 可知，加权零阶局域预测值呈现线性增加的趋势，在第 2～4、6、8、11 步预测值与实际值比较接近；一阶局域预测值在第 2、5、7、10、13 步与实际值基本一致；改进的加权一阶局域预测值和加权一阶局域预测值基本保持在水平状态，在第 5、10、14、15、17、22 步与实际值基本一致。综上所述，四种局域预测法各有优势，应该充分融合这些方法的有效信息，对滚动轴承的振动性能进行精准预测。

　　以第 1 步为例，应用灰自助法，取自助再抽样次数 $B=20000$、置信水平 $P=95\%$，对四种局域预测法的预测值进行抽样，得到灰自助样本 $Y_{\text{Bootstrap}}$。由最大熵法计算灰自助样本 $Y_{\text{Bootstrap}}$ 的概率密度函数，结果如图 7-13 所示。

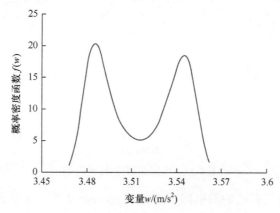

图 7-13　灰自助样本的最大熵概率密度函数(案例 2)

应用灰自助-最大熵法对以上四种方法预测的 22 步预测值进行抽样，选取置信水平为 95%，得到每步的加权平均值和上界值，结果如图 7-14 所示。

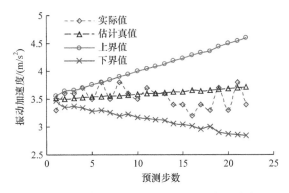

图 7-14 运用灰自助-最大熵法的预测结果(案例 2)

基于泊松计数过程计算振动数据落在最大熵估计区间 $[X_L, X_U]$ 之外的个数，得 $\eta=1$，根据式(7-51)，则评估结果的可信度 $P_R =95.45\%$，表示混沌预测的可靠程度为 95.45%，满足 $P_R > P$。

根据式(7-50)，未来 22 步滚动轴承振动性能区间的估计不确定度如表 7-2 所示。

表 7-2 估计不确定度 $U(L)$(案例 2)

步数 L	$U(L)/(m/s^2)$	步数 L	$U(L)/(m/s^2)$	步数 L	$U(L)/(m/s^2)$
1	0.08942	9	0.71506	17	1.36739
2	0.29067	10	0.83234	18	1.35909
3	0.28059	11	0.89051	19	1.54157
4	0.36462	12	0.96069	20	1.62086
5	0.46742	13	1.01592	21	1.67480
6	0.50621	14	1.1257	22	1.75601
7	0.58694	15	1.18982		
8	0.69743	16	1.27068		

根据式(7-52)得到滚动轴承振动性能的动态平均不确定度 U_{mean}=20.60374/22= 0.9365m/s^2。

3. 结果分析及讨论

(1) 运用混沌理论计算滚动轴承振动性能时间序列的最大 Lyapunov 指数，从而验证振动性能具有混沌特性。对于 P2 级角接触球轴承和新材料圆锥滚子轴承，最大 Lyapunov 指数分别为 0.0028、0.0052，均大于 0，可知这两组轴承的振动性能时间序列均为混沌时间序列。

(2) 四种局域预测法各有优势，应该充分融合这些方法的有效信息，对滚动轴承的振动性能进行精准预测。因此，将混沌预测模型融入灰自助-最大熵原理，对滚动轴承未来每一时间点的振动性能进行真值估计与区间估计，从而对振动性能的不确定性进行动态预测与评估。

(3) 最大熵估计区间描述了振动性能随机变量的波动范围，由图 7-7 和图 7-14 可知，估计区间均比较紧密地包络了振动性能的随机波动轨迹。而且，随机波动越大，动态不确定度越大，反之，随机波动越小，动态不确定度与估计真值的大小没有关系。

(4) 由表 7-1 和表 7-2 可知，P2 级角接触球轴承和新材料圆锥滚子轴承的动态平均不确定度分别为 0.747 和 0.9365。相对而言，P2 级角接触球轴承的动态平均不确定度更小，而且上下界曲线更紧密地包络了实际振动值曲线，说明 P2 级角接触球轴承的振动性能波动小，也比较稳定，这是因为该轴承公差等级较高。

(5) 随着预测步数的增加，估计不确定度的数值也逐渐增大，即估计区间的波动范围越大，对预测性能的预测结果越不理想。这也说明了混沌预测的短期有效性，在一定预测步数范围内预测效果是非常好的。

(6) 通过计算原始数据样本瞬时值落在估计区间内的概率，并将其与给定的置信度相比，确定所建模型的有效性。对于实验中两组轴承，评估结果的可信水平分别为 100%、95.45%，均大于置信水平 95%，从而验证了混沌理论与灰自助法的结合是正确的选择。

7.4　本　章　小　结

本章将混沌预测模型融入灰自助-最大熵原理，预测出滚动轴承振动性能在未来每一时间点的真值与波动区间。用估计真值、估计区间、动态不确定度、平均不确定度四个参数对滚动轴承的振动性能进行了动态预测和评估。

运用混沌理论计算滚动轴承振动性能时间序列的最大 Lyapunov 指数，从而验证了振动性能具有混沌特性，进而为振动性能的动态预测奠定了基础。

通过计算振动性能时间序列的最大熵估计区间，将原始数据样本瞬时值落在估计区间内的概率与给定的置信水平相比，从而验证了混沌灰自助模型对滚动轴承振动性能的动态预测和评估是行之有效的。

第三篇 轴承性能可靠性的实验分析与评估

第8章 滚动轴承性能可靠性的动态预测

8.1 概　　述

随着我国乃至世界高铁的快速普及，路网规模的扩张蔓延，列车的行驶安全逐渐成为高铁发展、运营的研究重点。高铁轴承是高铁传动系统的核心部件，不但要承受车重和载重构成的静态及动态的径向载荷，还要承受额外的非稳定轴向力，再加上列车运行速度的不断提高，高铁轴承的服役环境变得十分复杂且工作性能面临严峻挑战。所以，高铁轴承工作性能可靠性及其故障诊断的研究变得十分迫切与必要，这将直接关系到整个列车系统的性能稳定性及运行安全。而轴承振动信号可以看成一系列大小、速度不等的脉冲作用的结果，这些脉冲连续不断地作用在轴承工作表面上，其造成的结果轻则表现为轴承工作温度过高，重则表现为轴承工作表面早期失效，对轴承的可靠性影响极大。因此，振动信息是高铁轴承性能可靠性分析的核心指标。

然而，由于高铁轴承振动服役环境复杂多变，基于时间变化的振动信号具有明显的非线性、多样性、混沌性等特征，依赖于已知概率分布与趋势信息的传统可靠性理论分析该类问题时变得十分棘手，更无法满足高铁轴承高端化、精细化的发展要求。如何在这种具有明显随机性、不确定性的性能指标中挖掘出高铁轴承可靠性变化的有用信息，是站在更高的立足点面对新问题。将近代统计学原理及泊松过程引入高铁轴承性能可靠性评估中，突破数据分析领域长期沿用的经典统计理论体系，并提出一种基于状态信息进行可靠性动态预测的新模型，是本问题研究的重中之重。

为此，本章以变异概率作为时间变量，构建动态泊松预测模型，研究高铁轴承性能可靠性的演变历程。首先对振动运行数据进行分段处理，获取各时间段轴承振动性能的原始变异概率；然后将紧邻的 5 个变异概率利用自助-最小二乘法进行多次线性拟合；最后用最大熵原理对多个拟合结果进行概率密度求取，得到未来变异概率的估计真值和上下界值，将其代入泊松过程实现高铁轴承可靠性的动态预测。

8.2 数　学　模　型

设高铁轴承振动性能序列向量 X 为

$$X = (x_1, x_2, \cdots, x_n, \cdots, x_N) \tag{8-1}$$

式中，x_n 为原始序列向量 X 的第 n 个振动数据；N 为振动数据个数。

将轴承振动性能序列向量 X 进行分组处理，共分为 j 组，则每组有 K 个数据，可表示为

$$X = (X_1, X_2, \cdots, X_i, \cdots, X_j) \tag{8-2}$$

式中，X_i 为第 i 组数据向量；j 为总的数据组数。

设每组数据向量 X_i 对应的振动性能的实际变异概率为 λ_i，表示为

$$\lambda = (\lambda_1, \lambda_2, \cdots, \lambda_i, \cdots, \lambda_j) \tag{8-3}$$

式中，λ_i 为第 i 组数据的变异概率。变异概率是指高铁轴承振动性能波动幅值超过阈值的频率，属于影响轴承性能可靠性演变历程的主要特征指标，且随着不同的评估阈值变化而变化。

设 X_i 中超出振动阈值 τ 的个数为 ν，则变异概率 λ_i 表示为

$$\lambda_i = \nu / K \tag{8-4}$$

8.2.1 泊松过程

根据应用随机过程理论可知，每个计数过程都可以用泊松过程表示为

$$Q = \exp(-\lambda t) \frac{(\lambda t)^m}{m!} \tag{8-5}$$

式中，t 为单位时间，因此 $t=1, 2, \cdots, t \geqslant 1$；$\lambda$ 为变异概率；m 为失效事件发生的次数，$m=0, 1, 2, \cdots$，即工作状态恶劣可能已造成轴承性能失效；Q 为失效事件发生 m 次的概率，根据泊松过程可以获得事件发生的可靠度 R。

在高铁轴承性能可靠度求取时，取 $m=0$，即产品未发生性能失效前的概率；取 $t=1$，为当前时间轴承性能可靠度，即当前时间段 X_i 的性能可靠度。根据式(8-5)，可靠度表示为

$$R(\lambda_i) = \exp(-\lambda_i) \tag{8-6}$$

由式(8-6)可知，当前时间段 X_i 的性能可靠度只是关于变异概率 λ_i 的函数，且 λ_i 可由式(8-4)求得。

所以，在高铁轴承性能可靠性评估时，先根据式(8-4)可获得每一时间段 X_i 的实际变异概率 λ_i，再根据式(8-6)可得到高铁轴承每一时间段的实际可靠度。

8.2.2 自助-最小二乘法

自助-最小二乘法是自助法与最小二乘法的巧妙融合。自助法可将一组数据等

概率可放回抽样多次，进而构成多组数据；最小二乘法可将一组数据通过最小化误差的平方和寻找其函数的最佳匹配；二者的有效融合，可将一组数据进行多次拟合，进而获得多组数据的最小二乘解。具体实施时，取紧邻的 5 个原始变异概率 λ_i, λ_{i+1}, $\cdots$, λ_{i+4}，其中 $i=1,2,\cdots,j-4$。以 1, 2, 3, 4, 5 为自变量，λ 为因变量，利用自助-最小二乘法进行线性拟合。

运用自助法，对紧邻的 5 个原始变异概率等概率可放回地随机抽取一个数，共抽取 q 次，可得到一个自助样本 Y_1，它有 q 个数据。按此方法重复执行 B 次，得到 B 个样本向量，可表示为

$$Y_{\mathrm{Bootstrap}} = (Y_1, Y_2, \cdots, Y_b, \cdots, Y_B) \tag{8-7}$$

式中，Y_b 表示第 b 个自助样本向量，且 $b=1, 2, \cdots, B$，B 为总的自助再抽样次数，也是自助样本的个数，且有

$$Y_b = (y_1, y_2, \cdots, y_l, \cdots, y_q) \tag{8-8}$$

利用最小二乘法对 Y_b 进行线性拟合有

$$Y_b = a_b I + c_b H, \quad H = [1,1,\cdots,1]^{\mathrm{T}} \tag{8-9}$$

式中

$$I = (1,2,3,4,5) = (i_1, i_2, \cdots, i_l, \cdots, i_q) \tag{8-10}$$

最小二乘解为

$$a_b = \frac{q\left(\sum\limits_{l=1}^{q} i_l y_l\right) - \left(\sum\limits_{l=1}^{q} i_l\right)\left(\sum\limits_{l=1}^{q} y_l\right)}{q\left(\sum\limits_{l=1}^{q} i_l^2\right) - \left(\sum\limits_{l=1}^{q} i_l\right)^2} \tag{8-11}$$

$$c_b = \frac{\left(\sum\limits_{l=1}^{q} i_l^2\right)\left(\sum\limits_{l=1}^{q} y_l\right) - \left(\sum\limits_{l=1}^{q} i_l\right)\left(\sum\limits_{l=1}^{q} i_l y_l\right)}{q\left(\sum\limits_{l=1}^{q} i_l^2\right) - \left(\sum\limits_{l=1}^{q} i_l\right)^2} \tag{8-12}$$

由于线性拟合共进行 B 次，则获得的 B 个最小二乘解系数向量为

$$a = (a_1, a_2, \cdots, a_b, \cdots, a_B) \tag{8-13}$$

$$c = (c_1, c_2, \cdots, c_b, \cdots, c_B) \tag{8-14}$$

然后分别对最小二乘解系数向量 a 和 c 运用最大熵原理进行概率密度求取，以获得最小二乘解的估计真值 a_0 和 c_0，以及区间 $[a_{\mathrm{L}}, a_{\mathrm{U}}]$ 和 $[c_{\mathrm{L}}, c_{\mathrm{U}}]$。

8.2.3　最大熵原理

1. 概率密度求取

以最小二乘解系数向量 *a* 为例进行概率密度求取，将式(8-13)的 *B* 个系数 a_b 连续化，定义熵的表达式为

$$H(a) = -\int_{-\infty}^{+\infty} f(a)\ln f(a)\mathrm{d}a \tag{8-15}$$

式中，$f(a)$为连续化后的数据序列向量 *a* 的概率密度函数。最大熵法的最大特点是对概率分布未知的研究对象做出主观偏见最小的最佳估计。最大熵的核心理念为：在全部解集中，熵趋于最大的解是最"无偏"的。

令

$$H(a) = -\int_S f(a)\ln f(a)\mathrm{d}a \to \max \tag{8-16}$$

式中，*S* 为积分区间，即随机变量 *a* 的可行域。

约束条件为

$$\int_S a^h f(a)\mathrm{d}a = r_h, \quad h = 0,1,2,\cdots,\beta; r_0 = 1 \tag{8-17}$$

式中，β 为原点矩的阶数；r_h 为第 *h* 阶原点矩，

$$r_h = \frac{\displaystyle\int_S a^h \exp\left(\sum_{h=1}^{\beta} \theta_h a^h\right)\mathrm{d}a}{\displaystyle\int_S \exp\left(\sum_{h=1}^{\beta} \theta_h a^h\right)\mathrm{d}a} \tag{8-18}$$

求解过程中，不断调整$f(a)$使得熵达到最大值，则 Lagrange 乘子法的解为

$$f(a) = \exp\left(\theta_0 + \sum_{h=1}^{\beta} \theta_h a^h\right) \tag{8-19}$$

式中，*a* 为最小二乘解系数向量 *a* 的随机变量；$\theta_0, \theta_1, \cdots, \theta_\beta$ 为 Lagrange 乘子，

$$\theta_0 = -\ln\left(\int_S \exp\left(\sum_{h=1}^{\beta} \theta_h a^h\right)\mathrm{d}a\right) \tag{8-20}$$

式(8-19)便是用最大熵法构建的最小二乘解系数向量 *a* 的概率密度函数，根据该概率密度函数 $f(a)$，在给定置信水平下可实现该序列的估计真值 a_0 与区间$[a_L, a_U]$的预测。

2. 参数估计

根据随机变量 *a* 的概率密度函数 $f(a)$，由统计原理可得系数向量 *a* 的估计真

值 a_0 :

$$a_0 = \int_{-\infty}^{+\infty} af(a)\mathrm{d}a \tag{8-21}$$

有实数 $\alpha \in (0,1)$ 存在，若 a_α 使以下公式成立：

$$P(a < a_\alpha) = \int_{-\infty}^{a_\alpha} f(a)\mathrm{d}a = \alpha \tag{8-22}$$

式中，a_α 为概率密度函数 $f(a)$ 的 α 分位数；α 称为显著性水平。对于双侧分位数，则有以下公式成立：

$$P(a < a_U) = \frac{\alpha}{2} \tag{8-23}$$

$$P(a \geqslant a_L) = \frac{\alpha}{2} \tag{8-24}$$

式中，a_U 和 a_L 分别为最小二乘解系数向量 $\boldsymbol{a}$ 的上界值和下界值；$[a_L, a_U]$ 为 α 水平下的置信区间。

同理，可得到最小二乘解系数向量 $\boldsymbol{c}$ 的估计真值 c_0 与区间 $[c_L, c_U]$。因此，在用自助-最小二乘法线性拟合时，根据最大熵原理，可实现最小二乘解的最优估计及区间估计。将最小二乘解代入式(8-9)，可获得变异概率的最优估计值 λ_0 和区间 $[\lambda_L, \lambda_U]$；再根据式(8-6)，便可得到高铁轴承性能可靠度的预测真值 R_0 和区间 $[R_L, R_U]$。

8.2.4 步骤分析

可靠度的真值和区间预测步骤如下：

(1) 由振动信号测量仪获取高铁轴承振动性能序列向量 $\boldsymbol{X}$。

(2) 将向量 $\boldsymbol{X}$ 分组处理，得到各时间段数据序列向量 $\boldsymbol{X}_i$；给定振动阈值 τ，得到对应时间段的实际变异概率 λ_i；将其代入式(8-6)，得到高铁轴承对应时间段的实际可靠度 R。

(3) 对紧邻的 5 个原始变异概率用自助-最小二乘法线性拟合，获得样本含量为 B 的最小二乘解系数向量 $\boldsymbol{a}$ 和 $\boldsymbol{c}$。

(4) 利用最大熵原理对系数向量 $\boldsymbol{a}$ 和 $\boldsymbol{c}$ 建立各自的概率密度函数，在给定置信水平下求取最小二乘解的最优估计值 a_0、c_0 和区间 $[a_L, a_U]$、$[c_L, c_U]$。

(5) 将最优估计值 a_0、c_0 和区间 $[a_L, a_U]$、$[c_L, c_U]$ 代入式(8-9)的线性拟合方程，设定自变量为 6，进而预测出下一时间段的变异概率的真值 λ_0 及区间 $[\lambda_L, \lambda_U]$。

(6) 最后将预测的变异概率代入可靠度公式(8-6)，得到高铁轴承性能可靠度在未来时间段的估计真值 R_0 和区间 $[R_L, R_U]$。

(7) 不断更新紧邻的 5 个原始变异概率，重复步骤(3)～(6)，从而实现高铁轴承性能可靠性的动态预测。

8.3　实　验　研　究

　　这是一个恒定转速高铁轴承台架实验，实验材料为 NU218 型圆柱滚子轴承，实验在电机转速为 2350r/min、室温为 26℃、相对湿度为 53%的环境条件下进行；所施加径向载荷为 70.6kN，轴向载荷为 14.2kN，风冷速度为 8m/s。实验时间及轴承振动数据由计算机控制系统自动累积显示，轴承振动采样频率为 5kHz，每间隔 1s 进行一次振动均方根统计，计算机累积采集振动数据一次，单位为 m/s²。

　　实验共进行两次，第一次实验材料记为高铁轴承 A，计算机累积采集 14000 次振动数据，即实验共进行 14000s，所得高铁轴承振动信号的时间序列 X_A 如图 8-1 所示。第二次实验材料记为高铁轴承 B，计算机累积采集 12852 次振动数据，即实验共进行 12852s，所得高铁轴承振动时间序列 X_B 如图 8-2 所示。

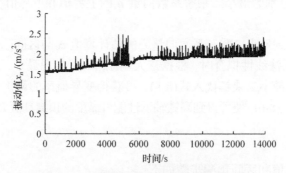

图 8-1　高铁轴承 A 的振动信号序列 X_A

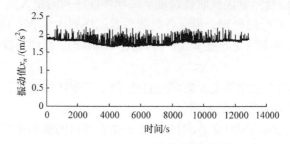

图 8-2　高铁轴承 B 的振动信号序列 X_B

　　根据图 8-1 和图 8-2 不难看出，高铁轴承的振动信号序列具有明显的非线性、不确定性、随机性与混沌性，而该序列确实又包含高铁轴承部件服役期间潜在的状态演变信息:高铁轴承 A 运转前期第 1~4000 个振动值较小，中期第 4001~6000 个振动值虽小但波动较为剧烈，后期第 6001~14000 个振动值逐渐增大且波动剧烈，表明该高铁轴承后期退化严重，可靠性随之降低;高铁轴承 B 运转初期振动性能平缓且稳定，中期振动值虽然有所降低但波动较为剧烈，后期振动值有所增加但运转平缓，表明该高铁轴承的退化过程复杂多变。

8.3.1　轴承振动数据序列预处理

时间序列 X_A 共有 14000 个数据，将其平分为 14 段，则每段包含 1000 个样本数据。时间序列 X_B 共有 12852 个数据，分为 13 段：其中第 1～12000 个数据每隔 1000 个分为一段，共分为 12 段；第 12001～12852 个数据独立为一段。

设定振动阈值 τ，对每段数据进行泊松计数，阈值 τ 决定着各时间段高铁轴承振动性能的变异概率，进而影响其可靠度的评估。阈值 τ 取值的大小依据实际应用中机床、电机等主轴系统对滚动轴承振动性能要求的苛刻程度。在具体计算时，分别以高铁轴承 A 的振动阈值 $\tau=1.99$、高铁轴承 B 的振动阈值 $\tau=1.90$ 为例，来分析两组轴承的退化/变异状况。由此可得到每一时间段的数据超出振动阈值 τ 的个数 ν，根据式(8-4)便可获得其对应的原始变异概率 λ_i；再由式(8-6)得到其实际可靠度，轴承 A、B 的评估结果分别如表 8-1 和表 8-2 所示。

表 8-1　轴承 A 各时间段的实际变异概率及可靠度

时间段	数据总个数 K	超出阈值个数 ν	变异概率 λ_i	可靠度 $R/\%$
X_1	1000	0	0	100.000
X_2	1000	0	0	100.000
X_3	1000	0	0	100.000
X_4	1000	2	0.002	99.800
X_5	1000	32	0.032	96.851
X_6	1000	55	0.055	94.649
X_7	1000	2	0.002	99.800
X_8	1000	18	0.018	98.216
X_9	1000	13	0.013	98.708
X_{10}	1000	31	0.031	96.948
X_{11}	1000	26	0.026	97.434
X_{12}	1000	42	0.042	95.887
X_{13}	1000	50	0.050	95.123
X_{14}	1000	64	0.064	93.801

表 8-2　轴承 B 各时间段的实际变异概率及可靠度

时间段	数据总个数 K	超出阈值个数 ν	变异概率 λ_i	可靠度 $R/\%$
X_1	1000	38	0.038	96.271
X_2	1000	16	0.016	98.413
X_3	1000	46	0.046	95.504

时间段	数据总个数 K	超出阈值个数 v	变异概率 λ_i	可靠度 R/%
X_4	1000	39	0.039	96.175
X_5	1000	44	0.044	95.695
X_6	1000	29	0.029	97.142
X_7	1000	21	0.021	97.922
X_8	1000	16	0.016	98.413
X_9	1000	48	0.048	95.313
X_{10}	1000	43	0.043	95.791
X_{11}	1000	22	0.022	97.824
X_{12}	1000	8	0.008	99.203
X_{13}	852	8	0.000939	99.065

由表 8-1 可得，高铁轴承 A 各时间段的振动序列超出阈值的个数 v 呈现出递增的总趋势，只是时间段 $X_4 \sim X_6$ 增加的速度加快，$X_7 \sim X_{14}$ 增加的速度稍慢；各时间段实际变异概率 λ_i 与 v 的变化趋势一致，表明轴承 A 的变异程度随时间的推进越来越剧烈，与图 8-1 原始数据的直接分析保持良好的一致性；由泊松过程所得可靠度 R 有逐渐减小的总趋势：$X_1 \sim X_6$ 的可靠度由 100% 下降至 94.649%，而只有 X_6 和 X_7 的可靠度迅速提高，$X_7 \sim X_{14}$ 的可靠度又逐渐下降至 93.801%。所以，高铁轴承 A 最大可靠度可达到 100%，最小可靠度在 93% 以上。

根据表 8-2 不难得出，高铁轴承 B 各时间段的振动序列超出阈值的个数 v 变化规律较为复杂，且没有明显的线性变化趋势，这与原始数据的复杂分布情况(图 8-2)有直接的关系；同样，各时间段实际变异概率 λ_i 与 v 的变化趋势一致，即表明轴承 B 的变异/退化状况同样较为复杂，但综合而言，在前中期时间段 $X_1 \sim X_{10}$ 轴承 B 的变异概率稍大，后期 $X_{11} \sim X_{13}$ 轴承 B 的变异概率较小；由泊松过程所得可靠度 R 的变化趋势也同样不明显，但高铁轴承 B 最大可靠度可达到 99.203%，最小可靠度在 95% 以上。

8.3.2　自助-最小二乘法线性拟合

根据表 8-1 和表 8-2 所得到的高铁轴承各时间段的实际变异概率 λ_i，对紧邻的 5 个变异概率用自助-最小二乘法线性拟合处理，从而进行高铁轴承振动性能变异概率及其可靠度的动态预测。首先以 λ_1、λ_2、λ_3、λ_4、λ_5 这 5 个紧邻的变异概率为例，来进行第 6 个变异概率的预测，具体分析步骤如下：取 $q=5$，$B=10000$，根据式(8-8)可得到自助样本向量 $\boldsymbol{Y}_b$，再根据式(8-11)～式(8-14)便得到样本含量为 10000 的最小二乘解系数向量 $\boldsymbol{a}$ 和 $\boldsymbol{c}$，结果如图 8-3 和图 8-4 所示。

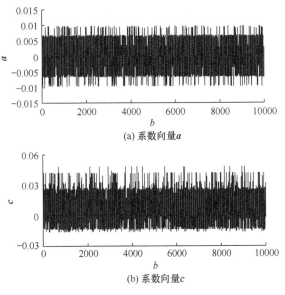

图 8-3 高铁轴承 A 的系数向量 a 和 c

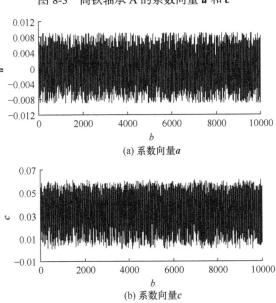

图 8-4 高铁轴承 B 的系数向量 a 和 c

8.3.3 最大熵概率密度求取

系数向量 a 和 c 的概率密度函数的求取是重点与难点，对后续工作的顺利进行起到决定性作用，其求取步骤如下：

(1) 由图 8-3 和图 8-4 得到 λ_1、λ_2、λ_3、λ_4、λ_5 这 5 个紧邻的变异概率，用自

助-最小二乘法进行线性拟合来获得系数解集 a 和 c。

(2) 将 B 个解集连续化，可分别得到解集 a 和 c 对应的最大熵表达式，即式(8-15)。

(3) 根据 Lagrange 乘子法，得到两组高铁轴承的拟合系数向量 a 和 c 的概率密度函数，即式(8-19)，其结果如图 8-5 和图 8-6 所示。

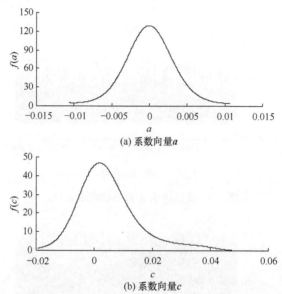

图 8-5　高铁轴承 A 的拟合系数向量 a 和 c 的概率密度函数

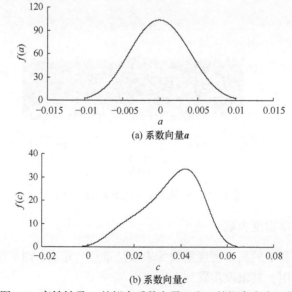

图 8-6　高铁轴承 B 的拟合系数向量 a 和 c 的概率密度函数

8.3.4 参数 *a* 和 *c* 的估计

根据图 8-5 和图 8-6 所得的自助-最小二乘解系数向量 *a* 和 *c* 的概率密度函数，结合式(8-21)便可得到其各自的估计真值 a_0 和 c_0；然后给定显著性水平 $\alpha=0.1$，即置信水平为 90%，根据式(8-23)和式(8-24)得到其对应的区间$[a_L, a_U]$和$[c_L, c_U]$。轴承 A 和 B 在 1～5 时间段内的拟合系数如表 8-3 所示。

表 8-3 系数 *a* 和 *c* 的估计真值与区间

轴承	a_0	$[a_L, a_U]$	c_0	$[c_L, c_U]$
A	0.0000299	[−0.0055522, 0.0056803]	0.0049806	[−0.0095544, 0.0263214]
B	−0.0000362	[−0.0060861, 0.0060661]	0.0354887	[0.0124481, 0.0532222]

表 8-3 所示结果便是 λ_1、λ_2、λ_3、λ_4、λ_5 这 5 个紧邻的变异概率用自助-最小二乘法进行线性拟合后的最大熵评估结果，将其代入式(8-9)得到 λ_1、λ_2、λ_3、λ_4、λ_5 这 5 个紧邻变异概率的拟合方程，令自变量等于 6，便可获得第 6 个时间段(即下一时间段)变异概率的预测真值及上下界。当进行第 7 个时间段变异概率预测时，采取旧数据舍弃、新数据更替的原则：将原来的 λ_1 舍弃，添加一个新的实际变异概率 λ_6；同时，将 $\lambda_2 \to$ 新 $\lambda_1(\lambda_1')$，$\lambda_3 \to$ 新 $\lambda_2(\lambda_2')$，$\lambda_4 \to$ 新 $\lambda_3(\lambda_3')$，$\lambda_5 \to$ 新 $\lambda_4(\lambda_4')$，$\lambda_6 \to$ 新 $\lambda_5(\lambda_5')$，即将 λ_2、λ_3、λ_4、λ_5、λ_6 这 5 个紧邻的变异概率转变为 λ_1'、λ_2'、λ_3'、λ_4'、λ_5' 5 个变异概率，然后进行自助-最小二乘法线性拟合，令自变量等于 6，便可获得第 7 个时间段变异概率的预测真值及上下界。同理依次类推，可分别得到第 2～6、3～7、4～8、…时间段的线性拟合结果。高铁轴承 A、B 各时间段内的自助-最小二乘法拟合系数的最大熵评估结果分别如表 8-4 和表 8-5 所示。

表 8-4 高铁轴承 A 拟合系数的最大熵评估结果

时间段	a_0	$[a_L, a_U]$	c_0	$[c_L, c_U]$
1～5 段	0.0000299	[−0.0055522, 0.0056803]	0.0049806	[−0.0095544, 0.0263214]
2～6 段	0.0000327	[−0.0107541, 0.0108642]	0.0154758	[−0.0153206, 0.0534370]
3～7 段	0.0000154	[−0.0119286, 0.0117818]	0.0224754	[−0.0143418, 0.0631023]
4～8 段	0.0000728	[−0.0109289, 0.0108936]	0.0244744	[−0.0104056, 0.0618645]
8～9 段	−0.0000484	[−0.0104691, 0.0101862]	0.0243754	[−0.0074582, 0.0610392]
6～10 段	0.0000696	[−0.0084885, 0.0084885]	0.0185678	[−0.0061613, 0.0510181]
7～11 段	0.0000543	[−0.0048962, 0.0050704]	0.0187517	[0.0017275, 0.0346270]
8～12 段	−0.0000195	[−0.0049930, 0.0050704]	0.0250253	[0.0088569, 0.0416275]
9～13 段	0.0000239	[−0.0059012, 0.0058272]	0.0324693	[0.0128708, 0.0514939]

表 8-5 高铁轴承 B 拟合系数的最大熵评估结果

时间段	a_0	$[a_L, a_U]$	c_0	$[c_L, c_U]$
1～5 段	−0.0000362	[−0.0060861, 0.0060661]	0.0354887	[0.0124481, 0.0532222]
2～6 段	−0.0000682	[−0.0052252, 0.0051652]	0.0378753	[0.0178535, 0.0525549]
3～7 段	0.0000555	[−0.0044378, 0.0045379]	0.0362401	[0.0201618, 0.0500207]
4～8 段	0.0000625	[−0.0054001, 0.0052319]	0.0304309	[0.0129288, 0.0485105]
8～9 段	0.0000203	[−0.0061074, 0.0061502]	0.0280021	[0.0095028, 0.0499009]
6～10 段	0.0000890	[−0.0068762, 0.0069403]	0.0298809	[0.0085098, 0.0536394]
7～11 段	−0.0000119	[−0.0071325, 0.0071325]	0.0321785	[0.0086522, 0.0552766]
8～12 段	−0.0000589	[−0.0078745, 0.0079279]	0.0314544	[0.0047428, 0.0564078]

8.3.5 变异概率的动态预测

根据表 8-4 和表 8-5 可分别得到对各时间段 5 个紧邻的变异概率用自助-最小二乘法线性拟合的系数真值及上下界,将其代入线性拟合方程并设置自变量为 6,可分别得到第 7、第 8、第 9、…时间段变异概率的预测真值 λ_0 及区间 $[\lambda_L, \lambda_U]$,即 $\lambda_0 = a_0 \times 6 + c_0$,$\lambda_L = a_L \times 6 + c_L$,$\lambda_U = a_U \times 6 + c_U$。上述过程反复运行,便实现了各时间段变异概率的动态预测,高铁轴承 A 各时间段变异概率的预测结果如图 8-7 所示。

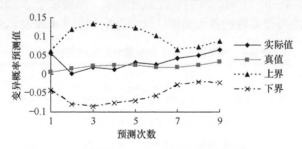

图 8-7 高铁轴承 A 各时间段变异概率的预测结果

图 8-7 给出了高铁轴承 A 第 6～14 时间段的变异概率预测结果,不难看出,预测真值随预测次数呈上升趋势,说明轴承 A 的变异/退化程度逐渐加重;其中,第 2～6 次(第 7～11 时间段)变异概率的预测真值与实际变异概率相差甚小,几乎完全重合;第 1 次和第 7～9 次(第 6 时间段和第 12～14 时间段)变异概率的预测真值与实际值相差虽然稍大,但均包络在估计区间 $[\lambda_L, \lambda_U]$ 之内。所以,轴承 A 各时间段变异概率的动态预测结果较为良好。

高铁轴承 B 各时间段变异概率的预测结果如图 8-8 所示。图 8-8 表示高铁轴承 B 第 6~13 时间段的变异概率预测结果，不难看出，预测真值较为平缓稳定，均在 0.03 上下浮动，表明轴承 B 未来变化趋势虽然复杂，但总的运转性能较为稳定，即变异/退化情况虽然存在，但并没有持续恶化的趋势。其中，第 1 次和第 6 次(第 6 时间段和第 11 时间段)变异概率的预测真值与实际变异概率相差极小，且几乎完全重合，其余几次变异概率的预测真值与实际值相差略大，但同样均包络在估计区间[λ_L, λ_U]之内。所以，轴承 B 各时间段变异概率的动态预测结果同样准确可靠。

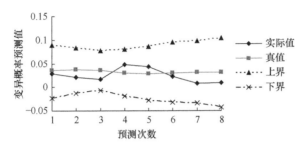

图 8-8　高铁轴承 B 各时间段变异概率的预测结果

8.3.6　可靠性的动态预测

将图 8-7 和图 8-8 所示变异概率的预测结果代入可靠度公式(8-6)，得到高铁轴承未来时间段性能可靠度的估计真值 R_0 和区间[R_L, R_U]，即 $R_0=\exp(-\lambda_0)$，$R_L=\exp(-\lambda_U)$，$R_U=\exp(-\lambda_L)$。由于变异概率 λ 的取值范围为[0,1]，其中 0 代表高铁轴承运行过程中未发生一丝变异，是一个理想状态，可靠度为 100%；1 代表高铁轴承运行过程中完全失效，运行状态十分不可靠。所以，当 λ_L 出现小于 0 时，在可靠度求解过程中取 $\lambda_L=0$。高铁轴承 A、B 各时间段性能可靠度的动态预测结果分别如图 8-9 和图 8-10 所示。

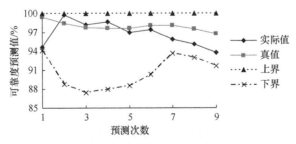

图 8-9　高铁轴承 A 各时间段性能可靠度的动态预测结果

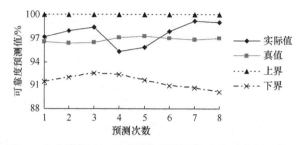

图 8-10 高铁轴承 B 各时间段性能可靠度的动态预测结果

由图 8-9 可得，高铁轴承 A 各时间段可靠度的预测真值有逐渐下降的趋势，第 1 次(第 6 时间段)的预测真值与实际值相差最大，但差值不超过 6%；第 2～9次(第 7～14 时间段)的预测真值与可靠度实际值变化趋势十分相似，且第 2～6 次的预测值与实际值几乎完全重合，说明高铁轴承 A 的性能可靠性的动态预测结果真实可靠。可靠度预测上界达到 100%，预测下界在 87% 以上，估计区间可将实际可靠度全部包络，再次验证预测模型的可行性。由图 8-10 可得，高铁轴承 B 各时间段可靠度的预测真值较为平缓，第 7 次(第 12 时间段)的预测真值与实际值相差最大，但差值不超过 3%；预测真值与可靠度实际值变化趋势虽然不完全相同，但两者之间的差值极小。可靠度预测上界达到 100%，预测下界在 90% 以上，且估计区间将实际可靠度全部包络。所以，高铁轴承 B 的性能可靠性的动态预测结果同样真实可靠。

为直观看出可靠度预测值与实际值的差异，现分别计算出高铁轴承 A、B 预测值与实际值之间的相对误差，结果如图 8-11 所示。

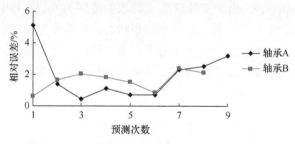

图 8-11 可靠度预测值与实际值之间的相对误差

从图 8-11 可以看出,高铁轴承 A 的最大相对误差出现在第 1 次(第 6 时间段)，为 5.11%；最小相对误差出现在第 3 次(第 8 时间段)，为 0.46%。高铁轴承 B 的最大相对误差出现在第 7 次(第 12 时间段),为 2.38%；最小相对误差出现在第 1 次(第 6 时间段)，为 0.63%。所以，可靠度预测值与实际值的相对误差较小，最大不超过 5.11%，再次说明预测结果是十分真实可靠的，可较好地应用于工程实际。

基于高铁轴承 A、B 的两个实验案例，在给定振动阈值条件下获得的变异概率，可以真实地描述轴承性能的实际退化状况，其中轴承 A 的最大变异概率仅为 0.064，轴承 B 的最大变异概率仅为 0.048。本章提出的一种新的自助-最小二乘法线性拟合模型，将紧邻且不断更新的 5 个变异概率有效拟合，可获得下一时间段变异概率的预测真值与区间。结合泊松过程实现了高铁轴承性能可靠性的动态预测，预测结果与实际值之间的相对误差不高于 5.11%，满足了工程实际的预测要求。两组轴承的可靠度预测值与实际值均保持良好的一致性，结果均在 93% 以上，这说明两组轴承的总体可靠性均是良好的。所建模型不需考虑数据分布的任何信息，只针对现有数据做出最真实客观的判断，突破数据分析领域长期沿用的经典统计理论，是对现有可靠性模型的一种有益补充。该模型实现了高铁轴承自我状况的在线监测，可在其性能可靠性失效/降低之前，采取相应的预防及补救措施。

8.4　本章小结

　　本章根据振动阈值获得的变异概率，准确描述了高铁轴承服役期间的退化信息及性能演变历程；提出了一种自助-最小二乘线性拟合方法，并融入最大熵原理，将 5 个紧邻的变异概率快速拟合，有效预测出下一时间段变异概率的真值及区间。

　　所建可靠性模型结合静态泊松过程，以变异概率为时间变量，并不断地将旧数据舍弃，新数据更替，有效实现了高铁轴承性能可靠性的动态预测。还实现了预测结果的自我验证，轴承 A 可靠度预测值与实际值的最大相对误差仅为 5.11%；轴承 B 的最大相对误差仅为 2.38%。

　　实验案例研究表明，所建模型可为实现高铁轴承自我健康检测以及在线故障诊断提供技术与理论根据。

第9章　滚动轴承振动性能的品质实现
可靠性评估

9.1　概　　述

品质实现可靠性[2,3]是指在指定生产条件下，产品品质达到一定的等级、加工水平，可以使产品的考核指标控制在一定范围内能力的大小。轴承品质实现可靠性可以将轴承的振动、寿命、摩擦力矩等作为考核指标进行研究，而这些考核指标受诸多因素的复杂影响。因此，对其研究需根据研究对象的不同，确定轴承品质的考核指标和相关的影响因素。根据因素空间理论[4]，多因素的复杂影响状态是很难预知的，针对这种情况可以将因素的复杂影响状态分解为多个简单因素状态，然后把这些简单因素状态合成为复杂因素状态进行考察。

对轴承产品品质实现可靠性进行评估，可以深入地了解轴承的品质好坏及其生产设备的加工能力水平。轴承品质受诸多因素的复杂影响，其影响因素之间的相互作用未知，属于典型的乏信息问题，仅用传统的经典统计学方法进行分析是不现实的，模糊数学恰好可以解决此类问题。

本章通过模糊数学的方法研究影响轴承品质的单个影响因素的状态，并将这些单因素状态结果进行合成得到整个品质实现可靠性的影响因素状态，进而研究轴承品质实现可靠性情况。基于乏信息系统理论，应用隶属度、贴近度等权重分析方法对轴承品质考核指标与影响因素之间的关系进行分析，获取各影响因素与轴承品质考核指标之间的权重[98]关系。引入原始轴承品质实现可靠性模型并进行修正，提出改进的轴承品质实现可靠性模型，并基于最大熵原理对轴承品质实现可靠度的真值及真值区间进行估计。

9.2　品质实现可靠性模型的改进

9.2.1　实验数据的收集

将轴承的某个性能指标作为品质考核指标进行研究，可以获得该指标参数的数据序列向量 X_0 为

$$X_0 = (x_0(1), x_0(2), \cdots, x_0(k), \cdots, x_0(n)) \qquad (9\text{-}1)$$

式中，k 为数据序号，$k=1,2,\cdots,n$；n 为数据个数；$x_0(k)$为第 k 个轴承考核指标的参数测量值。

设影响轴承此品质考核指标的因素个数为 m 个，可以获得第 i 个影响因素参数的数据序列向量 X_i 为

$$X_i = (x_i(1), x_i(2), \cdots, x_i(k), \cdots, x_i(n)) \qquad (9\text{-}2)$$

式中，i 为影响因素序号，$i=1,2,\cdots,m$；$x_i(k)$为第 i 个影响因素的第 k 个参数测量值。

9.2.2　性能品质分级

将轴承的品质等级分为 S_J 级，P_j 作为第 S_j 级轴承品质考核指标及影响因素之间品质等级的标准值，$x_i(k)$是影响因素参数测量值，如果某个参数测量值 $x_i(k)$满足

$$P_{j-1} < x_i(k) \leqslant P_j, \quad j = 1, 2, \cdots, J \qquad (9\text{-}3)$$

则称该参数测量值所对应的轴承品质等级为 S_j 级。式中，J 为品质等级个数，通常 $J=4\sim7$。

根据式(9-3)对所有参数测量值结果进行品质等级分级。品质等级实现的频率序列向量表述为

$$Y_i^0 = (y_i^0(1), y_i^0(2), \cdots, y_i^0(j), \cdots, y_i^0(J)) \qquad (9\text{-}4)$$

且有

$$y_i^0(j) = \frac{M_{ji}}{n} \qquad (9\text{-}5)$$

式中，M_{ji} 为符合 S_j 级标准值的参数值频数。

轴承品质考核指标及其影响因素参数值的品质等级实现累积分布序列向量表述为

$$Y_i = (y_i(1), y_i(2), \cdots, y_i(j), \cdots, y_i(J)) \qquad (9\text{-}6)$$

式中

$$y_i(j) = \sum_{s=1}^{j} y_i^0(s) \qquad (9\text{-}7)$$

由式(9-6)可知，轴承品质考核指标及其影响因素品质等级的实现累积分布矩阵 E 表述为

$$E = \begin{bmatrix} y_0(1) & y_0(2) & \cdots & y_0(j) & \cdots & y_0(J) \\ y_1(1) & y_1(2) & \cdots & y_1(j) & \cdots & y_1(J) \\ \vdots & \vdots & & \vdots & & \vdots \\ y_i(1) & y_i(2) & \cdots & y_i(j) & \cdots & y_i(J) \\ \vdots & \vdots & & \vdots & & \vdots \\ y_m(1) & y_m(2) & \cdots & y_m(j) & \cdots & y_m(J) \end{bmatrix} \tag{9-8}$$

9.2.3　影响因素权重的确定

不同的影响因素对轴承品质实现可靠性的影响程度是不同的，因此需要对各影响因素在总的影响过程中起到的作用进行区分，影响因素权重的大小体现着影响因素和轴承品质考核指标之间关系的相关程度，可以用于区分单个影响因素在总体中的重要程度。单独使用某种方法进行分析，结果往往会具有某方面的片面性，综合几种不同的方法进行分析可以更为全面地得到轴承品质实现可靠性结果。

1. 隶属度权重

将各项数据向量 X_i 利用式(9-9)映射到[0,1]内，以保证所有数据均为模糊数：

$$z_i = \frac{x_i - x_{i\min}}{x_{i\max} - x_{i\min}} \tag{9-9}$$

设 Z_i 是有限论域 Q 上的模糊子集，其列与列之间的元素具有不同的性质属性，同一列元素具有相同的性质属性。Z_i 描述为

$$Z_i = (z_i(1), z_i(2), \cdots, z_i(k), \cdots, z_i(n)) \tag{9-10}$$

研究 $Z_i(i=1,2,\cdots,m)$ 对 Z_0 的符合程度时，定义绝对差值

$$\Delta_{ik} = |z_{ik} - z_{0k}| \tag{9-11}$$

$$\Delta_{k\max} = \max_i \Delta_{ik} \tag{9-12}$$

建立相同属性元素的隶属函数

$$\mu_{ik} = \mu_{ik}(z_{ik}, z_{0k}) = 1 - \frac{\Delta_{ik}}{\Delta_{k\max}} \tag{9-13}$$

平均隶属度为

$$\mu_i = \frac{1}{n}\sum_{k=1}^{n}\mu_{ik}, \quad i = 1, 2, \cdots, m \tag{9-14}$$

隶属度可以反映数据序列之间的隶属程度，平均隶属度 μ_i 越大，Z_i 对 Z_0 的关系越显著，反之，越不显著。

由隶属度权重法，品质影响因素 X_i 的权重可以定义为

$$\omega_i^1 = \frac{\mu_i}{\sum\limits_{i=1}^{m} \mu_i}, \quad i = 1, 2, \cdots, m \tag{9-15}$$

2. 贴近度权重

设 X_0 和 X_i 是有限论域 Q 上的模糊子集，$\mu_{0k} \in [0,1]$ 和 $\mu_{ik} \in [0,1]$ 分别是 X_0 和 X_i 的隶属度。闵可夫斯基距离的定义为

$$d_{pk} = d_p(X_0, X_i) = \left(\frac{1}{n} \sum_{k=1}^{n} |\mu_{0k} - \mu_{ik}|^p \right)^{1/p} \tag{9-16}$$

式中，n 为集合 X_0 和 X_i 的元素个数；p 为常数，一般取正整数。

当 $p=1$ 时，闵可夫斯基距离变为海明距离；当 $p=2$ 时，闵可夫斯基距离变成欧氏距离。

有限论域 Q 上的两个模糊子集 X_0 和 X_i 的贴近度定义为

$$N = N_p(X_0, X_i) = \frac{1}{2} \left[X_0 \circ X_i + (1 - X_0 \,\hat{\circ}\, X_i) \right] \tag{9-17}$$

式中

$$X_0 \circ X_i = \bigvee_{k=1}^{n} (\mu_{0k} \wedge \mu_{ik}) \tag{9-18}$$

$$X_0 \,\hat{\circ}\, X_i = \bigwedge_{k=1}^{n} (\mu_{0k} \vee \mu_{ik}) \tag{9-19}$$

海明贴近度为

$$N_{1i} = N_1(X_0, X_i) = 1 - \frac{1}{n} \sum_{k=1}^{n} |\mu_{0k} - \mu_{ik}| \tag{9-20}$$

欧氏贴近度为

$$N_{2i} = N_2(X_0, X_i) = 1 - \left(\frac{1}{n} \sum_{k=1}^{n} |\mu_{0k} - \mu_{ik}|^2 \right)^{1/2} \tag{9-21}$$

基数贴近度为

$$\text{I}: N_{3i} = N_3(X_0, X_i) = \frac{\sum\limits_{k=1}^{n} (\mu_{0k} \wedge \mu_{ik})}{\sum\limits_{k=1}^{n} (\mu_{0k} \vee \mu_{ik})} \tag{9-22}$$

$$\text{II}: N_{4i} = N_4(X_0, X_i) = \frac{2\sum\limits_{k=1}^{n} (\mu_{0k} \wedge \mu_{ik})}{\sum\limits_{k=1}^{n} \mu_{0k} + \sum\limits_{k=1}^{n} \mu_{ik}} \tag{9-23}$$

贴近度描述的是 X_0 和 X_i 之间的贴近程度。在相关性方面，它的意义就是贴近度越大，X_0 和 X_i 的关系越显著；反之，X_0 和 X_i 的关系越不显著。

由贴近度权重法，品质影响因素 X_i 的权重可以定义为

$$\omega_i^{2,3,4,5} = \frac{N_{ri}}{\sum\limits_{i=1}^{m} N_{ri}}, \quad r = 1,2,3,4 \tag{9-24}$$

式中，ω_i^2 为应用海明贴近度得到的品质影响因素权重；ω_i^3 为应用欧氏贴近度得到的品质影响因素权重；ω_i^4 为应用基数贴近度 I 得到的品质影响因素权重；ω_i^5 为应用基数贴近度 II 得到的品质影响因素权重。

9.2.4　原始品质实现可靠性模型及改进

对所有轴承品质影响因素的品质等级实现累积分布值进行合成，可得轴承品质等级影响因素的状态合成值 x_j 为

$$x_j = \sum_{i=1}^{m} \omega_i^t y_i(j), \quad t = 1,2,\cdots,T; \ j = 1,2,\cdots,J \tag{9-25}$$

式中，t 为品质影响因素权重序号；$T=5$。

原始的轴承品质实现可靠性模型[2,3]为

$$r_j(t) \approx 1 - \exp(-ax_j^b), \quad j = 1,2,\cdots,J \tag{9-26}$$

式中，a、b 为品质影响系数；$r_j(t)$ 为轴承的品质在 S_j 级时应用第 t 种权重确定方法计算得到的轴承品质实现可靠性函数。

原始的可靠性模型具有一定的缺陷，需要对其进行修正。根据原始模型可求得可靠性的概率密度函数为

$$f(x_j) = abx_j^{b-1} \exp(-ax_j^b) \tag{9-27}$$

原始的可靠性模型是在影响因素参数合成值 x_j 取值为 $[0,+\infty)$ 的前提下建立的。当 $x_j \in [0,+\infty)$ 时，有

$$\int_0^{+\infty} f(x_j) \mathrm{d}x = 1 \tag{9-28}$$

然而，轴承的影响因素参数合成值 x_j 的实际取值范围为 $[0,1]$，当 $x_j \in [0,1]$ 时，有

$$\int_0^1 f(x_j) \mathrm{d}x = 1 - \exp(-a) \tag{9-29}$$

这在可靠度求解过程中是不合理的，因此需要对模型进行改进。

改进后取得新的轴承品质实现可靠性模型为

$$R_j(t) = \frac{1}{1 - \exp(-a)} \left[1 - \exp(-ax_j^b) \right] \tag{9-30}$$

式中，a、b 为品质影响系数；$R_j(t)$ 为轴承的品质在 S_j 级时应用第 t 种权重确定方法计算得到的轴承品质实现可靠性函数。

应用极大似然法对模型中的品质影响系数进行求解。首先对模型求导取得概率密度函数为

$$f(x_j) = R_j' = \frac{ab}{1 - \exp(-a)} x_j^{b-1} \exp(-ax_j^b) \tag{9-31}$$

极大似然函数为

$$L(a,b) = \left[\frac{ab}{1 - \exp(-a)} \right]^J \prod_{j=1}^J x_j^{b-1} \exp\left(-a \sum_{j=1}^J x_j^b \right) \tag{9-32}$$

参数估计的极大似然估计方程为

$$\begin{cases} \dfrac{\partial \ln L}{\partial a} = \dfrac{J}{a} - \dfrac{J \exp(-a)}{1 - \exp(-a)} - \sum_{j=1}^J x_j^b = 0 \\[3mm] \dfrac{\partial \ln L}{\partial b} = \dfrac{J}{b} + \sum_{j=1}^J \ln x_j - a \sum_{j=1}^J (x_j^b \ln x_j) = 0 \end{cases} \tag{9-33}$$

式中，x_j 为影响因素参数合成值；J 为品质等级个数。品质影响系数 a、b 的值可以用数值迭代法求出。

轴承品质实现可靠性的大小代表着各影响因素在生产加工过程中实现此等级加工水平的能力高低和轴承达到该等级品质水平能力的大小。轴承品质实现可靠度越大，说明对轴承品质考核指标的要求越低，实现此等级加工水平的能力就会越大；反之，则说明实现该品质等级加工水平的能力越小。

9.3　品质实现可靠度的真值及真值区间估计

本节基于乏信息系统理论中的自助-最大熵法，对轴承品质实现可靠性数据进行研究分析：首先对轴承各等级的少量品质实现可靠性数据进行自助再抽样，得出一个含有大量品质实现可靠性数据的自助样本，然后根据最大熵原理建立轴承品质实现可靠度的最大熵概率密度函数并求得其概率分布情况，最后在给定置信水平下对轴承品质实现可靠度的真值和真值区间进行求解。

9.3.1　自助法生成大样本

由式(9-30)可知，当轴承品质等级为 S_j 级时，轴承品质实现可靠性的数据序列 $\boldsymbol{R}_j$ 表述为

$$\boldsymbol{R}_j = (R_j(1), R_j(2), \cdots, R_j(t), \cdots, R_j(T)) \tag{9-34}$$

从原始数据序列 R_j 中进行等概率可放回地自助再抽样，得到轴承品质实现可靠性样本 R_d，表述为

$$R_d = (R_d(1), R_d(2), \cdots, R_d(h), \cdots, R_d(T)) \tag{9-35}$$

式中，R_d 是抽取的第 d 个样本；$h=1,2,\cdots,T$。

自助样本 R_d 的平均值表述为

$$R_d = \frac{1}{T} \sum_{h=1}^{T} R_d(h) \tag{9-36}$$

对数据序列 R_j 进行 D 次连续重复抽样，得到 D 个轴承品质等级实现可靠性样本：

$$R = [R_1, R_2, \cdots, R_d, \cdots, R_D]^{\mathrm{T}} \tag{9-37}$$

式中，R_d 为第 d 个自助样本的平均值，$d=1,2,\cdots,D$。

9.3.2 最大熵概率密度函数

轴承品质实现可靠性函数 R_j 的各阶原点矩为

$$m_l = \frac{1}{D} \sum_{d=1}^{D} R_d^l \tag{9-38}$$

式中，m_l 为第 l 阶的原点矩；l 为原点矩阶数，$l=1,2,\cdots,q$，q 为最高阶原点矩阶数。

由最大熵原理可得轴承品质实现可靠性函数 R_j 的各阶原点矩需满足

$$m_l = \frac{\int_\Psi R^l \exp\left(\sum_{l=1}^{q} \lambda_l R^l\right) \mathrm{d}R}{\int_\Psi \exp\left(\sum_{l=1}^{q} \lambda_l R^l\right) \mathrm{d}R} \tag{9-39}$$

式中，R 为关于 R_d 的连续随机变量；Ψ 为积分区间；λ_l 为求解常数，即 Lagrange 乘子。

通过式(9-39)求出 $\lambda_1, \lambda_2, \cdots, \lambda_q$ 后，可求出 λ_0：

$$\lambda_0 = -\ln\left[\int_\Psi \exp\left(\sum_{l=1}^{q} \lambda_l R^l\right) \mathrm{d}R\right] \tag{9-40}$$

轴承品质实现可靠性的最大熵概率密度函数表述为

$$f = f(R) = \exp\left(\lambda_0 + \sum_{l=1}^{q} \lambda_l R^l\right) \tag{9-41}$$

轴承品质实现可靠性的最大熵概率分布函数表述为

$$F = F(R) = \int_{\Psi_0}^{R} f(R)\mathrm{d}R = \int_{\Psi_0}^{R} \exp\left(\lambda_0 + \sum_{l=1}^{q} \lambda_l R^l \right)\mathrm{d}R \tag{9-42}$$

式中，Ψ_0 为积分下限。

9.3.3   真值及真值区间估计

S_j 级轴承品质实现可靠度的真值 R_j 表示为

$$R_j = \int_{\Psi} Rf(R)\mathrm{d}R \tag{9-43}$$

给定显著性水平 $\alpha \in [0,1]$，置信水平为

$$P = (1-\alpha) \times 100\% \tag{9-44}$$

对应置信水平 $P=\alpha/2$ 处的置信区间的下边界 $R_L=R_{\alpha/2}$ 满足：

$$P = \frac{\alpha}{2} = \int_{R_0}^{R_{\alpha/2}} F(R)\mathrm{d}R \tag{9-45}$$

对应置信水平 $P=1-\alpha/2$ 处的置信区间的上边界 $R_U=R_{1-\alpha/2}$ 满足：

$$P = 1 - \frac{\alpha}{2} = 1 - \int_{R_0}^{R_{1-\alpha/2}} F(R)\mathrm{d}R \tag{9-46}$$

所以，轴承品质实现可靠性参数的估计区间为

$$\left[R_L, R_U \right] = \left[R_{\alpha/2}, R_{1-\alpha/2} \right] \tag{9-47}$$

9.4   实 验 研 究

实验研究对象为 30306 圆锥滚子轴承，以其振动加速度作为轴承品质的考核指标，选择 30 套 30306 产品为实验轴承。主要考虑的参数为滚子和内、外圈的加工参数，其中，滚子参数 8 个，内圈参数 11 个，外圈参数 9 个。在生产加工现场，随机抽取 30 套圆锥滚子轴承，编号后对其振动加速度进行测量，测量数据如图 9-1 所示；然后，将编号测量后的轴承拆套，分别对内圈、外圈及滚子的

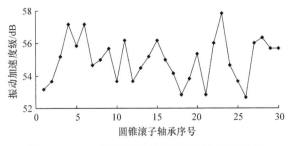

图 9-1   30306 圆锥滚子轴承的振动加速度数据

品质影响因素进行测量，记录各品质影响因素测量值，各品质影响因素测量值如表 9-1～表 9-3 所示。为研究方便，重新定义实验研究中的振动加速度 X_0 的影响因素符号及表达含义，如表 9-4 所示。

表 9-1　30306 圆锥滚子轴承内圈测量项目数据　　　　（单位：μm）

轴承序号	X_1	X_2	X_3	X_4	X_5	X_6	X_7	X_8	X_9	X_{10}	X_{11}
1	4	2	−2	3	1.6	0.076	0.1	1	3	0.38	4
2	4	2	0	2.7	2.1	0.138	0.15	1	1	0.21	6
3	4	2	−2	4.4	3	0.135	0.14	2	5	0.45	3
4	2	2	2	3	1.7	0.07	0.12	1	5	0.45	5
5	5	2	0	3.7	2.9	0.169	0.15	1	1	0.36	5
6	4	2	0	2.2	2.6	0.131	0.16	1	5	0.34	4
7	4	2	−2	2.8	2	0.133	0.1	1	4	0.27	5
8	4	2	2	2.1	2.3	0.132	0.13	1	2	0.19	7
9	4	2	2	4.5	2.9	0.201	0.13	1	6	0.25	5
10	3	2	−2	2.6	2.7	0.176	0.1	1	7	0.14	4
11	5	2	−2	2.3	2	0.147	0.12	1	3	0.33	7
12	5	2	−6	4	2.9	0.112	0.11	2	7	0.81	3
13	8	4	4	4.3	2.6	0.077	0.14	2	3	0.65	4
14	2	2	0	3.7	2	0.135	0.17	1	7	0.29	6
15	3	2	0	4.3	2	0.146	0.14	2	7	0.49	4
16	3	3	3	0.4	2.2	0.106	0.15	1	6	0.41	3
17	7	2	−4	3.1	2.2	0.113	0.1	2	5	0.57	8
18	3	3	−1	2.8	3.1	0.115	0.12	1	7	0.38	3
19	4	4	2	1.5	3.5	0.109	0.12	3	9	0.49	5
20	4	2	8	2.7	2.2	0.116	0.15	1	6	0.39	3
21	3	2	2	1.2	1.6	0.117	0.14	1	6	0.24	7
22	5	3	−1	2.8	2.8	0.132	0.15	2	7	0.24	6
23	4	1	1	3.1	2.5	0.127	0.14	1	2	0.21	7
24	6	2	2	4.9	2.1	0.113	0.12	1	3	0.34	3
25	2	1	−3	4.3	2.2	0.2	0.14	1	3	0.67	3
26	5	2	−2	2.3	1.7	0.114	0.1	1	6	0.22	6
27	4	3	−3	2.9	2.7	0.128	0.12	1	5	0.37	5
28	2	2	−2	2.3	2.9	0.13	0.16	1	5	0.31	2
29	4	3	3	2.3	1.8	0.085	0.17	1	5	0.43	3
30	7	2	0	4.9	2.9	0.142	0.14	1	5	0.46	4

表 9-2　30306 圆锥滚子轴承外圈测量项目数据　　　　　（单位：μm）

轴承序号	X_{12}	X_{13}	X_{14}	X_{15}	X_{16}	X_{17}	X_{18}	X_{19}	X_{20}
1	2	2	4	2.3	3	0.111	0.11	1	14
2	4	5	−1	2.9	3.5	0.056	0.07	4	7
3	4	3	7	5.1	2.2	0.053	0.07	2	4
4	3	4	8	12.9	2.6	0.089	0.14	2	4
5	2	2	4	6.6	2.4	0.084	0.09	1	3
6	4	5	−3	3.7	3.1	0.09	0.07	2	8
7	5	3	1	4.4	2.1	0.07	0.14	5	7
8	4	2	2	0.3	3.6	0.097	0.09	5	8
9	2	2	2	16.1	3.2	0.073	0.1	4	4
10	3	4	0	0.9	2.8	0.062	0.08	1	4
11	4	3	3	3.2	2.5	0.071	0.14	2	7
12	3	4	0	4.2	2.8	0.086	0.07	4	6
13	4	4	−4	2.2	1.6	0.059	0.07	2	6
14	4	6	2	9.8	2.5	0.055	0.06	2	3
15	5	4	−2	3.7	2.8	0.081	0.12	2	5
16	6	5	−3	7.4	2.2	0.054	0.08	1	5
17	4	4	−2	3.3	2.7	0.116	0.14	1	3
18	4	4	8	3.9	3.4	0.051	0.12	3	3
19	3	7	−1	3.4	3.7	0.05	0.1	3	5
20	5	3	1	2.1	2.3	0.093	0.15	1	5
21	2	3	1	2.7	3.1	0.062	0.1	3	7
22	4	3	3	12.2	1.9	0.063	0.09	2	5
23	3	3	5	8.6	3.5	0.068	0.07	4	4
24	3	2	−2	2.1	2.2	0.123	0.14	1	4
25	4	5	−1	2.4	2.4	0.045	0.14	2	5
26	3	5	3	3.5	2.7	0.082	0.07	2	3
27	3	4	2	2.3	2.6	0.064	0.12	2	3
28	5	9	−3	5	7.2	0.114	0.12	10	10
29	4	5	−1	4.3	2.1	0.051	0.07	0	5
30	4	6	10	5.9	1.5	0.066	0.07	1	4

表 9-3　30306 圆锥滚子轴承滚子测量项目数据(均值)　　(单位：μm)

轴承序号	X_{21}	X_{22}	X_{23}	X_{24}	X_{25}	X_{26}	X_{27}	X_{28}
1	16.1765	−0.5882	1.0106	0.0494	3.5118	0.1107	2.4706	0.0841
2	16.4118	−0.7059	1.0053	0.0422	3.7529	0.1098	2.6471	0.0682
3	17.8235	0.3529	1.0659	0.0511	4.1412	0.1098	2.8824	0.0929
4	15.2941	0.0588	0.9718	0.0542	3.5353	0.1114	3.2941	0.0771
5	17.8824	0	0.9465	0.0527	3.2471	0.1122	3	0.0888
6	17.5294	0.1765	0.9988	0.0487	3.8588	0.108	3.2353	0.0747
7	16.2941	0.0588	0.9624	0.0517	3.7353	0.1097	3.8824	0.0818
8	16.4706	−0.0588	0.9265	0.0478	3.5353	0.1089	3.1765	0.0724
9	18.2353	0.2353	0.9759	0.0484	3.8471	0.1054	3.2353	0.0865
10	17.2941	−0.0588	0.8382	0.0405	3.7824	0.1098	3	0.0853
11	15.7059	0	0.9824	0.0489	3.9176	0.1069	2.5882	0.0988
12	17.5882	0.2941	0.9788	0.0441	3.7176	0.1075	3.1176	0.0716
13	17.9412	−0.1176	0.9618	0.0450	3.7529	0.1096	3.4118	0.0841
14	18.2941	−0.2941	0.9538	0.0456	3.9294	0.1049	2.6471	0.1212
15	18.2353	−0.1765	0.9253	0.0487	3.7529	0.1092	2.8235	0.1329
16	18.0588	−0.3529	0.9871	0.0555	3.8412	0.1044	2.4118	0.16
17	18.4706	−0.2353	1.0059	0.0480	3.6294	0.1032	2.7059	0.1176
18	18.5294	−0.1765	1.0418	0.0552	3.6059	0.1107	2.4706	0.1094
19	15.4118	0	0.9435	0.0425	3.8588	0.1148	3	0.1082
20	18.4706	−0.2941	0.9349	0.0441	3.4529	0.1136	2.5882	0.2124
21	15.7059	−0.0588	0.9388	0.0479	3.7412	0.1127	2.2941	0.08
22	17.1176	−0.6471	0.9147	0.0457	3.9118	0.1109	2.5294	0.0818
23	16.3529	−0.1765	0.92	0.0485	3.7765	0.1142	2.7059	0.0759
24	18.0588	−0.0588	0.9471	0.0501	3.5647	0.1121	2.4706	0.0853
25	18.2941	−0.0588	0.9176	0.0504	3.4471	0.1125	2.5882	0.0888
26	18.3529	−0.0625	0.9512	0.0604	3.6118	0.1119	2.4706	0.0865
27	18.1765	−0.4118	0.9194	0.0443	3.6059	0.1116	2.2941	0.0771
28	16.9412	−0.1768	0.9124	0.0459	3.6176	0.1116	2.7059	0.0971
29	17.3529	−0.1176	0.9171	0.0526	3.8235	0.1104	2.3529	0.0712
30	18.3529	−0.2941	1.0676	0.0551	3.3529	0.1111	2.1176	0.0935

表 9-4　符号及含义

符号	含义	部件	单位	符号	含义	部件	单位
X_1	内圈沟道对内径表面的厚度变化量	内圈	μm	X_{15}	外圈沟道直线度	外圈	μm
X_2	内圈沟道素线对基准端面倾斜度变动量	内圈	μm	X_{16}	外圈沟道圆度	外圈	μm
X_3	内圈沟道角度差	内圈	μm	X_{17}	外圈沟道波纹度	外圈	μm
X_4	内圈沟道直线度	内圈	μm	X_{18}	外圈沟道粗糙度	外圈	μm
X_5	内圈沟道圆度	内圈	μm	X_{19}	外圈沟道椭圆度	外圈	μm
X_6	内圈沟道波纹度	内圈	μm	X_{20}	外圈沟道素线对基准端面倾斜度变动量	外圈	μm
X_7	内圈沟道粗糙度	内圈	μm	X_{21}	直径变动量	滚子	μm
X_8	内圈沟道椭圆度	内圈	μm	X_{22}	圆锥角误差	滚子	μm
X_9	内圈大挡边厚度变化量	内圈	μm	X_{23}	圆度	滚子	μm
X_{10}	粗糙度(挡边)	内圈	μm	X_{24}	波纹度	滚子	μm
X_{11}	内圈沟道素线对基准端面倾斜度变动量	内圈	μm	X_{25}	直线度	滚子	μm
X_{12}	外圈沟道对外径表面的厚度变化量	外圈	μm	X_{26}	粗糙度	滚子	μm
X_{13}	外圈挡边对基准端面倾斜度变动量	外圈	μm	X_{27}	基面跳动	滚子	μm
X_{14}	外圈沟道角度差	外圈	μm	X_{28}	基面粗糙度	滚子	μm

　　首先对实验轴承的振动加速度数据进行品质等级分级。取轴承的品质等级 $J=6$，即将轴承振动加速度分为 6 级。30306 轴承振动加速度品质分级结果如表 9-5 所示。

表 9-5　振动加速度品质等级分级

序号	品质等级	标准值/dB	频数	累积分布
1	S_1	53	3	3/30
2	S_2	54	6	9/30

续表

序号	品质等级	标准值/dB	频数	累积分布
3	S_3	55	6	15/30
4	S_4	56	8	23/30
5	S_5	57	4	27/30
6	S_6	58	3	30/30

从表 9-5 可知，30306 轴承各品质等级的标准值随着品质等级的提高而减小。通过将已知测量数据和各品质等级标准值的大小进行比较，可以对各实验轴承进行品质分级，同时可以得出符合各等级品质要求的圆锥滚子轴承的频数。通过对符合各品质等级标准值的轴承频数进行一次累加生成，可以得到实验圆锥滚子轴承的品质等级实现累积分布，如图 9-2 所示。

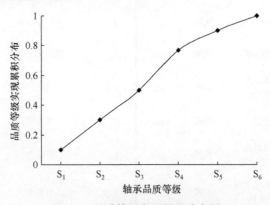

图 9-2　品质等级实现累积分布图

对所有实验测量记录的振动加速度的各品质等级影响因素测量值进行分级，得到实验轴承影响因素品质等级实现累积分布的计算结果，如表 9-6 所示。

表 9-6　影响因素品质等级实现累积分布

符号	S_1	S_2	S_3	S_4	S_5	S_6
X_1	0.000	0.133	0.300	0.700	0.900	1.000
X_2	0.000	0.067	0.767	0.933	1.000	1.000
X_3	0.300	0.733	0.867	0.933	0.967	1.000
X_4	0.033	0.033	0.100	0.567	1.000	1.000
X_5	0.000	0.000	0.300	0.533	1.000	1.000
X_6	0.000	0.000	0.033	0.133	0.867	0.967
X_7	0.000	0.000	0.000	0.167	0.933	1.000
X_8	0.000	0.767	0.767	0.967	1.000	1.000

续表

符号	S_1	S_2	S_3	S_4	S_5	S_6
X_9	0.067	0.300	0.600	0.967	1.000	1.000
X_{10}	0.000	0.000	0.067	0.367	0.633	1.000
X_{11}	0.000	0.033	0.300	0.500	0.967	1.000
X_{12}	0.000	0.133	0.400	0.667	0.933	1.000
X_{13}	0.000	0.167	0.400	0.667	0.933	0.967
X_{14}	0.300	0.533	0.733	0.833	0.867	0.967
X_{15}	0.033	0.067	0.333	0.700	0.867	0.967
X_{16}	0.000	0.033	0.100	0.433	0.900	0.967
X_{17}	0.000	0.067	0.600	0.867	1.000	1.000
X_{18}	0.000	0.000	0.333	0.600	1.000	1.000
X_{19}	0.033	0.300	0.667	0.767	0.967	0.967
X_{20}	0.000	0.200	0.667	0.867	0.933	0.967
X_{21}	0.000	0.000	0.000	0.000	0.133	1.000
X_{22}	0.100	0.367	0.600	0.800	0.900	0.967
X_{23}	0.000	0.000	0.000	0.200	1.000	1.000
X_{24}	0.000	0.000	0.000	0.967	1.000	1.000
X_{25}	0.033	0.267	0.867	1.000	1.000	1.000
X_{26}	0.000	0.000	0.000	0.467	1.000	1.000
X_{27}	0.000	0.000	0.000	0.300	0.767	1.000
X_{28}	0.000	0.000	0.300	0.900	0.967	0.967

　　每种影响因素对实验轴承振动加速度的影响程度是不同的，因此需要根据影响程度的不同对各影响因素区别对待。根据模糊权重的确定方法，以模糊数学中的隶属度计算方法进行计算，可以得到振动加速度与各影响因素之间的隶属度情况，计算结果为 $\mu_1=0.5496$, $\mu_2=0.6066$, $\mu_3=0.6362$, $\mu_4=0.5473$, $\mu_5=0.6330$, $\mu_6=0.6465$, $\mu_7=0.6497$, $\mu_8=0.3789$, $\mu_9=0.5884$, $\mu_{10}=0.5569$, $\mu_{11}=0.5668$, $\mu_{12}=0.6510$, $\mu_{13}=0.5347$, $\mu_{14}=0.6236$, $\mu_{15}=0.6303$, $\mu_{16}=0.5062$, $\mu_{17}=0.5535$, $\mu_{18}=0.5191$, $\mu_{19}=0.5301$, $\mu_{20}=0.5020$, $\mu_{21}=0.4531$, $\mu_{22}=0.5916$, $\mu_{23}=0.5777$, $\mu_{24}=0.6296$, $\mu_{25}=0.5917$, $\mu_{26}=0.5629$, $\mu_{27}=0.5889$, $\mu_{28}=0.4865$。

　　根据隶属度权重法可以得出振动加速度与各影响因素之间的权重值为 $\omega_1^1=0.0346$, $\omega_2^1=0.0382$, $\omega_3^1=0.0400$, $\omega_4^1=0.0344$, $\omega_5^1=0.0398$, $\omega_6^1=0.0407$, $\omega_7^1=0.0409$, $\omega_8^1=0.0238$, $\omega_9^1=0.0370$, $\omega_{10}^1=0.0350$, $\omega_{11}^1=0.0357$, $\omega_{12}^1=0.0410$, $\omega_{13}^1=0.0336$, $\omega_{14}^1=0.0392$, $\omega_{15}^1=0.0397$, $\omega_{16}^1=0.0318$, $\omega_{17}^1=0.0348$, $\omega_{18}^1=0.0327$, $\omega_{19}^1=0.0334$, $\omega_{20}^1=0.0316$, $\omega_{21}^1=0.0285$, $\omega_{22}^1=0.0372$, $\omega_{23}^1=0.0364$, $\omega_{24}^1=0.0396$, $\omega_{25}^1=0.0372$,

ω_{26}^1 =0.0354，　ω_{27}^1 =0.0371，　ω_{28}^1 =0.0306。

由影响因素的权重值和品质等级实现累积分布的综合矩阵，可以得出影响因素品质等级的状态合成值为 x_1=0.0348，x_2=0.1462，x_3=0.3585，x_4=0.6410，x_5=0.9158，x_6=0.9882。

同样，运用另外几种权重的确定方法可以计算出不同方法确定的品质等级影响因素的状态合成值，如表 9-7 所示。

表 9-7　品质等级影响因素的状态合成值

权重	x_1	x_2	x_3	x_4	x_5	x_6
ω_i^1	0.0348	0.1462	0.3585	0.6410	0.9158	0.9882
ω_i^2	0.0358	0.1451	0.3570	0.6403	0.9159	0.9884
ω_i^3	0.0348	0.1461	0.3585	0.6411	0.9158	0.9882
ω_i^4	0.0352	0.1472	0.3558	0.6385	0.9147	0.9881
ω_i^5	0.0342	0.1477	0.3570	0.6392	0.9133	0.9881

由品质等级影响因素状态合成值，根据数值迭代法，计算可得品质影响系数 a=−1.054 和 b=0.675。将所得结果代入改进的轴承品质实现可靠性模型可以得出实验轴承的振动加速度在不同品质等级时的可靠度，如表 9-8 所示。

表 9-8　品质实现可靠度的综合矩阵

可靠度	ω_i^1	ω_i^2	ω_i^3	ω_i^4	ω_i^5
$R_1(t)$	0.06175	0.06298	0.06176	0.06230	0.06097
$R_2(t)$	0.17843	0.17747	0.17837	0.17940	0.17993
$R_3(t)$	0.37156	0.37017	0.37156	0.36908	0.37021
$R_4(t)$	0.63294	0.63219	0.63299	0.63046	0.63119
$R_5(t)$	0.90947	0.90960	0.90941	0.90836	0.90686
$R_6(t)$	0.98718	0.98733	0.98718	0.98700	0.98698

根据自助-最大熵法，取 D=10000，分别对所得圆锥滚子轴承振动加速度各等级的品质实现可靠度进行自助再抽样，再用最大熵原理对实验轴承各品质等级可靠度进行求解，可以得出实验轴承品质实现可靠度的真值估计及区间估计，如表 9-9 所示。

表 9-9　可靠度真值估计及区间估计结果

参数估计值	S_1	S_2	S_3	S_4	S_5	S_6
真值	0.0621	0.1786	0.3705	0.6319	0.9089	0.9871
下界值	0.0612	0.1775	0.3690	0.6304	0.9064	0.9870
上界值	0.0629	0.1797	0.3716	0.6330	0.9097	0.9873

由表 9-9 可知，在高等级 S_1 级时，实验轴承的品质实现可靠性最低，而且随着轴承品质等级的降低，其品质实现可靠性逐渐提高，而且这种变化在中、高品质等级阶段最明显。当在 S_5 级时，轴承品质实现可靠度可以达到 91%左右。因此，在现有的加工水平下，研究所用 30306 圆锥滚子轴承的振动加速度值普遍保持在第 S_5 级品质等级，即振动加速度值为 57dB 水平，对应的轴承品质实现可靠度为 90.89%。

将 30306 圆锥滚子轴承数据的原始可靠性模型计算结果、改进的可靠性模型计算结果和实验所得结果进行比较，计算结果如图 9-3 所示。

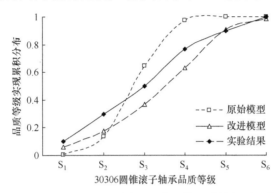

图 9-3　30306 轴承品质实现可靠性模型计算结果比较

采用同样的方法对文献[63]中 30204 圆锥滚子轴承的数据进行处理，将 30204 圆锥滚子轴承数据的原始可靠性模型计算结果、改进的可靠性模型计算结果和实验所得结果进行比较，计算结果如图 9-4 所示。

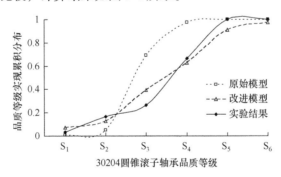

图 9-4　30204 轴承品质实现可靠性模型计算结果比较

由图 9-3 和图 9-4 可知，原始的可靠性模型计算结果与实验结果差异巨大，偏差值分别达到 20.97%和 34.47%，可见品质实现可靠性模型的改进是十分有必要的。改进后的可靠性模型计算结果与实验结果虽有一定偏差，但总体趋势基本相同，偏差值也减小为 13.47%和 12.83%，总体偏差值降低了 8%～21%，可见改进的可靠性模型比原始的可靠性模型更准确。轴承品质实现可靠性受诸多因素的影响，品质实现可靠性模型建立过程中仅考虑了其中主要影响因素，所以理论计算结果与实验结果有一定的差异。

9.5　本章小结

品质实现可靠性作为一个新概念，其理论在实际应用中还有可以改进之处。本章基于模糊数学理论，获得了轴承品质影响因素的权重，引入原始的轴承品质实现可靠性模型并修正，由此得出改进的轴承品质实现可靠性模型，以及轴承品质实现可靠度的真值及区间估计。以 30306 和 30204 圆锥滚子轴承的振动加速度为品质可靠性考核指标进行实验研究，证明了改进的可靠性模型比原始的可靠性模型更准确。

第10章　滚动轴承振动性能保持可靠性预测与动态评估

10.1　概　　述

滚动轴承性能保持可靠性是指在实验和服役期间，滚动轴承可以保持最佳性能状态运行的可能性[5]。滚动轴承性能保持可靠性通常用函数表示，函数的具体取值称为性能保持可靠度。

性能保持可靠度用于表征未来时刻滚动轴承保持最佳性能状态运行的失效程度。评估时间区间处于滚动轴承运行性能最佳时期是指该时间区间内的滚动轴承运行性能状态最佳。滚动轴承运行性能最佳时期内，保持最佳性能状态运行是指滚动轴承几乎没有性能失效的可能性，该时期通常位于滚动轴承跑合期结束后邻近的时间区间。滚动轴承保持最佳性能状态运行是机械系统实现最佳性能状态运行的基础，其保持最佳性能状态运行的可靠性一旦发生变化，将会影响整个机械系统的安全可靠运行。因此，研究滚动轴承性能保持可靠性具有重要的学术价值和应用价值。

实验中采集的振动数据随着时间变化而变化，可以看成一个非线性时间序列。根据滚动轴承振动性能时间序列，定义轴承振动性能可靠性的变异过程是一个基于泊松过程、以变异概率为参数的计数过程。受众多因素的影响，轴承运转过程中振动性能及其可靠性发生非平稳退化，退化过程具有非线性动力学特征，对于振动性能各个时间序列，其相对于本征序列保持最佳振动性能状态运行的变异概率也具有非线性、多样性等特征，进而导致轴承振动性能可靠性函数等信息随时间和环境因素发生动态变化。

在轴承振动性能的概率分布未知的条件下，本章首先建立滚动轴承性能保持可靠性预测模型，并通过实验验证在未事先设定性能阈值的条件下，该可靠性预测模型可以在滚动轴承最佳性能状态失效的可能性变大之前采取干预措施，对滚动轴承进行维护或更换，避免发生严重的安全事故。然后基于变异概率的小样本数据，利用多项式进行最小二乘法拟合；对于每个划分好的时间段，可以得到变异概率的拟合样本数据；运用灰自助-最大熵法，对多个拟合结果进行概率密度求取，对未来变异概率进行真值估计和区间估计；基于泊松过程，实现滚动轴承性能保持可靠性的动态评估。最后通过计算原始数据样本瞬时值落在估计区间内的概率与给定的置信度相比，确定所建模型的有效性。

10.2　性能保持可靠性预测模型

本节基于自助法、最大熵法和泊松过程建立滚动轴承性能保持可靠性预测的数学模型，从而预测滚动轴承保持最佳性能状态运行的失效程度。

10.2.1　自助法原理

在滚动轴承最佳性能状态时期，通过实验获得一组性能数据序列，用向量表示为

$$X = (x_1, x_2, \cdots, x_k, \cdots, x_n) \tag{10-1}$$

式中，x_k 为第 k 个性能数据；k 为性能数据的序号，$k=1,2,\cdots,n$；n 为性能数据的个数。

从数据序列 X 中随机抽样，每次抽取 w 个数据，重复抽取 B 次，得到自助样本 X_r 为

$$X_r = (x_r(1), x_r(2), \cdots, x_r(l), \cdots, x_r(w)) \tag{10-2}$$

式中，X_r 为第 r 个自助样本；r 为自助样本的序号，$r=1,2,\cdots,B$；$x_r(l)$ 为第 r 个自助样本的第 l 个数据；l 为生成自助样本的数据序号，$l=1,2,\cdots,w$。

自助样本的均值为

$$\bar{X}_r = \frac{1}{w} \sum_{l=1}^{w} x_r(l) \tag{10-3}$$

样本含量为 B 的新自助样本 $X_{\text{Bootstrap}}$ 为

$$X_{\text{Bootstrap}} = (X_1, X_2, \cdots, X_r, \cdots, X_B) \tag{10-4}$$

10.2.2　最大熵原理

应用最大熵法能够对未知的概率分布做出主观偏见为最小的最佳估计。在求解过程中，引入 Lagrange 乘子，可以把概率分布求解问题转化为对 Lagrange 乘子的求解问题。

为了叙述方便，将离散的数据序列连续化，定义最大熵的表达式 $H(x)$ 为

$$H(x) = -\int_S f(x) \ln f(x) \mathrm{d}x \tag{10-5}$$

式中，$f(x)$ 为连续化后的数据序列的概率密度函数；$\ln f(x)$ 为概率密度函数的对数；S 为性能随机变量 x 的可行域，$S=[S_1, S_2]$，S_1 为可行域的下界值，S_2 为可行域的上界值。

通过调整概率密度函数 $f(x)$ 使 $H(x)$ 取得最大值，设 $\bar{H}$ 为 Lagrange 函数，可得

$$\bar{H} = H(x) + (c_0 + 1)\left[\int_S f(x)\mathrm{d}x - 1\right] + \sum_{i=1}^{j}\left\{c_i\left[\int_S x^i f(x)\mathrm{d}x - m_i\right]\right\} \tag{10-6}$$

式中，j 为原点矩阶数，常用 $j=5$；m_i 为第 i 阶原点矩；x^i 为 $f(x)$ 的系数；c_0 为首个 Lagrange 乘子；c_i 为第 $i+1$ 个 Lagrange 乘子，$i=1,2,\cdots,j$。

数据样本的概率密度函数用 $f(x)$ 表示为

$$f(x) = \exp\left(c_0 + \sum_{i=1}^{j} c_i x^i\right) \tag{10-7}$$

$$c_0 = -\ln\left[\int_S \exp\left(\sum_{i=1}^{j} c_i x^i\right)\mathrm{d}x\right] \tag{10-8}$$

概率密度函数 $f(x)$ 的其他 j 个 Lagrange 乘子应满足

$$1 - \frac{\int_S x^i \exp\left(\sum_{i=1}^{j} c_i x^i\right)\mathrm{d}x}{m_i \int_S \exp\left(\sum_{i=1}^{j} c_i x^i\right)\mathrm{d}x} = 0 \tag{10-9}$$

10.2.3　积分区间的映射

为了使求解收敛，将样本数据按递增顺序进行排列并分成 ξ 组，画出直方图。同时，可得到组中值 z_μ 和频数 Γ_μ，$\mu = 2,3,\cdots,\xi+1$。将直方图扩展成 $\xi+2$ 组，并令 $\Gamma_1 = \Gamma_{\xi+2}$，将原始数据区间 S 映射到区间 $[-\mathrm{e}, \mathrm{e}]$ 中。令

$$\psi = ax + b \tag{10-10}$$

式中，a、b 为映射参数；ψ 为所要变换的自变量，$x \in [-\mathrm{e}, \mathrm{e}]$。

$$x = \frac{\psi - b}{a} \tag{10-11}$$

由 $\mathrm{d}x = \mathrm{d}\psi/a$ 可得

$$a = \frac{2\mathrm{e}}{z_{\xi+2} - z_1} \tag{10-12}$$

$$b = \mathrm{e} - az_{\xi+2} \tag{10-13}$$

式中，$\mathrm{e} = 2.718282$。

因此，概率密度函数 $f(x)$ 由式(10-7)变换为

$$f(x) = \exp\left[c_0 + \sum_{i=1}^{j} c_i(ax + b)^i\right] \tag{10-14}$$

10.2.4 基于小概率事件原理计算置信水平

选择置信水平估计值 P_q 分别为 1、0.999、0.99、0.95、0.9、0.85、0.8，用分位数方法求出对应于 P_q 的第 q 个性能随机变量置信区间$[X_{Lq}, X_{Uq}]$。

下界值 X_{Lq} 应满足：

$$\frac{1}{2}(1 - P_q) = \int_{S_1}^{x_{Lq}} f(x)\mathrm{d}x, \quad q = 1, 2, \cdots, 7 \tag{10-15}$$

上界值 X_{Uq} 应满足：

$$\frac{1}{2}(1 - P_q) = \int_{x_{Uq}}^{S_2} f(x)\mathrm{d}x, \quad q = 1, 2, \cdots, 7 \tag{10-16}$$

记录 B 个性能数据落在性能随机变量置信区间$[X_{Lq}, X_{Uq}]$之外的个数 n_q。基于泊松计数方法获得性能数据落在性能随机变量置信区间之外的频率 λ_q 为

$$\lambda_q = \frac{n_q}{B} \tag{10-17}$$

在滚动轴承运行性能处于最佳时期获得 B 个性能数据之后暂停实验，取出轴承，在其滚道的滚动表面构建并模拟出性能失效时的故障，对有故障的滚动轴承进行检测，获得性能失效时的 B 个性能失效数据。

记录 B 个性能失效数据中落在性能随机变量置信区间$[X_{Lq}, X_{Uq}]$之外的个数 v_q，基于泊松计数方法获得性能失效数据落在置信区间之外的频率 β_q 为

$$\beta_q = \frac{v_q}{B} \tag{10-18}$$

性能失效时的滚动轴承性能保持相对可靠度 d_q 为

$$d_q = \frac{\exp(-\beta_q) - \exp(-\lambda_q)}{\exp(-\lambda_q)} \times 100\% \tag{10-19}$$

从 7 个 d_q 值中挑出小于且最靠近−10%的那个，标记其下标 q 为 q^*，所对应的置信水平估计值 P_{q^*} 就是以小概率事件原理为依据、事先通过性能实验确定的置信水平 P。

10.2.5 随机变量的置信区间求解

假设显著性水平为 α，$\alpha \in [0,1]$，则置信水平 P 条件下的 α 为

$$\alpha = (1 - P) \times 100\% \tag{10-20}$$

设置信水平 P 条件下的性能随机变量置信区间为$[X_L, X_U]$，下界值 X_L 满足：

$$\frac{1}{2}\alpha = \int_{S_1}^{X_L} f(x)\mathrm{d}x \tag{10-21}$$

上界值 X_U 应满足：

$$\frac{1}{2}\alpha = \int_{X_U}^{S_2} f(x)\mathrm{d}x \tag{10-22}$$

10.2.6　基于泊松方法求解性能保持可靠度

性能数据落在性能随机变量置信区间 $[X_L, X_U]$ 之外的频率 λ 为

$$\lambda = \frac{n^*}{B} \tag{10-23}$$

式中，n^* 为性能数据落在性能随机变量置信区间 $[X_L, X_U]$ 之外的个数。

滚动轴承性能保持可靠度 $R(t)$ 用于表征 t 时刻滚动轴承可以保持最佳性能状态运行的可能性，有

$$R(t) = \exp(-\lambda t), \quad t = 1,2,\cdots,n \tag{10-24}$$

根据测量理论的相对误差概念，可获取滚动轴承在未来时间的性能保持相对可靠度 $d(t)$。滚动轴承性能保持相对可靠度用于表征未来时间 t 时刻滚动轴承保持最佳性能状态运行的失效程度。

$$d(t) = \frac{R(t) - R(1)}{R(1)} \times 100\% \tag{10-25}$$

式中，$R(1)$ 为当前时间 $t=1$ 个单位时间时滚动轴承的性能保持可靠度；t 为未来时间；$R(t)$ 为未来时间 t 时刻滚动轴承的性能保持可靠度。

10.2.7　最佳性能状态失效程度预测

滚动轴承运行性能分级的基本原理如下。

(1) 根据显著性假设检验原理，若滚动轴承性能保持相对可靠度不小于 0%，则表示所预测的未来时间滚动轴承性能保持可靠度不低于当前时间的滚动轴承性能保持可靠度，可以认为滚动轴承运行性能状态已经达到最佳；否则，可以认为滚动轴承运行性能状态没有达到最佳。

(2) 当滚动轴承性能保持相对可靠度小于 0 时，根据测量理论，相对误差绝对值在 (0, 5%] 时，测量值相对于真值的误差很小；相对误差绝对值在 (5%, 10%] 时，测量值相对于真值的误差逐渐变大；相对误差绝对值大于 10% 时，测量值相对于真值的误差变大。

以上述显著性假设检验原理和测量理论为依据，将滚动轴承运行性能分为 S_1、S_2、S_3、S_4 四个级别。

S_1：滚动轴承性能保持相对可靠度 $d(t) \geqslant 0$，即在未来时间 t 时刻，滚动轴承的运行性能达到最佳，最佳性能状态几乎没有失效的可能性。

S$_2$：滚动轴承性能保持相对可靠度 $d(t) \in [-5\%, 0)$，即在未来时间 t 时刻，滚动轴承的运行性能正常，最佳性能状态失效的可能性小。

S$_3$：滚动轴承性能保持相对可靠度 $d(t) \in [-10\%, -5\%)$，即在未来时间 t 时刻，滚动轴承的运行性能逐渐变差，最佳性能状态失效的可能性逐渐增大。

S$_4$：滚动轴承性能保持相对可靠度 $d(t) < -10\%$，即在未来时间 t 时刻，滚动轴承的运行性能变差，最佳性能状态失效的可能性变大。

根据滚动轴承运行性能的四个等级，预测滚动轴承最佳性能状态失效程度的时间历程。滚动轴承性能保持相对可靠度实际上是相对于当前时刻的最佳性能状态，滚动轴承在未来时刻的性能保持可靠度的衰减程度。负值表示衰减，即该时刻滚动轴承性能保持可靠度低于当前时刻滚动轴承性能保持可靠度，正值表示不衰减。滚动轴承性能保持相对可靠度 $d(t)$ 越小，滚动轴承运行性能变得越差，最佳性能状态失效的可能性越大。

对应于滚动轴承性能保持相对可靠度 $d(t) = -10\%$ 的未来时刻 t，是滚动轴承性能变差的临界时间，在该临界时间之前采取措施，可以避免发生因滚动轴承最佳性能状态失效引起的严重安全事故。

10.3　性能保持可靠性预测的实验研究

10.3.1　仿真研究

通过 ANSYS/ls-dyna 软件对深沟球轴承 6205 进行显式动力学分析，分析过程中，在保证结果准确的情况下，对仿真模型进行了一些简化，如去除轴承的圆角、限制轴承外圈外表面的自由度模拟轴承座。采用圆形孔洞模拟轴承外圈沟道面上的点蚀缺陷，施加载荷为 5MPa，转动速度为 180rad/s。

在分析前处理完成之后，设置相关的分析参数，如求解时间、输出控制等，最后求解。在后处理过程中通过提取节点的径向振动速度数据来分析轴承在整个仿真运行过程中的振动情况，节点位于轴承外圈最大接触应力产生的区域。为了方便表述，对普通轴承的仿真数据集合定义为 A0，点蚀直径为 0.15mm 时仿真数据集合为 A1，点蚀直径为 0.3mm 时仿真数据集合为 A2，点蚀直径为 0.45mm 时仿真数据集合为 A3，点蚀直径为 0.6mm 时仿真数据集合为 A4，点蚀直径为 0.75mm 时仿真数据集合为 A5。

在得到振动速度数据之后，每一组数据为 102 个数据，由于数据较少，采用自助随机抽样算法进行数据处理。对每一组数据通过自助法随机抽取 30000 个数据，这样每一组数据的特性就能更明显地反映出来。A0、A1、A2、A3、A4、A5 数据集合通过自助法原理随机抽取的 30000 个数据如图 10-1 所示。

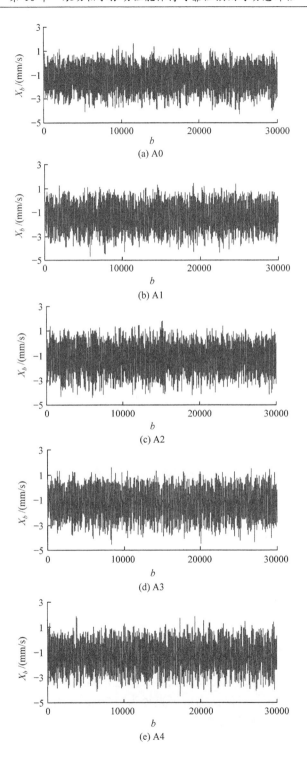

(a) A0

(b) A1

(c) A2

(d) A3

(e) A4

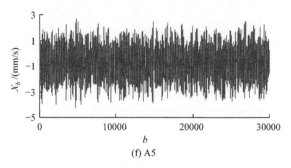

(f) A5

图 10-1　自助法获得的节点速度数据

计算本征序列的概率密度函数 $f(x)$，计算结果如图 10-2 所示。

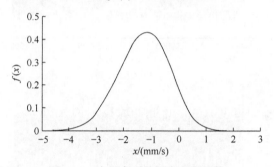

图 10-2　本征序列的概率密度函数

选取置信水平估计值 $P_1=1$，用分位数方法分别求出 7 个性能随机变量置信区间的上、下界值，如表 10-1 所示。

表 10-1　不同置信水平下的置信区间　　　　　　　(单位：mm/s)

序号 q	置信水平估计真值 P_q	置信区间的下界值 X_{Lq}	置信区间的上界值 X_{Uq}
1	1.000	−4.59586	1.9124
2	0.999	−4.01932	1.27046
3	0.990	−3.52422	0.814449
4	0.950	−3.03563	0.391005
5	0.900	−2.76853	0.156483
6	0.850	−2.58613	0.000134
7	0.800	−2.44281	−0.123641

根据《滚动轴承 寿命与可靠性试验及评定》(GB/T 24607—2009)，球轴承剥落面积不小于 0.5mm²，可以认为磨斑直径为 0.798mm 时获得的振动速度数据为振动性能处于失效时期的原始数据。

30000 个性能失效数据落在 7 个性能随机变量置信区间 $[X_{Lq}, X_{Uq}]$ 之外的个数分别为 106、796、2096、4779、6945、8603、10066。通过泊松计数原理，得到 30000 个性能失效数据落在 7 个置信区间外的频率 β_q 分别为[β_1, β_2, β_3, β_4, β_5, β_6, β_7]=[0.003533, 0.026533, 0.069867, 0.1593, 0.2315, 0.286767, 0.335533]。

7 个置信水平条件下，滚动轴承性能保持相对可靠度 d_q 分别为[d_1, d_2, d_3, d_4, d_5, d_6, d_7]=[−0.3527%, −2.5860%, −6.1401%, −10.8782%, −12.9366%, −13.6879%, −13.6245%]。

从中挑选出小于且最接近−10%即 p=95%=0.95 时的曲线，将其下标 q 标为 q^*，所对应的置信水平估计值 P_{q^*} 就是以小概率事件原理为依据，通过性能实验确定的置信水平。

对应的 $\lambda=\lambda_4=0.04413$，未来时间 t 时滚动轴承运行保持最佳振动性能状态的失效程度即振动性能保持相对可靠度，如图 10-3 所示。

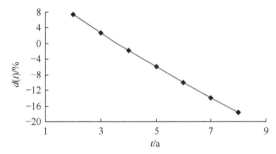

图 10-3　振动性能保持相对可靠度

由图 10-3 可知，当 2a≤t<3.5a 时，$d(t)$>0，可以说明此时轴承性能处于最佳状态，几乎没有失效的可能。当 t=4a 时，$d(t)$=−1.70726%∈[−5%，0]，轴承存在失效的可能性，但是概率很小。当 t=5a 时，$d(t)$=−5.9506%∈[−10%，−5%]，此时轴承存在失效的可能性很大，需要多加注意。当 t=6a 时，$d(t)$=−10.0108%<−10%，轴承失效的可能性大大增加。

由以上数据处理结果可得，在 t=4a 以前，轴承性能依然保持最佳状态，几乎不存在失效的可能性，可放心使用；当 t=4a~5a，轴承性能发生恶化现象，但失效的可能性不大；当 t=6a，滚动轴承运行保持最佳性能状态的失效程度小于−10%，说明轴承很可能会失效，需要密切注意轴承运转情况。

根据以上论述，可以得出轴承性能在各个时间段中的变化情况，在 t=6a 时，轴承性能依然存在很大的隐患，随时可能失效，为了保证设备能够正常运行，不影响工作的正常进行，可以考虑更换新轴承，来避免不必要的损失。

10.3.2　实验研究

实验数据来源于美国凯斯西储大学实验数据库，具体实验过程为在实验台上模拟滚动轴承点蚀缺陷，点蚀直径分别为 0mm、0.1778mm、0.5334mm、0.7112mm，记录深沟球轴承 SKF6205 外圈沟道面存在点蚀缺陷时的振动加速度信号。其中，当点蚀直径为 0mm 时，所获得的振动加速度信号为最佳时期的加速度数据结果。根据《滚动轴承 寿命与可靠性试验及评定》(GB/T 24607—2009)，疲劳失效是实验轴承的滚动体或套圈工作表面上发生的有一定深度和面积的基体金属剥落。对于球轴承，失效时剥落面积不小于 0.5mm^2，可以认为磨损直径0.798mm 时获得的加速度数据即为振动性能处于失效临界点的原始数据。

对一套 SKF6205 轴承进行振动寿命实验，采集其在最佳运行性能时期的振动加速度数据序列，结果如图 10-4 所示。

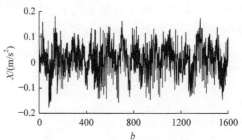

图 10-4　振动加速度原始数据

实验数据的处理方法与仿真数据的处理方法相同，根据磨损直径为 0mm、0.1778mm、0.5334mm、0.7112mm 时获得的振动加速度数据，用蒙特卡罗方法仿真出磨损直径为 0.798mm 时的 1600 个振动加速度数据(仿真时间单位假设为 a)。

因为原始数据基数较大，规律比较明显，所以采用自助法随机生成 20000 个数据，结果如图 10-5 所示。

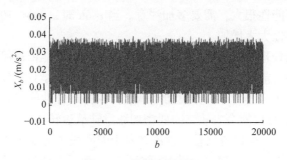

图 10-5　性能失效数据

同样采用仿真数据的处理办法，最终得到的振动性能保持相对可靠度数据如图 10-6 所示。

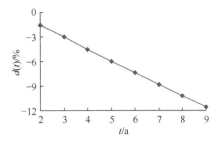

图 10-6　滚动轴承振动性能保持相对可靠度

由图 10-6 可知，当 $t=8a$ 时，$d(t)=-10.21\%$，说明此时轴承性能失效的可能性已经很大，所以在 $t=7a$ 时就应该对轴承的运行状况格外注意，或更换轴承，以确保设备的正常运行。

10.4　性能保持可靠性的动态评估模型

本节融合最大熵原理、泊松计数原理和灰自助原理，计算滚动轴承振动性能各个时间序列相对本征时间序列的最佳振动性能状态的变异概率及其真值估计曲线和上下界曲线，进而对滚动轴承保持最佳振动性能状态的失效程度进行动态评估。

10.4.1　计算滚动轴承最佳振动性能状态的变异概率

在服役期间，对滚动轴承振动加速度信号进行定期采样。定义时间变量为 t，数据采样时间周期为 τ，τ 为取值很小的常数，滚动轴承服役周期内可获得 r 个时间序列。本征序列是指滚动轴承运行状态最佳时期的时间序列，记为第 1 时间序列，用向量 X_1 表示为

$$X_1 = (x(1), x(2), \cdots, x(k), \cdots, x(N)), \quad k=1,2,\cdots,N \qquad (10\text{-}26)$$

式中，$x(k)$ 为本征序列中的第 k 个性能数据；k 为性能数据在本征序列中的序号；N 为性能数据的总个数。

随着时间 t 变化，不断采集振动加速度数据，获得第 n 个时间序列向量 X_n 为

$$X_n = (x_n(1), x_n(2), \cdots, x_n(k), \cdots, x_n(N)) \qquad (10\text{-}27)$$

式中，$x_n(k)$ 为第 n 个时间序列的第 k 个性能数据；n 为时间序列的序号，$n=1,2,\cdots,r$。

根据最大熵原理和积分区间的映射，求解本征序列的概率密度函数 $f_1(x)$ 为

$$f_1(x) = \exp\left[c_0 + \sum_{i=1}^{j} c_i (ax+b)^i \right] \qquad (10\text{-}28)$$

计算给定置信水平 P 条件下的最大熵估计区间 $[X_L, X_U]$ 为

$$[X_L, X_U] = [X_{\alpha/2}, X_{1-\alpha/2}] \tag{10-29}$$

计算本征序列的最大熵估计区间$[X_{L1}, X_{U1}]$，其中，X_{L1}为本征序列最大熵估计区间的下界值，X_{U1}为本征序列最大熵估计区间的上界值。

记录第n个时间序列的性能数据落在本征序列最大熵估计区间$[X_{L1}, X_{U1}]$之外的个数N_n，获得第n个时间序列的变异概率λ_n为

$$\lambda_n = \frac{N_n}{N} \tag{10-30}$$

$$N_n = N_{n1} + N_{n2} \tag{10-31}$$

式中，N_{n1}为第n个时间序列中性能数据小于X_{L1}的个数；N_{n2}为第n个时间序列中性能数据大于X_{U1}的个数。

10.4.2　运用多项式对变异概率进行参数拟合

分别用多项式对变异概率进行最小二乘法拟合，相关系数R^2越接近1，多项式拟合效果越好，R^2值小于0.8，拟合效果较差。

$$G_q(\lambda) = p_{q0}\lambda^0 + p_{q1}\lambda^1 + p_{q2}\lambda^2 + \cdots + p_{qz}\lambda^z + \cdots + p_{qq}\lambda^q, \quad z = 0,1,2,\cdots,q; q = 1,2,\cdots,6 \tag{10-32}$$

式中，q为多项式函数的阶数；$G_q(\lambda)$为q阶多项式函数；p_{qz}为q阶多项式函数的z次项的系数。

根据以上各阶多项式函数模型，得到各个时间序列最佳振动性能状态变异概率的小数据样本：

$$\boldsymbol{Y}(n) = (y_n(1), y_n(2), \cdots, y_n(6)) = (y_n(u)), \quad u = 1, 2, \cdots, 6; n = 1, 2, \cdots, r \tag{10-33}$$

式中，$\boldsymbol{Y}(n)$为滚动轴承第n个时间序列最佳振动性能状态的变异概率的数据样本；$y_n(u)$为第n个时间序列变异概率数据样本的第u个数据。

10.4.3　变异概率的真值及区间估计

对于各个时间序列最佳振动性能状态变异概率的小数据样本，根据灰自助-最大熵法，生成B个变异概率数据，可表示为如下向量：

$$\boldsymbol{Y}_B = (\eta_1, \eta_2, \cdots, \eta_b, \cdots, \eta_B) = (\hat{v}_1(s+1), \hat{v}_2(s+1), \cdots, \hat{v}_b(s+1), \cdots, \hat{v}_B(s+1)) \tag{10-34}$$

式中，η_b为第b个生成数据。

用最大熵法计算生成序列$\boldsymbol{Y}_B$的概率密度函数，根据该概率密度函数对该时间序列变异概率数据样本进行真值与区间估计。

各个时间序列变异概率数据样本的概率密度函数为

$$f(\lambda_n) = \exp\left[c_{0n} + \sum_{i=1}^{j} c_{in}(a_n\lambda_n + b_n)^i\right] \tag{10-35}$$

各个时间序列变异概率数据的估计真值 λ_{n0} 为

$$\lambda_{n0} = \int_S \lambda_n f(\lambda_n)\mathrm{d}\lambda_n \tag{10-36}$$

设显著性水平 $\alpha \in [0,1]$，则连续变量 λ_n 的最大熵估计区间为

$$[\lambda_{nL}, \lambda_{nU}] = [\lambda_{n(\alpha/2)}, \lambda_{n(1-\alpha/2)}] \tag{10-37}$$

式中，λ_{nL} 为第 n 个时间序列变异概率的下界值；λ_{nU} 为第 n 个时间序列变异概率的上界值。

滚动轴承振动性能变异概率区间的波动范围表示为

$$U_{\lambda_n} = \lambda_{nU} - \lambda_{nL} \tag{10-38}$$

式中，U_{λ_n} 为估计不确定度，即置信水平为 P 时的瞬时不确定度。通常，置信水平 P 越大，区间不确定性 U 越大。若 $P=100\%$，则 U 取最大值，结果最可信。但 U 越大，估计区间 $[\lambda_{nL}, \lambda_{nU}]$ 越偏离真值，进而估计结果越失真。

基于泊松计数过程，计算振动性能变异概率计算值落在最大熵区间上界值 λ_{nU} 之外的个数 ψ，则评估结果的可信度定义为

$$P_R = (1 - \psi / r) \times 100\% \tag{10-39}$$

式中，P_R 为运用多项式进行最小二乘法拟合的可靠度，一般 P_R 不等于置信水平 P。由 P_R 的定义可知，P_R 越大，评估结果的可信度越高，在统计学与实践中，最好是 $P_R > P$。

定义

$$U_{\text{mean}} = (1/r)\sum_{n=1}^{r} U_{\lambda_n}\bigg|_{P_R=100\%} \tag{10-40}$$

式中，U_{mean} 为动态平均不确定度；$\big|_{P_R=100\%}$ 表示在 $P_R=100\%$ 的条件下实现。

考虑到最小不确定性，置信水平 P 应满足如下条件：

$$U_{\text{mean}} \to \min \tag{10-41}$$

统计量 U_{mean} 可作为滚动轴承振动性能变异概率评估结果不确定性的有效评价指标。实际分析中，振动性能变异概率评估结果的不确定性用 U_{mean} 来表达，也可称为动态平均不确定性。

10.4.4　性能保持可靠度的真值及区间估计

任何计数过程均可用泊松过程描述：

$$Q = \exp(-\lambda\xi)\frac{(\lambda\xi)^e}{e!} \tag{10-42}$$

式中，ξ 为单位时间，$\xi=1,2,\cdots$，$\xi \geqslant 1$；λ 为变异概率；e 为失效事件发生的次数，$e=0,1,2,\cdots$，即最佳振动性能状态变异严重，且可能已造成轴承失效；Q 为失效事件发生 e 次的概率。由泊松过程可以获得事件发生的可靠度 R。

在滚动轴承振动性能保持可靠度求取时，令 $e=0$，即产品未发生失效前的概率；$\xi=1$ 时为当前时间的性能保持可靠度，即当前时间序列的振动性能保持在最佳振动性能区间内的可能性。根据式(10-42)，可靠度可表示为

$$R(\lambda) = \exp(-\lambda) \tag{10-43}$$

式中，$R(\lambda)$ 为滚动轴承运行期间可以保持最佳振动性能状态的可靠度。

将求得的变异概率的上下界值 λ_{nL}、λ_{nU} 代入式(10-43)，得到振动性能时间序列对应的时间段内性能保持可靠度的估计真值 R_0 和区间 $[R_L, R_U]$。由于变异概率 λ_n 的取值范围为 $[0,1]$，其中 0 代表滚动轴承的最佳振动性能状态未发生一丝退化，是一个理想状态，性能保持可靠度为 100%；1 代表滚动轴承的最佳振动性能状态完全失效。所以，若出现 λ_n 小于 0，则在性能保持可靠度求解过程中取 $\lambda_{nL}=0$；若出现 λ_n 大于 1，则在性能保持可靠度求解过程中取 $\lambda_{nU}=1$。

$$R_0=\exp(-\lambda_{n0}), \quad R_L=\exp(-\lambda_{nU}), \quad R_U=\exp(-\lambda_{nL}) \tag{10-44}$$

10.5 性能保持可靠性动态评估的实验研究

1. 案例 1

实验数据在杭州轴承试验研究中心有限公司采集,实验机为 ABLT-1A 轴承寿命强化实验机，主要由实验头、实验头座、传动系统、加载系统、润滑系统、计算机控制系统等部分组成。实验所用轴承为 P2 级角接触球轴承，型号为 7008AC，轴承内径为 40mm，外径为 68mm，厚度为 15mm。实验条件如下：实验机转速 6000r/min，径向载荷为 4.17kN，轴向载荷为 4.58kN，N32 油润滑。数据采集系统 1min 采集一次振动数据均方根值，设定振动幅值上界值为 $25m/s^2$，当超过该界定值时，实验机自动停止运转，实验终止。轴承振动数据由计算机控制系统自动采集，结果如图 10-7 所示。

如图 10-7 所示，滚动轴承振动时间序列具有明显的非线性、随机性与不确定性特征，因此需要根据该类复杂多变的振动信息，对滚动轴承的振动性能保持可靠性进行动态预测和评估。第 1~212 个振动数据数值在 0.3~$2.5m/s^2$，此段时间内轴承振动性能平稳；第 213~472 个振动数据数值在 2.5~$5.5m/s^2$，此段时间内轴承振动信号有所加强，且波动剧烈；第 473~2574 个振动数据数值在 2.5~$5.1m/s^2$，此段时间内轴承振动性能平稳；第 2575~6659 个振动数据数值在 3~$5.5m/s^2$，此段时间内轴承振动信号有所加强；第 6660~7446 个振动数据数值在

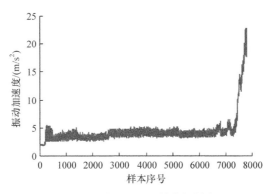

图 10-7　轴承振动性能数据样本

$3.4\sim7.7\text{m/s}^2$，此段时间内轴承振动信号有所加强，且波动剧烈；第 $7447\sim7793$ 个振动数据数值在 $8.2\sim22.9\text{m/s}^2$，此段时间内轴承振动信号有线性增加的趋势。因此，可以认为第 $1\sim472$ 个振动数据所对应的时间段内该轴承振动性能处于初期磨合时期；第 $473\sim2574$ 个振动数据所对应的时间段内该轴承振动性能处于最佳时期；第 $2575\sim6659$ 个振动数据所对应的时间段内该轴承振动性能处于正常磨损时期；第 $6660\sim7446$ 个振动数据所对应的时间段内该轴承振动性能处于退化时期；第 $7447\sim7793$ 个振动数据所对应的时间段内该轴承振动性能处于恶化时期。

最终，轴承外圈、内圈、钢球均剥落，如图 10-8 所示。

从该轴承最佳振动性能时期算起，共有 7321 个振动信号。其中第 $473\sim7472$ 个数据每隔 700 个分一段，分为 10 段；第 $7473\sim7793$ 个数据独立为一段，即第 11 段。

对于第 1 时间序列，基于最大熵法计算可得：各阶原点矩$[m_{11}, m_{21}, m_{31}, m_{41}, m_{51}]=[-0.52657, 1.23123, -1.46269, 3.50726, -5.20162]$，Lagrange 乘子$[c_{01}, c_{11}, c_{21}, c_{31}, c_{41}, c_{51}]=[-0.2975, -0.198079, -0.436996, -0.292786, -0.0111334, 0.042986]$，映射参数 $a_1=2.22405$、$b_1=-8.00658$。

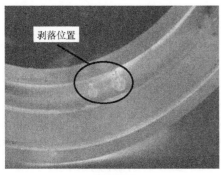

(a) 外圈剥落

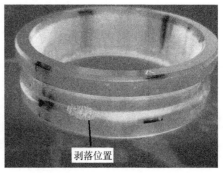

(b) 内圈剥落

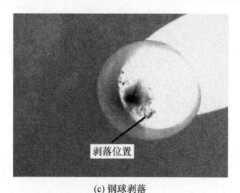

(c) 钢球剥落

图 10-8　轴承各部件剥落图

计算本征序列数据样本的概率密度函数 $f_1(x)$，如图 10-9 所示。

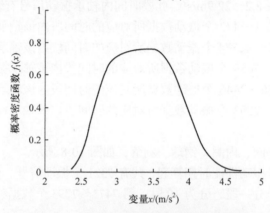

图 10-9　本征序列数据样本的概率密度函数

取显著性水平 α 为 0.05，可得置信水平 $P=95\%$ 条件下，本征序列的最大熵估计区间为 [2.48666, 4.51269]。

11 个样本数据落在本征时间序列置信区间外的个数 n 分别为 4、9、0、86、146、94、74、25、162、405、320。

根据泊松计数原理，可得样本数据落在 11 个置信区间外的变异概率 [$\lambda_1, \lambda_2, \lambda_3, \lambda_4, \lambda_5, \lambda_6, \lambda_7, \lambda_8, \lambda_9, \lambda_{10}, \lambda_{11}$]=[0.00571, 0.01286, 0, 0.12286, 0.20857, 0.13429, 0.10571, 0.03571, 0.23143, 0.57857, 1]，如图 10-10 所示。

如图 10-10 所示，各个时间序列相对于最佳振动性能时间序列(本征序列)的性能变异概率呈现非线性和不确定性。在第 3 时间序列所对应的时间段之前，轴承振动性能变异概率几乎为零；在第 3 时间序列至第 5 时间序列所对应的时间段，轴承振动性能变异概率有上升的趋势；在第 5 时间序列至第 8 时间序列所对应的时间段，轴承振动性能变异概率有下降的趋势；在第 8 时间序列至第 11 时间序列

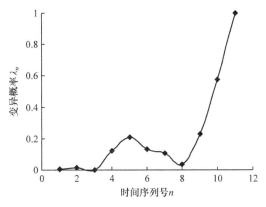

图 10-10　变异概率曲线

所对应的时间段，轴承振动性能变异概率有快速上升的趋势。

分别用 2 阶、3 阶、4 阶、5 阶、6 阶多项式对变异概率进行最小二乘法拟合，结果如表 10-2、表 10-3 和图 10-11 所示。

表 10-2　采用最小二乘法进行拟合

多项式阶数 q	多项式表达式 $G_q(\lambda_n)$	R^2
2	$G_2(\lambda_n) = 0.01548\lambda_n^2 - 0.1162\lambda_n + 0.2065$	0.7863
3	$G_3(\lambda_n) = 0.004815\lambda_n^3 - 0.07119\lambda_n^2 + 0.3181\lambda_n - 0.3193$	0.939
4	$G_4(\lambda_n) = 0.0008745\lambda_n^4 - 0.01617\lambda_n^3 + 0.09584\lambda_n^2 - 0.1751\lambda_n + 0.08999$	0.9725
5	$G_5(\lambda_n) = -0.0002248\lambda_n^5 + 0.007619\lambda_n^4 - 0.08999\lambda_n^3 + 0.4533\lambda_n^2 - 0.9059\lambda_n + 0.5576$	0.986
6	$G_6(\lambda_n) = -0.00008191\lambda_n^6 + 0.002724\lambda_n^5 - 0.03352\lambda_n^4 + 0.1897\lambda_n^3 - 0.4996\lambda_n^2 + 0.5821\lambda_n - 0.2323$	0.9955

表 10-3　多项式拟合结果

时间序列号	变异概率			
	3 阶多项式	4 阶多项式	5 阶多项式	6 阶多项式
1	−0.06758	−0.00457	0.022404	0.009022
2	0.07066	0.007782	−0.04621	−0.00329
3	0.124295	0.061495	0.052383	0.0266
4	0.12222	0.112022	0.147709	0.116053
5	0.093325	0.135802	0.171225	0.183356
6	0.0665	0.130262	0.129339	0.168211
7	0.070635	0.113815	0.076435	0.093218
8	0.13462	0.125862	0.087898	0.066397
9	0.287345	0.226794	0.233134	0.224724
10	0.5577	0.49799	0.5486	0.6187
11	0.974575	1.041815	1.010824	1.037942

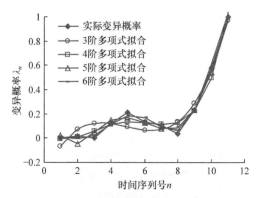

图 10-11　最小二乘法拟合变异概率曲线

相关系数 R^2 越接近 1，多项式拟合效果越好，R^2 值小于 0.8 的多项式拟合效果较差，因此将不采用 2 阶多项式拟合。

由图 10-11 可知，用 3 阶多项式进行最小二乘法拟合时，第 4、10、11 个时间序列的拟合变异概率与实际变异概率基本一致；用 4 阶多项式进行最小二乘法拟合时，第 2、4、6、7、9 个时间序列的拟合变异概率与实际变异概率基本一致；用 5 阶多项式进行最小二乘法拟合时，第 3、6、9、11 个时间序列的拟合变异概率与实际变异概率基本一致；用 6 阶多项式进行最小二乘法拟合时，第 1、3～5、7～9 个时间序列的拟合变异概率与实际变异概率基本一致。综上所述，采用以上四种多项式进行拟合时各有优势，应该充分融合有效信息，对滚动轴承的振动性能进行有效监测。

以第 1 时间序列的变异概率值为例，运用灰自助法，取自助再抽样次数 $B=20000$、置信水平 $P=95\%$，对以上四种多项式的拟合变异概率值进行抽样，得到灰自助样本 $Y_{\text{Bootstrap}}$ 如图 10-12 所示。

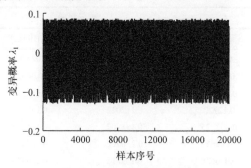

图 10-12　灰自助样本数据

基于最大熵法计算可得：各阶原点矩 $[m_{11}, m_{21}, m_{31}, m_{41}, m_{51}]=[0.381321, 1.75534, 0.785409, 5.54728, 2.53684]$，Lagrange 乘子 $[c_{01}, c_{11}, c_{21}, c_{31}, c_{41}, c_{51}]=$

[1.3756, 0.897261, 0.377079, −0.369342, −0.0993367, 0.0395391]，映射参数 $a_1=$ 23.3049、$b_1=0.526303$。

灰自助样本 $Y_{\text{Bootstrap}}$ 的概率密度函数如图 10-13 所示。

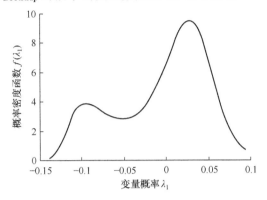

图 10-13　灰自助样本的概率密度函数

选取置信水平为 95%，得到第 1 时间序列变异概率数据样本的估计真值 $\lambda_{10}=0.00571$ 和估计区间 $[\lambda_{1L}, \lambda_{1U}] =[−0.12991, 0.07106]$。

应用灰自助-最大熵法对以上 11 个时间序列变异概率数据样本的各阶多项式拟合值进行抽样，选取置信水平为 95%，得到各个时间序列变异概率的加权平均值和上界值，结果如图 10-14 所示。

基于泊松计数过程计算变异概率落在最大熵估计区间上界值 λ_{nU} 之外的个数，得 $\psi=0$，即评估结果的可信度 $P_R=100\%$，满足 $P_R>P$。

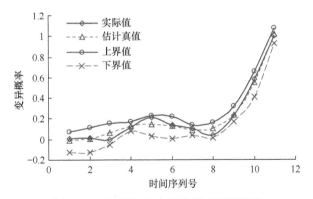

图 10-14　运用灰自助-最大熵法预测结果

对于 11 个时间序列，滚动轴承最佳振动性能状态变异概率的估计不确定度如表 10-4 所示。

表 10-4　估计不确定度 U_{λ_n} (实验转速 6000r/min)

时间序列号 n	不确定度 U_{λ_n}	时间序列号 n	不确定度 U_{λ_n}
1	0.20097	7	0.10158
2	0.23606	8	0.15373
3	0.20875	9	0.14776
4	0.08782	10	0.25376
5	0.19354	11	0.14908
6	0.21942		

计算得到轴承振动性能各个时间序列变异概率的动态平均不确定度 U_{mean} = 1.95247/11 = 0.177497。

根据变异概率的计算结果，获得滚动轴承振动性能保持可靠度的估计真值 R_0 和区间 $[R_L, R_U]$，即 $R_0 = \exp(-\lambda_{n0})$，$R_L = \exp(-\lambda_{nU})$，$R_U = \exp(-\lambda_{nL})$。由于变异概率的取值范围为 [0,1]，其中 0 代表轴承运行过程中最佳振动性能势态未发生一丝变异，是一个理想状态，性能保持可靠度为 100%；1 代表滚动轴承运行过程中最佳振动性能势态完全失效，运行状态十分不可靠。所以，若 λ_n 小于 0，则在性能保持可靠度求解过程中取 $\lambda_{nL} = 0$。滚动轴承运行过程中各时间段振动性能保持可靠性的动态评估结果如图 10-15 所示。

由图 10-15 可得，在第 3 个时间序列所对应的时间段之前，滚动轴承振动性能保持可靠性基本保持不变；在第 3 个时间序列至第 5 个时间序列所对应的时间段，性能保持可靠性有下降的趋势，第 5 个时间序列的性能保持相对可靠度最小，但也有 81.17442%；在第 5 个时间序列至第 8 个时间序列所对应的时间段，性能保持相对可靠性有上升的趋势；在第 8 个时间序列至第 11 个时间序列所对应的时间段，性能保持相对可靠性有快速下降的趋势。

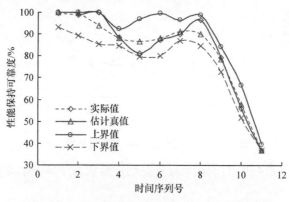

图 10-15　振动性能保持可靠性的动态评估结果

滚动轴承振动性能保持相对可靠度的估计真值曲线与实际值曲线基本重合，但估计真值曲线更光滑，而且性能保持相对可靠度的上、下界值曲线能全部紧密地包络实际值曲线，再次验证了该评估模型的可行性。

为直观看出振动性能保持相对可靠度估计真值与实际值的差异，计算出它们之间的相对误差，结果如图 10-16 所示。

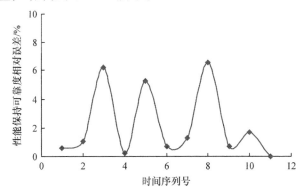

图 10-16　性能保持可靠度预测值与实际值之间的相对误差

从图 10-16 可以看出，只有第 3、5、8 个时间序列的性能保持可靠度的估计真值与实际值差异相对较大，再对比图 10-7 中振动数据，可知这些时间序列所对应的时间段内轴承振动性能有突变或者波动较大。因此，相对其他时间序列，难以精准预测其对应时间段内的性能保持可靠度。

2. 案例 2

实验机及所用轴承和案例 1 完全一样，改变实验条件：实验机转速为 4000r/min，径向载荷为 4.17kN，轴向载荷为 4.58kN，N32 油润滑。实验采集数据样本如图 10-17 所示。

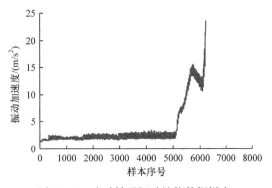

图 10-17　滚动轴承振动性能数据样本

如图 10-17 所示，滚动轴承振动时间序列具有明显的非线性、随机性与不确定性特征，因此需要根据该类复杂多变的振动信息，对滚动轴承的振动性能保持可靠性进行动态预测和评估。第 1～333 个振动数据数值在 1.3～1.9m/s²，此段时间内轴承处于初级磨合阶段，振动性能平稳；第 334～1627 个振动数据数值在 1.5～2.6m/s²，此段时间内轴承振动性能平稳；第 1628～2955 个振动数据数值在 1.6～2.9m/s²，此段时间内轴承振动信号有所加强；第 2956～5143 个振动数据数值在 1.7～3.6m/s²，此段时间内轴承振动信号有所加强；第 5144～6216 个振动数据数值在 3.3～23.6m/s²，此段时间内轴承振动信号有先增大后减小再增大的趋势。因此，可以认为第 334～1627 个振动数据所对应的时间段内该轴承振动性能处于最佳时期；第 1628～2955 个振动数据所对应的时间段内该轴承振动性能处于正常磨损时期；第 2956～5143 个振动数据所对应的时间段内该轴承振动性能处于退化时期；第 5144～6216 个振动数据所对应的时间段内该轴承振动性能处于恶化时期。

最终，轴承外圈、内圈、钢球均剥落，如图 10-18 所示。

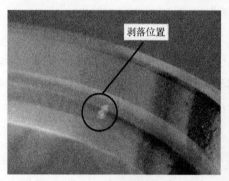

(a) 外圈剥落

(b) 内圈剥落

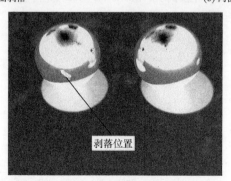

(c) 钢球剥落

图 10-18　轴承各部件剥落图

从该轴承最佳振动性能时期算起，共有 5883 个振动信号。其中第 334～5933 个数据每隔 800 个分为一段，分为 7 段；第 5934～6216 个数据独立为一段，即第 8 段。

对于第 1 个时间序列(本征序列)，基于最大熵法计算可得：各阶原点矩$[m_{11}, m_{21}, m_{31}, m_{41}, m_{51}]$ = [0.0767915, 0.93878, 0.104646, 2.27707, 0.384271]，Lagrange 乘子$[c_{01}, c_{11}, c_{21}, c_{31}, c_{41}, c_{51}]$ = [0.53288, 0.319363, −0.389074, −0.186477, −0.0271022, 0.0251556]，映射参数 a_1=4.4481、b_1=−9.1186。

计算所得概率密度函数 $f_1(x)$ 如图 10-19 所示。

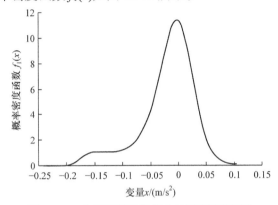

图 10-19　本征序列数据样本的概率密度函数

取显著性水平 α 为 0.05，可得置信水平 P=95%条件下，本征序列的最大熵估计区间为[1.54349, 2.58709]。

8 个样本数据落在本征时间序列置信区间外的个数 n 分别为 0、11、59、196、365、337、797、283。

根据泊松计数原理，可得样本数据落在 8 个置信区间外的频率$[\lambda_1, \lambda_2, \lambda_3, \lambda_4, \lambda_5, \lambda_6, \lambda_7, \lambda_8]$ = [0, 0.01375, 0.07375, 0.245, 0.45625, 0.42125, 0.99625, 1]，如图 10-20 所示。

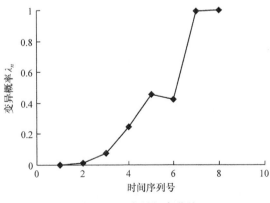

图 10-20　变异概率曲线

如图 10-20 所示,各个时间序列相对于最佳振动性能时间序列(本征序列)的性能变异概率呈现非线性和不确定性。在第 2 个时间序列所对应的时间段之前,轴承振动性能变异概率几乎为零;在第 2 个时间序列至第 5 个时间序列所对应的时间段,轴承振动性能变异概率有上升的趋势;在第 5 个时间序列至第 6 个时间序列所对应的时间段,轴承振动性能变异概率有下降的趋势;在第 6 个时间序列至第 7 个时间序列所对应的时间段,轴承振动性能变异概率有快速上升的趋势。

分别用 1 阶、2 阶、3 阶、4 阶、5 阶、6 阶多项式对变异概率进行最小二乘法拟合,结果如表 10-5、表 10-6 和图 10-21 所示。

表 10-5　采用最小二乘法进行拟合

多项式阶数 q	多项式表达式 $G_q(\lambda_n)$	R^2
1	$G_1(\lambda_n) = 0.1567\lambda_n - 0.3046$	0.8905
2	$G_2(\lambda_n) = 0.01797\lambda_n^2 - 0.004978\lambda_n - 0.03502$	0.9373
3	$G_3(\lambda_n) = -0.002472\lambda_n^3 + 0.05134\lambda_n^2 - 0.1323\lambda_n + 0.08732$	0.9404
4	$G_4(\lambda_n) = -0.001235\lambda_n^4 + 0.01975\lambda_n^3 - 0.08288\lambda_n^2 + 0.1757\lambda_n - 0.1222$	0.9428
5	$G_5(\lambda_n) = -0.00209\lambda_n^5 + 0.04579\lambda_n^4 - 0.3704\lambda_n^3 + 1.375\lambda_n^2 - 2.197\lambda_n + 1.159$	0.9596
6	$G_6(\lambda_n) = -0.002154\lambda_n^6 + 0.05606\lambda_n^5 - 0.56896\lambda_n^4 + 2.8454\lambda_n^3 - 7.2531\lambda_n^2 + 8.8018\lambda_n - 3.8808$	0.9910

表 10-6　多项式拟合结果

时间序列号	变异概率					
	1 阶多项式	2 阶多项式	3 阶多项式	4 阶多项式	5 阶多项式	6 阶多项式
1	−0.1479	−0.02203	0.003888	−0.01087	0.0103	−0.00175
2	0.0088	0.026904	0.008304	0.03592	−0.03244	0.026304
3	0.1655	0.111776	0.085736	0.092195	0.14332	0.039054
4	0.3222	0.232588	0.221352	0.20236	0.24748	0.311296
5	0.4789	0.38934	0.40032	0.381175	0.3365	0.40695
6	0.6356	0.582032	0.607808	0.61376	0.5626	0.478176
7	0.7923	0.810664	0.828984	0.855595	0.92296	1.013614
8	0.949	1.075236	1.049016	1.03252	1.00892	1.035744

相关系数 R^2 越接近 1,多项式拟合效果越好。采用最小二乘法进行拟合的 R^2 值均大于 0.8,因此将采用 1 阶、2 阶、3 阶、4 阶、5 阶、6 阶多项式进行拟合。

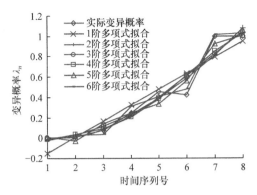

图 10-21　最小二乘法拟合变异概率曲线

由图 10-21 可知，用 1 阶多项式进行最小二乘法拟合时，第 2、5 个时间序列的拟合变异概率与实际变异概率基本一致；用 2 阶多项式进行最小二乘法拟合时，第 4 个时间序列的拟合变异概率与实际变异概率基本一致；用 3 阶多项式进行最小二乘法拟合时，第 1~3 个时间序列的拟合变异概率与实际变异概率基本一致；用 4 阶多项式进行最小二乘法拟合时，第 3 个时间序列的拟合变异概率与实际值基本一致；用 5 阶多项式进行最小二乘法拟合时，第 4、7、8 个时间序列的拟合变异概率与实际值基本一致；用 6 阶多项式进行最小二乘法拟合时，第 1、5~8 个时间序列的拟合变异概率与实际值基本一致。综上所述，采用以上 6 种多项式进行拟合时各有优势，应该充分融合有效信息，对滚动轴承的振动性能进行有效监测。

以第 1 个时间序列的变异概率为例，运用灰自助法，取自助再抽样次数 $B=20000$、置信水平 $P=95\%$，对以上 6 种多项式的拟合变异概率进行抽样，得到灰自助样本 $Y_{\text{Bootstrap}}$ 如图 10-22 所示。

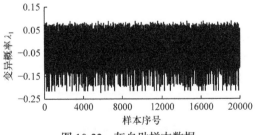

图 10-22　灰自助样本数据

基于最大熵法计算可得：各阶原点矩 $[m_{11}, m_{21}, m_{31}, m_{41}, m_{51}]=[0.751279, 1.1631, 1.2737, 2.39295, 3.18245]$，Lagrange 乘子 $[c_{01}, c_{11}, c_{21}, c_{31}, c_{41}, c_{51}]=[0.9174, 1.88862, 0.620162, -0.848499, -0.284418, 0.133459]$，映射参数 $a_1=15.7153$、$b_1=1.06161$。

灰自助样本 $Y_{\text{Bootstrap}}$ 的概率密度函数如图 10-23 所示。

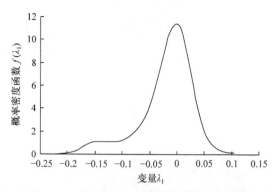

图 10-23　灰自助样本的最大熵概率密度函数

选取置信水平为 95%，得到第 1 个时间序列变异概率数据样本的估计真值 $\lambda_{10}=-0.01975$ 和估计区间$[\lambda_{1L}, \lambda_{1U}]=[-0.15343, 0.05365]$。

应用灰自助-最大熵法对以上 8 个时间序列变异概率数据样本的各阶多项式拟合值进行抽样，选取置信水平为 95%，得到各个时间序列的变异概率的加权平均值和上界值如图 10-24 所示。

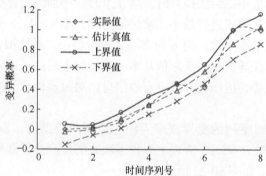

图 10-24　运用灰自助-最大熵法预测结果

基于泊松计数过程，计算各个时间序列变异概率落在上界曲线 λ_{nU} 之外的个数，$\psi=0$，即评估结果的可信度 $P_R=100\%$，满足 $P_R>P$。

对于各个时间序列，滚动轴承最佳振动性能状态变异概率的估计不确定度如表 10-7 所示。

表 10-7　估计不确定度 U_{λ_n} (实验转速 4000r/min)

时间序列号 n	不确定度 U_{λ_n}	时间序列号 n	不确定度 U_{λ_n}
1	0.20708	5	0.17511
2	0.10583	6	0.19498
3	0.16053	7	0.289
4	0.1734	8	0.3041

计算得到滚动轴承振动性能各个时间序列变异概率的动态平均不确定度 U_{mean}=1.61003/8=0.201254。

根据变异概率的计算结果，获得滚动轴承振动性能保持可靠度的估计真值 R_0 和区间 $[R_L, R_U]$，即 R_0=exp($-\lambda_0$)，R_L=exp($-\lambda_U$)，R_U=exp($-\lambda_L$)。由于变异概率 λ 的取值范围为[0,1]，其中 0 代表轴承运行过程中最佳振动性能势态未发生一丝变异，是一个理想状态，性能保持可靠度为 100%；1 代表滚动轴承运行过程中最佳振动性能势态完全失效，运行状态十分不可靠。所以，若 λ_n 小于 0，则在性能保持可靠度求解过程中取 λ_{nL}=0。滚动轴承运行过程中各时间段振动性能保持可靠性的动态评估结果如图 10-25 所示。

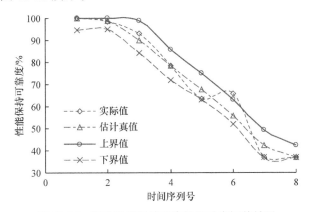

图 10-25　振动性能保持可靠性的动态评估结果

由图 10-25 可得，在第 2 个时间序列所对应的时间段之前，滚动轴承振动性能保持可靠性基本保持不变；在第 2 个时间序列至第 5 个时间序列所对应的时间段，性能保持可靠性有下降的趋势，第 5 个时间序列的性能保持可靠度最小，为 63.3654%；在第 5 个时间序列至第 6 个时间序列所对应的时间段，性能保持可靠性有缓慢上升的趋势；在第 6 个时间序列至第 7 个时间序列所对应的时间段，性能保持相对可靠性有快速下降的趋势。

滚动轴承振动性能保持相对可靠度的估计真值曲线与实际值曲线基本重合，但估计真值曲线更光滑，而且性能保持可靠度的上、下界值曲线基本上能全部紧密地包络实际值曲线，再次验证了该评估模型的可行性。

为直观看出振动性能保持相对可靠度估计真值与实际值的差异，计算出它们之间的相对误差，结果如图 10-26 所示。

从图 10-26 可以看出，只有第 5~7 个时间序列的性能保持相对可靠度的估计真值与实际值差异相对较大，再对比图 10-17 中振动数据，可知这些时间序列所对应的时间段内轴承振动性能有突变或者波动较大。因此相对其他时间序列难以精准预测其对应时间段内的性能保持可靠度。

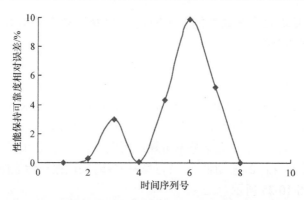

图 10-26　性能保持可靠度预测值与实际值之间的相对误差

　　综上所述，基于最大熵原理和泊松计数原理，计算各个时间序列相对本征时间序列的变异概率，可以真实地描述轴承最佳振动性能的实际退化状况。然后采用多项式进行最小二乘法拟合，获得各时间序列所对应的时间段内轴承最佳振动性能的变异概率，将其看成一个小数据样本，运用灰自助-最大熵原理获得各个时间段内变异概率的真值估计与区间估计。最后结合泊松过程实现滚动轴承振动性能保持可靠性的动态评估。而且所提模型不需要事先设定振动性能的阈值，也不需考虑数据分布的任何信息，只针对现有数据做出最真实客观的判断，突破数据分析领域长期沿用的经典统计理论，是对现有可靠性模型的一种有益补充。该模型实现了滚动轴承最佳振动性能势态退化过程中的在线监测，可在其最佳振动性能势态失效之前，采取相应的预防及补救措施。

10.6　本 章 小 结

　　本章根据最大熵原理和泊松计数原理获得的变异概率，能准确描述出滚动轴承在服役期间最佳振动性能势态的退化信息及演变历程。采用多项式进行最小二乘法拟合，并将拟合结果融入灰自助-最大熵原理，将各个时间序列所对应的时间段内滚动轴承最佳振动性能势态的变异概率快速拟合，有效地对各时间段的变异概率进行真值及区间估计。性能保持可靠性模型结合静态泊松过程，以变异概率为时间变量，有效地实现了滚动轴承振动性能保持可靠性的动态评估，从而为实现滚动轴承自我健康检测以及在线故障诊断提供技术与理论根据。建立了性能保持可靠性预测模型，通过比较实验数据和仿真数据的计算结果，可以看出它们十分相近，这不仅说明了可靠性理论的准确性，也间接证明了仿真分析数据的可信性。

第11章 超精密滚动轴承服役精度保持可靠性动态预测

11.1 概　　述

超精密滚动轴承是指速度能力区间宽、高回转精度维持性好、发热低、系统刚性高、振动与噪声低的精密滚动轴承，它是装备制造业的核心零部件，其可靠性研究随着装备制造业快速发展的需求而备受关注。超精密滚动轴承保持最佳服役精度运行势态，是主机实现最佳精度运行的基础。受众多因素的影响，超精密滚动轴承在服役过程中的运转精度发生非平稳退化，退化过程具有非线性动力学特征，精度衰退轨迹、精度可靠性函数等信息随运动过程动态变化，服役过程中的精度可靠性预测问题涉及内部因素与外部环境的交互影响。现有研究中，滚动轴承可靠性理论主要涉及疲劳失效与静态可靠性问题，并假设寿命数据服从韦布尔分布或对数正态分布。然而，实际应用中，精密滚动轴承的寿命评价指标为精度而非疲劳寿命，这也就意味着轴承远未达到疲劳寿命时，精度就已经失效。现有的寿命评价体系完全不适用于超精密滚动轴承的寿命评价，更没有一套专有理论对超精密滚动轴承未来每一时间点的精度保持问题进行动态实时预测。

在产品组件可靠性预测方面，国内外学者已取得了一定的成果，但几乎没有精度可靠性方面的研究，精度可靠性问题是一个亟待解决的问题，是制约超精密部件、高精尖技术发展的瓶颈。为有效解决产品组件的精度可靠性问题，本章提出超精密滚动轴承服役精度保持可靠性以及相对可靠性的新概念。

超精密滚动轴承服役精度保持可靠性是指在实验或实际应用期间，超精密滚动轴承运行精度可以保持最佳服役精度状态的可能性，或者是不超过精度阈值的可能性，精度保持可靠性可以用一个函数表示，函数的具体取值称为精度保持可靠度。服役精度保持相对可靠性是指未来时间段的精度保持可靠度相对于最佳时期精度保持可靠度的误差，用于表征超精密滚动轴承未来时间段保持最佳服役精度状态的失效程度。超精密滚动轴承最受关注的是其精度指标，为了有效评价超精密滚动轴承服役精度，应对超精密滚动轴承本身或者在精密机床设备上开展振动测试，对分析测试的数据进行预处理、特征提取等后续研究。若振动数据小，则说明超精密滚动轴承运转平稳，保持较为良好的回转精度；若振动数据大，则说明超精密滚动轴承运转平稳性低，主轴径向或轴向窜动量较大，服役精度会随之降低。所以，通过分析超精密滚动轴承振动信号，可挖掘和预测未来时间的精度参数值，进而建立振动数据驱动的精度保持可靠性的动态预测模型。

利用混沌预测模型能准确实现时间序列的动态预测，提取有关系统未来演化的信息，挖掘内部存在的固有确定性规律；灰自助法能够将乏信息小样本数据转化为传统统计理论的大量数据；最大熵法可以实现样本数据的概率密度求取，数据量越大，所求样本矩越准确，概率密度函数越真实；泊松过程能有效记录失效事件发生概率，难点是其变异概率的求取。上述单个理论的用途比较狭窄，且局限条件又多，更不能实现可靠性方面的动态预测。本章的创新点就是将以上多个理论巧妙融合，做到互补互融、环环相扣：四个混沌预测模型的预测值仅有四个数据，为乏信息小样本数据，借助灰自助法将小样本数据转换为统计理论的大样本数据，用最大熵理论计算出真实的概率密度函数，在设定的精度阈值条件下找到大样本数据的变异概率，最后根据泊松过程记录系统未失效前的概率，进而实现可靠性预测。

基于此，本章以实验记录仪上的超精密滚动轴承振动时间序列表征其服役精度信息，基于混沌理论构建多个时间序列动态预测模型，研究超精密滚动轴承未来状态下多个趋势变化的侧面；借助灰自助法模拟出多个侧面信息的大量生成数据，再用最大熵法构建出模拟数据的概率密度函数，进而实现未来运行状态的真值预测，并在给定的显著性水平下进行区间估计；同时，依据计数原理处理大量生成数据，获取变异概率的估计真值，进而根据泊松过程提出超精密滚动轴承服役精度保持可靠性的概念，建立其精度保持可靠性模型，实时预测出轴承精度保持可靠性的动态演变过程；最后根据服役精度保持相对可靠的新理念用于表征未来时间超精密滚动轴承运行保持最佳服役精度状态的失效程度。研究成果能为产品性能/精度可靠性保持问题的新领域提供新理念，突破传统可靠性理论局限，深化发展可靠性基础科学理论。所提方法在动态预测超精密滚动轴承未来每一时间点的精度保持可靠性的同时，还能够有效预测出未来服役状态信息的真值与估计区间，且能够实时检测出未来运转精度相对最佳服役精度的失效程度。

11.2　数学模型

11.2.1　混沌预测方法

设具有某精度性能属性的原始时间序列向量 $\boldsymbol{X}$ 为

$$\boldsymbol{X} = (x_1, x_2, \cdots, x_n, \cdots, x_N) \tag{11-1}$$

式中，x_n表示原始时间序列向量 X 的第 n 个数据；N 为原始数据个数。

根据相空间重构原理，可获得该时间序列的相轨迹为

$$X(t) = (x(t), x(t+\tau), \cdots, x(t+(k+1)\tau), \cdots, x(t+(m-1)\tau)), \quad t = 1, 2, \cdots, M; k = 1, 2, \cdots, m$$

$$\text{(11-2)}$$

且有

$$M = N - (m-1)\tau \tag{11-3}$$

式中，$x(t)$ 为第 t 个相轨迹；$x(t+(m-1)\tau)$ 为延迟值；m 为嵌入维数，可用 Cao 法求得；τ 为延迟时间，可由互信息方法求得；M 为相轨迹个数。相空间重构是预测超精密滚动轴承未来精度性能演变的基础。

假设 $X(M)$ 是中心轨迹(即预测开始的轨迹或者相空间轨迹中末尾的一个轨迹)，与中心轨迹相似的参考轨迹有 L 个，$X(M_l)$ 是第 l 个参考轨迹，则混沌动态预测方法如下。

1. 加权零阶局域预测法

根据相空间重构原理，可获得精度性能属性时间序列向量的相轨迹为

$$X(t) = (x(t), x(t+\tau), \cdots, x(t+(m-1)\tau)), \quad t = 1, 2, \cdots, M \tag{11-4}$$

式中，M 为重构相空间点的个数，$M = N-(m-1)\tau$；N 为原始数据个数。

根据加权零阶局域预测法，相轨迹的演变规则为

$$X(M+1) = \frac{\sum_{l=1}^{L} X(M_l) e^{-k(d_l - d_{\min})}}{\sum_{l=1}^{L} e^{-k(d_l - d_{\min})}}, \quad L = m+1 \tag{11-5}$$

且

$$d_l = \sqrt{[x(M) - x(M_l)]^2 + [x(M+\tau) - x(M_l+\tau)]^2 + \cdots + \{x[M+(m-1)\tau] - x[M_l+(m-1)\tau]\}^2}$$

$$\text{(11-6)}$$

式中，$X(M+1)$ 是预测结果；d_l 是 $X(M)$ 与 $X(M_l)$ 之间的欧氏距离；$d_{\min}$ 是 d_l 的最小值；k 是预测参数，通常取 $k=1$；L 是参考轨迹的个数。

具体算法为：

(1) 将时间序列进行零均值预处理，得到时间序列向量 $X(t)$，$t=1,2,\cdots,N$；

(2) 重构相空间；

(3) 寻找 L 个与中心轨迹 $X(M)$ 最为邻近的点 $X_n(M)=(X(M_1), X(M_2),\cdots, X(M_L))$，可由欧氏距离即式(11-6)求得；

(4) 得到 $X(M+1)$ 的预测结果。

2. 一阶局域预测法

将中心轨迹 $X(M)$ 周围的邻近点 $X_n(M)$ 采用 $X^T(M+1)=aW+bX^T(M)$ 进行线性拟合，可表示为

$$\begin{bmatrix} X(M_1+1) \\ X(M_2+1) \\ \vdots \\ X(M_L+1) \end{bmatrix} = aW + b \begin{bmatrix} X(M_1) \\ X(M_2) \\ \vdots \\ X(M_L) \end{bmatrix} \tag{11-7}$$

式中，W 为单位列向量；点 $X(M_1), X(M_2), \cdots, X(M_L)$ 为中心轨迹 $X(M)$ 的邻近点(由欧氏距离求得)。

应用最小二乘法求出 a、b，将其代入 $X^T(M+1)=aW+bX^T(M)$ 便可求得 $X(M+1)$，进而分离预测值。

3. 加权一阶局域预测法

相对于一阶局域预测法，加权一阶局域预测法考虑了各个邻近点对中心点的影响比重，即增加了权值项，权值为

$$P_l = \frac{\mathrm{e}^{-k(d_l - d_{\min})}}{\sum\limits_{l=1}^{L} \mathrm{e}^{-k(d_l - d_{\min})}} \tag{11-8}$$

式中，k 为预测参数，通常取 $k=1$。可得一阶局域线性拟合方程为

$$X^T(M_l+1) = aW + bX^T(M_l) \tag{11-9}$$

其中，$W=[1,1,\cdots,1]^T$

应用最小加权二乘法求解 a、b：

$$\sum_{l=1}^{L} P_l \left[x(M_l+1) - a - bx(M_l) \right]^2 = \min \tag{11-10}$$

对式(11-10)求导后，有

$$\begin{cases} \sum\limits_{l=1}^{L} P_l \left[x(M_l+1) - a - bx(M_l) \right] = 0 \\ \sum\limits_{l=1}^{L} P_l \left[x(M_l+1) - a - bx(M_l) \right] x(M_l) = 0 \end{cases} \tag{11-11}$$

即

$$\begin{cases} a\sum_{l=1}^{L} P_l x(M_l) + b\sum_{l=1}^{L} P_l x^2(M_l) = \sum_{l=1}^{L} P_l x(M_l)x(M_l+1) \\ a + b\sum_{l=1}^{L} P_l x(M_l) = \sum_{l=1}^{L} P_l x(M_l+1) \end{cases} \tag{11-12}$$

解方程组可得 a 和 b，之后即可实现混沌动态预测。

4. 改进的加权一阶局域预测法

该方法是对加权一阶局域预测法的改进，两者之间的差异是所定义的中心轨迹 $X(M)$ 与邻近点/参考轨迹 $X(M_l)$ 之间的相关性不同：加权一阶局域预测法采用欧氏距离来定义邻域点间的相关性，而改进方法的邻域点间的相关性是采用夹角余弦来度量的。

夹角余弦 $\cos l$ 表示为

$$\cos l = \frac{\sum_{l=1}^{L}(X(M),X(M_l))}{\sqrt{\sum_{l=1}^{L} X^2(M)}\sqrt{\sum_{l=1}^{L} X^2(M_l)}} \tag{11-13}$$

式中，$\cos l$ 为相点 $X(M)$ 与 $X(M_l)$ 的夹角余弦；$X(M)$ 为中心点；$X(M_l)$ 为参考轨迹。

改进的加权一阶局域预测法的具体算法同上述加权一阶局域预测法，即只需将欧氏距离 d_l 改为夹角余弦 $\cos l$。

11.2.2　灰自助法

根据以上四种混沌预测方法即加权零阶局域预测法、一阶局域预测法、加权一阶局域预测法、改进的加权一阶局域预测法，可预测出超精密滚动轴承未来状态下每一时刻的 4 个服役精度信息，用向量 Y 表示为

$$Y = (y(1), y(2), \cdots, y(u), \cdots, y(4)) \tag{11-14}$$

式中，Y 为超精密滚动轴承每一时间点预测的精度性能数据；$y(u)$ 为 Y 中的第 u 个数据，$u=1,2,3,4$。

为满足灰预测模型 GM(1,1)关于 $y(u) \geqslant 0$ 的苛刻要求，在式(11-14)中，若有 $y(u)<0$，则人为选取一个常数 c，使得 $y(u)+c \geqslant 0$ 即可。所以，在实际分析时，Y 要表示为

$$Y = (y(u)+c), \quad u=1,2,3,4 \tag{11-15}$$

运用自助法，从 Y 中等概率可放回地随机抽取 1 个数，共抽取 q 次，可得到 1 个自助样本 V_1，它有 q 个数据。按此方法重复执行 B 次，得到 B 个样本，可表

示为

$$V_{\text{Bootstrap}} = (V_1, V_2, \cdots, V_b, \cdots, V_B) \tag{11-16}$$

式中，B 为总的自助再抽样次数，也是自助样本的个数；V_b 为第 b 个自助样本，

$$V_b = (v_b(1), v_b(2), \cdots, v_b(g), \cdots, v_b(q)) \tag{11-17}$$

式中，$g=1,2,\cdots,q; b=1,2,\cdots,B$。

根据灰预测模型 GM(1,1)，设 V_b 的一次累加生成向量表示为

$$Y_b = (y_b(1), y_b(2), \cdots, y_b(g), \cdots, y_b(q))$$
$$y_b(g) = \sum_{j=1}^{g} v_b(j), \quad g = 1, 2, \cdots, q \tag{11-18}$$

灰预测模型可以描述为如下灰微分方程：

$$\frac{\mathrm{d}y_b(u)}{\mathrm{d}u} + c_1 y_b(u) = c_2 \tag{11-19}$$

式中，u 为时间变量；c_1 和 c_2 为待定系数。

用增量代替微分，式(11-19)可表示为

$$\frac{\mathrm{d}y_b(u)}{\mathrm{d}u} = \frac{\Delta y_b(u)}{\Delta u} = y_b(u+1) - y_b(u) = v_b(u+1) \tag{11-20}$$

式中，Δu 取单位时间间隔为 1。再设均值生成序列向量为

$$Z_b = (z_b(2), z_b(3), \cdots, z_b(u), \cdots, z_b(4))$$
$$z_b(u) = 0.5 y_b(u) + 0.5 y_b(u-1), \quad u = 2, 3, 4 \tag{11-21}$$

在初始条件 $y_b(1)=v_b(1)$ 下，灰微分方程的最小二乘解为

$$\hat{y}_b(q+1) = (v_b(1) - c_2/c_1)\mathrm{e}^{-c_1 q} + c_2/c_1 \tag{11-22}$$

式中，待定系数 c_1 和 c_2 表示为

$$(c_1, c_2)^{\mathrm{T}} = (D^{\mathrm{T}} D)^{-1} D^{\mathrm{T}} (V_b)^{\mathrm{T}} \tag{11-23}$$

且有

$$D = (-Z_b, I)^{\mathrm{T}} \tag{11-24}$$

$$I = (1, 1, \cdots, 1) \tag{11-25}$$

然后由累减生成，可得到第 b 个生成数据

$$\hat{v}(q+1) = \hat{y}_b(q+1) - \hat{y}_b(q) - c \tag{11-26}$$

因此，B 个服役精度的生成数据可表示为如下向量：

$$Y_B = (w_1, w_2, \cdots, w_b, \cdots, w_B) = (\hat{v}_1(q+1), \hat{v}_2(q+1), \cdots, \hat{v}_b(q+1), \cdots, \hat{v}_B(q+1)) \tag{11-27}$$

式中，w_b 为第 b 个生成数据。

11.2.3　最大熵原理

1. 概率密度函数求取

将式(11-27)服役精度生成数据 Y_B 连续化，定义最大熵的表达式为

$$H(w) = -\int_{-\infty}^{+\infty} f(w)\ln f(w)\mathrm{d}w \tag{11-28}$$

式中，$f(w)$ 为连续化后的数据序列向量 Y_B 的概率密度函数。

最大熵法能够对未知的概率分布做出主观偏见为最小的最佳估计。最大熵的主要思想：在所有可行解中，满足熵最大的解是最"无偏"的。令

$$H(w) = -\int_S f(w)\ln f(w)\mathrm{d}w \to \max \tag{11-29}$$

式中，S 为积分区间，即随机变量 w 的可行域。

约束条件为

$$\int_S w^j f(w)\mathrm{d}w = m_j, \quad j = 0,1,2,\cdots,\beta; m_0 = 1 \tag{11-30}$$

式中，m_j 为第 j 阶原点矩；β 为最高阶原点矩的阶数。

通过调整 $f(w)$ 可以使熵达到最大值，Lagrange 乘子法的解为

$$f(w) = \exp\left(c_0 + \sum_{j=1}^{\beta} c_j w^j\right) \tag{11-31}$$

式中，$c_0, c_1, \cdots, c_\beta$ 为 Lagrange 乘子；w 为服役精度的随机变量，且有

$$m_j = \frac{\int_S w^j \exp\left(\sum_{j=1}^{\beta} c_j w^j\right)\mathrm{d}w}{\int_S \exp\left(\sum_{j=1}^{\beta} c_j w^j\right)\mathrm{d}w} \tag{11-32}$$

$$\lambda_0 = -\ln\left[\int_S \exp\left(\sum_{j=1}^{\beta} c_j w^j\right)\mathrm{d}w\right] \tag{11-33}$$

式(11-31)就是用最大熵法构建的生成序列向量 Y_B 的概率密度函数，根据该概率密度函数 $f(w)$ 可实现该组生成序列真值与上下区间的预测。

2. 参数估计

对于随机变量 w 的概率密度函数 $f(w)$，可得向量 Y_B 的估计真值 X_0 为

$$X_0 = \int_{-\infty}^{+\infty} w f(w) \mathrm{d}w \tag{11-34}$$

有实数 $\alpha \in (0,1)$ 存在，若 w_α 使概率

$$P(X < X_\alpha) = \int_{-\infty}^{w_\alpha} f(w) \mathrm{d}w = \alpha \tag{11-35}$$

则称 w_α 为概率密度函数 $f(w)$ 的 α 分位数。其中，α 称为显著性水平。

对于双侧分位数，有如下等式成立：

$$P(X < X_U) = \frac{\alpha}{2} \tag{11-36}$$

$$P(X \geqslant X_L) = \frac{\alpha}{2} \tag{11-37}$$

式中，X_U 和 X_L 分别为生成序列向量 $\boldsymbol{Y}_B$ 的上界值和下界值，$[X_L, X_U]$ 为 α 水平下的置信区间。

结合灰自助法与最大熵法，可将超精密滚动轴承未来状态下的每一时刻的 4 个精度信息有效融合，进而预测出其未来每一时刻的精度属性真值 X_0 与上下区间 $[X_L, X_U]$。

11.2.4 泊松过程

1. 计数过程

假设在超精密滚动轴承服役精度生成序列向量 $\boldsymbol{Y}_B$ 中，即式(11-27)中有 μ 个数据超过精度阈值 h，即落在最佳服役精度的区间$[0, h]$之外，则 $\boldsymbol{Y}_B$ 的变异概率估计值 λ 表示为

$$\lambda = \frac{\mu}{B} \tag{11-38}$$

变异概率是指超精密滚动轴承精度波动幅值超过最佳服役精度区间的频率，属于影响轴承运转精度变异过程的重要特征参数，且随着不同的精度阈值变化而变化。

2. 服役精度保持可靠性动态预测

任何计数过程均可用泊松过程描述：

$$Q = \exp(-\lambda i) \frac{(\lambda i)^e}{e!} \tag{11-39}$$

式中，i 为单位时间，$i=1,2,\cdots$；λ 为变异概率；e 为失效事件发生的次数，$e=0,1,2,\cdots$，即工作服役精度变异严重可能已造成轴承失效；Q 为失效事件发生 e 次的概率。

由泊松过程可以获得事件发生的可靠度 R。

在超精密滚动轴承服役精度保持可靠度求取时，令 $e=0$ 为产品未发生失效前的概率；$i=1$ 时为当前时间的精度保持可靠度，即当前生成序列向量 Y_B 的服役精度保持在最优服役精度区间 $[0, h]$ 内的可能性。则根据式(11-39)，可靠度可表示为

$$R(\lambda) = \exp(-\lambda) \tag{11-40}$$

式中，$R(\lambda)$ 表示超精密滚动轴承运行期间可以保持最佳服役精度状态的可能性。

那么，服役精度生成序列向量 Y_B 的可靠度只是关于变异概率 λ 的函数，λ 可由式(11-38)求得。在具体实施时，若精度保持可靠度不小于 90%，则认为轴承服役精度的可靠性极好，保持最佳服役精度状态的可能性大；若可靠度低于 90% 且不小于 80%，则认为轴承服役精度的可靠性一般，保持最佳服役精度状态的可能性在逐渐降低；若可靠度低于 80% 且不小于 50%，则认为轴承服役精度的可靠性较差，保持最佳服役精度状态的可能性较低；若可靠度低于 50%，则认为轴承服役精度已失效。

3. 服役精度保持相对可靠度

在超精密滚动轴承服役精度处于最佳时期(一般为初始运转时间段)获得最优服役精度的变异概率 θ_1，其他时间段的服役精度的变异概率为 λ_η，$\eta=2,3,4,\cdots$；根据测量理论的相对误差概念，获取超精密滚动轴承服役精度保持相对可靠度 $d(\eta)$，用于表征超精密滚动轴承不同时间段的运转精度保持最佳服役精度状态的失效程度：

$$d(\eta) = \frac{R(\lambda_\eta) - R(\lambda_1)}{R(\lambda_1)} \times 100\% \tag{11-41}$$

式中，$R(\lambda_1)$ 为超精密滚动轴承运转最佳时间段且保持最佳服役精度的可靠度；$R(\lambda_\eta)$ 为其他运转时间段保持最佳服役精度的可靠度；$d(\eta)$ 为超精密滚动轴承各个运行时间段保持最佳服役状态的失效程度。

4. 最佳服役精度状态失效程度评估

超精密滚动轴承服役精度分级的基本原理如下：

(1) 根据显著性假设检验原理，若超精密滚动轴承服役精度保持相对可靠度不小于 0%，则表示所评估时间区间段的精度保持可靠度不低于最佳时期的精度保持可靠度，不能拒绝超精密滚动轴承服役精度已经达到最佳状态；否则，可以拒绝轴承服役精度已经达到最佳状态。

(2) 当超精密滚动轴承服役精度保持相对可靠度小于 0、相对误差 $d(\eta)$ 的绝对值在 $(0, 10\%]$ 区间时，表明评估值相对于最佳值的误差很小；当相对误差绝对值在

(10%, 20%]时，表明评估值相对于最佳值的误差逐渐变大；当相对误差绝对值大于 20%时，表明评估值相对于最佳值的误差变大。

基于此，将超精密滚动轴承服役精度分为 S_1、S_2、S_3、S_4 共 4 个级别：

S_1：超精密滚动轴承服役精度保持相对可靠度 $d(\eta) \geqslant 0$，即在未来时间段轴承的服役精度达到最佳，最佳精度状态几乎没有失效的可能性。

S_2：超精密滚动轴承服役精度保持相对可靠度 $d(\eta) \in [-10\%, 0\%)$，即在未来时间段轴承的服役精度正常，最佳精度状态失效的可能性小。

S_3：超精密滚动轴承服役精度保持相对可靠度 $d(\eta) \in [-20\%, -10\%)$，即在未来时间段轴承的服役精度逐渐变差，最佳精度状态失效的可能性逐渐增大。

S_4：超精密滚动轴承服役精度保持相对可靠度 $d(\eta) < -20\%$，即在未来时间段轴承的服役精度变差，最佳精度状态失效的可能性较大。

根据超精密滚动轴承服役精度的 4 个等级，可以预测其最佳服役精度状态失效程度的时间历程。超精密滚动轴承服役精度保持相对可靠实际上是相对于最佳服役精度状态在未来时间段轴承精度保持可靠性的衰减程度。负值表示衰减，即该时间段轴承服役精度保持相对可靠度低于最佳时间段的轴承服役精度保持可靠度；正值表示不衰减。滚动轴承精度保持相对可靠度 $d(\eta)$ 越小，轴承服役精度越差，最佳服役精度状态失效的可能性越大。

对应于超精密滚动轴承服役精度保持相对可靠度 $d(\eta) = -20\%$ 的时间段，是轴承服役精度变差的临界时间，在该临界时间之前采取措施，可以避免发生因超精密滚动轴承最佳精度状态失效引起的严重安全事故。

11.2.5　建模基本思路

理论建模用到混沌预测方法、灰自助法、最大熵法、泊松过程等多种数学模型，每种模型并非单一存在，而是互补互融、环环相扣，突破了每种模型只能解决一类问题的局限，思路如下：

(1) 基于精度性能属性的时间序列向量 X，用 Cao 法求得嵌入维数 m，由互信息法求得延迟时间 τ，实现混沌理论的相空间重构。

(2) 相空间重构得到 X 的相轨迹，凭借加权零阶局域预测法、一阶局域预测法、加权一阶局域预测法、改进的加权一阶局域预测法实现 X 的 4 种混沌动态预测，得到轴承未来每一步有 4 个预测值，组成样本数据为 4 的小样本 Y。

(3) 借助灰自助法将小样本 Y 生成统计学的大样本 Y_B，以方便求出其准确的概率密度函数。

(4) 将大量的生成数据 Y_B 连续化，求出各阶样本矩，根据最大熵原理得到真实的概率密度函数，进而求出每一步的预测真值 X_0 与 α 水平下的区间 $[X_L, X_U]$，实现超精密滚动轴承服役精度的准确预测。

(5) 在给定的精度阈值 h 条件下，找到大样本 Y_B 超出最佳服役精度区间 $[0, h]$ 的个数 μ，进而得到每一步预测结果的变异概率 λ，根据泊松公式得到超精密滚动轴承未来每一步的服役精度保持可靠度。

(6) 根据所提的服役精度保持相对可靠度的新概念，获取超精密滚动轴承服役精度保持相对可靠度 $d(\eta)$，表征轴承未来运转精度保持最佳服役精度状态的失效程度。

11.3　实　验　研　究

这是一个超精密滚动轴承精度寿命强化实验。实验机型号为 ABLT-1A，其主要由实验头、实验头座、传动系统、加载系统、润滑系统、计算机控制系统组成。实验材料为 SKF 提供的 P4 级超精密滚动轴承 H7008C，且该类轴承有一个过渡等级，尚可达到国标 P2 级的公差等级。实验在电机转速为 4950r/min、室温为 26℃、相对湿度为 53% 的环境条件下进行，所施加径向载荷为 13.2kN。实验时间及轴承振动信息由计算机控制系统自动累积显示，振动信号采集频率为 10min/次，单位为 m/s²。从实验开始起计时，当轴承套圈或滚子组件运转精度发生明显变异甚至表面疲劳剥落时，实验机振动值明显增加，服役精度随之降低。当振动值达到一定幅值时，电机会停止运行且实验结束。

计算机累积采集 8010 次信号，即实验共进行 8010×10min，所得超精密滚动轴承振动信号的时间序列向量 X 如图 11-1 所示。由图不难看出，随运转时间的增加，轴承振动值变得剧烈，这意味着服役精度恶性变异越强，则精度保持可靠性越低。因此，可以通过分析超精密滚动轴承振动信号来判定其内部零件潜在的服役精度演变情况，进而预测其未来运行状况以及精度保持可靠性。

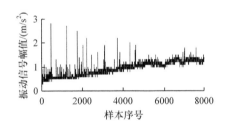

图 11-1　超精密滚动轴承振动时间序列向量 X

11.3.1　时间序列实现混沌预测

先将时间序列向量 X 分为 4 个子序列，分别为 $X_1(1\sim2000)$、$X_2(2001\sim4000)$、$X_3(4001\sim6000)$ 和 $X_4(6001\sim8000)$，再用混沌预测方法对这 4 个子序列建立相应的预测模型，预测步长为 10 步，然后用原始数据第 $2001\sim2010(X_{1,0})$、$4001\sim4010(X_{2,0})$、$6001\sim6010(X_{3,0})$、$8001\sim8010(X_{4,0})$ 个数分别验证 4 个子序列的预测方法的准确可行性。

分别用互信息法和 Cao 法求得时间序列向量 X_1、X_2、X_3、X_4 的时间延迟 τ 与嵌入维数 m，结果如表 11-1 所示。

表 11-1　4 个子序列向量的相空间参数

相空间参数	子序列向量			
	X_1	X_2	X_3	X_4
τ	3	1	1	2
m	16	7	9	9

时间序列的相空间参数的求取是相空间重构的基础,以便于后面的混沌预测。图 11-2～图 11-5 分别为子序列向量 X_1、X_2、X_3、X_4 用加权零阶局域预测法(方法1)、一阶局域预测法(方法 2)、加权一阶局域预测法(方法 3)和改进的加权一阶局域预测法(方法 4)进行 10 步混沌预测的结果。

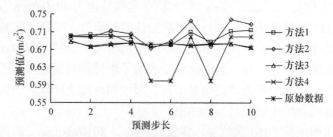

图 11-2　子序列向量 X_1 的混沌预测结果

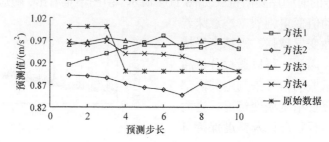

图 11-3　子序列向量 X_2 的混沌预测结果

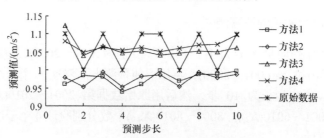

图 11-4　子序列向量 X_3 的混沌预测结果

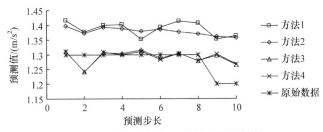

图 11-5　子序列向量 X_4 的混沌预测结果

由图 11-2 可以看出，子序列向量 X_1 的 4 个预测结果变化趋势相似且较为平稳，均在 0.7 左右浮动；与原始数据相差较大的在第 5、6、8 步，但最大差值也仅为 0.10m/s² 左右。由图 11-3 可以看出，子序列向量 X_2 的 4 个预测结果与原始数据相差都很小，只有一阶局域预测法(方法 2)的前 3 步与原始数据差值稍大，但也仅为 0.10m/s² 左右。由图 11-4 可以看出，子序列向量 X_3 的原始数据在 1～1.1m/s² 跳动，加权零阶局域预测法(方法 1)和一阶局域预测法(方法 2)的预测结果在 0.94～1.0m/s² 摆动，加权一阶局域预测法(方法 3)和改进的加权一阶局域预测法(方法 4)的预测结果在 1.04～1.12m/s² 摆动，表明 4 种预测结果与实际值相差较小。由图 11-5 可以看出，子序列向量 X_4 的方法 1 和方法 2 的预测结果在 1.40m/s² 左右摆动；方法 3 和方法 4 的预测结果在 1.30m/s² 左右摆动；4 种预测结果与实际值的差值同样很小。所以，4 种混沌预测方法在时间序列预测时，预测值与实际值相差均较小。

为有力说明预测结果的准确性，需计算出子序列向量 X_1、X_2、X_3、X_4 的各预测值与原始数据之间的相对误差，相对误差的绝对值结果如图 11-6～图 11-9 所示。

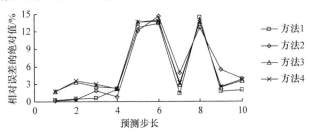

图 11-6　子序列向量 X_1 预测结果相对误差的绝对值

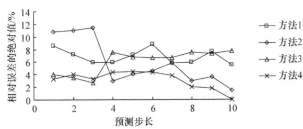

图 11-7　子序列向量 X_2 预测结果相对误差的绝对值

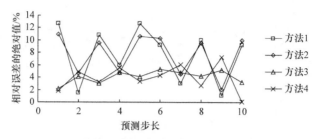

图 11-8　子序列向量 X_3 预测结果相对误差的绝对值

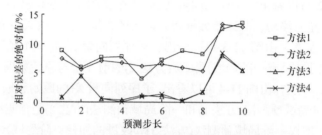

图 11-9　子序列向量 X_4 预测结果相对误差的绝对值

　　由图 11-6 不难看出，子序列向量 X_1 的 4 个预测结果的相对误差变化趋势十分相似，说明预测结果具有良好的一致性；最小误差出现在一阶局域预测法(方法 2)的第 1 步，为 0.13%，预测结果十分精确；最大误差出现在方法 2 的第 6 步，但仅为 14.68%。由图 11-7 可知，在子序列向量 X_2 的预测中，改进的加权一阶局域预测法(方法 4)的预测结果最为良好，预测误差为 0~4.48%；一阶局域预测法(方法 2)的预测结果稍差且出现最大预测误差 11.43%；其他两种预测误差不超过 8.8%。由图 11-8 不难看出，子序列向量 X_3 的 4 个预测结果的相对误差波动较为剧烈，原因是原始数据波动剧烈(为锯齿状)，表明预测方法能反映原始序列的变化趋势；最小误差出现在改进的加权一阶局域预测法(方法 4)中，为 0.11%；最大相对误差出现在加权零阶局域预测法(方法 1)中，仅为 12.70%。由图 11-9 可得，在子序列向量 X_4 的预测中，加权一阶局域预测法(方法 3)和改进的加权一阶局域预测法(方法 4)的预测结果明显优于加权零阶局域预测法(方法 1)和一阶局域预测法(方法 2)的预测结果；最大相对误差出现在加权零阶局域预测法(方法 1)中，但也仅为 13.63%。

　　综上，由 4 个子序列的预测结果可知，加权零阶局域预测法(方法 1)、一阶局域预测法(方法 2)、加权一阶局域预测法(方法 3)和改进的加权一阶局域预测法(方法 4)进行混沌预测的误差均很低，且小于 15%，说明 4 种预测方法均可应用于工程实际。然而，在 4 个子序列中对比 4 种预测方法，很难得出具体哪种方法最好或最坏，因为在不同子序列中，其预测方法的优劣各不相同。一种预测方法只能反映服役精度未来趋势变化的一个侧面，每一步的预测值都是其真值的一次特征实现，只有融合并挖掘多个侧面信息才能实现真实预测。现将子序列每一步的 4 个预测结果进行灰自助-最大熵融合：用灰自助法将 4 个预测结果抽样处理，模拟出预测值的大量生成数据；再用最大熵法对生成数据求取概率密度函数，进而实现真值预测，并在给定置信水平下求出估计区间。

11.3.2　真值评估与区间估计

在灰自助生成过程中，令抽样次数 $q=4$，重复执行次数 $B=20000$；最大熵区间估计时，置信水平 $P=100\%$。子序列向量 X_1 第 1 步 4 个预测值 $X_{1,1}=(0.7013,\ 0.6991,\ 0.6878,\ 0.6883)$ 的大量生成数据及其概率密度函数分别如图 11-10 和图 11-11 所示。

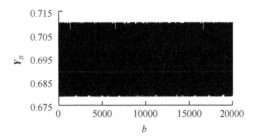

图 11-10　$X_{1,1}$ 的大量生成数据

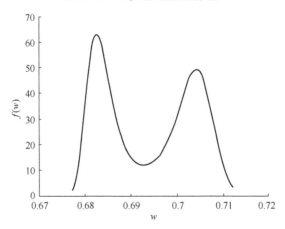

图 11-11　$X_{1,1}$ 的概率密度函数

可得子序列向量 X_1 预测值第 1 步的估计真值 $X_0=0.6937$，估计区间$[X_L,\ X_U]=[0.6677,\ 0.7121]$。而后，依次得到子序列向量 X_1 预测值第 2～10 步的估计真值和估计区间。同理，可得到其他子序列向量 X_2、X_3、X_4 未来状态下 10 步的估计真值和估计区间，结果如表 11-2 和表 11-3 所示。

表 11-2　子序列向量未来每一步的估计真值 X_0　　　　　　（单位：m/s²）

预测步长	子序列向量			
	X_1	X_2	X_3	X_4
第1步	0.6937	0.9318	1.0387	1.3585
第2步	0.6871	0.9336	1.0046	1.3136
第3步	0.6953	0.9387	1.0289	1.3550
第4步	0.6907	0.9307	0.9988	1.3471
第5步	0.6780	0.9277	1.0136	1.3418
第6步	0.6841	0.9283	1.0192	1.3371
第7步	0.7018	0.9184	1.0084	1.3487
第8步	0.6815	0.9265	1.0252	1.3331
第9步	0.7068	0.9266	1.0222	1.3269
第10步	0.6981	0.9264	1.0343	1.3166

表 11-3　子序列向量未来每一步的估计区间 $[X_L, X_U]$　　　　　（单位：m/s²）

预测步长	子序列向量			
	X_1	X_2	X_3	X_4
第1步	[0.6677, 0.7121]	[0.8308, 1.0281]	[0.8296, 1.2551]	[1.2267, 1.4982]
第2步	[0.6528, 0.7254]	[0.8302, 1.0249]	[0.8770, 1.1254]	[1.1340, 1.4847]
第3步	[0.6526, 0.7398]	[0.8156, 1.0439]	[0.9121, 1.1348]	[1.2325, 1.4740]
第4步	[0.6673, 0.7222]	[0.7984, 1.0429]	[0.8487, 1.1463]	[1.2192, 1.4813]
第5步	[0.6656, 0.6893]	[0.7836, 1.0441]	[0.8788, 1.1448]	[1.2566, 1.4347]
第6步	[0.6738, 0.6944]	[0.7632, 1.0744]	[0.9342, 1.1045]	[1.1931, 1.4819]
第7步	[0.6326, 0.7795]	[0.7579, 1.0499]	[0.8698, 1.1459]	[1.2153, 1.5019]
第8步	[0.6685, 0.6949]	[0.7979, 1.0433]	[0.9256, 1.1340]	[1.1741, 1.5105]
第9步	[0.6383, 0.7825]	[0.7867, 1.0495]	[0.9059, 1.1459]	[1.2446, 1.4123]
第10步	[0.6312, 0.7700]	[0.8202, 1.0357]	[0.9029, 1.1856]	[1.1871, 1.4417]

由表 11-2 可知，每个子序列预测 10 步，即预测超精密滚动轴承在未来 10×10min 内的运行态势。子序列向量 X_1、X_2、X_3、X_4 未来 10×10min 内的振动性

能分别在 0.69m/s²、0.93m/s²、1.01m/s²、1.33m/s² 左右波动，表明单个子序列未来 10 步的预测结果具有良好的一致性。由表 11-3 可知，各个子序列每一步的估计区间上下界的差值均较小，可说明估计区间较为精确可靠；同时参考图 11-2～图 11-5 各子序列的原始数据，估计区间$[X_L, X_U]$全部将原始数据包络起来，即所提出的预测方法能够较好地描述超精密滚动轴承服役精度的波动范围，可实现轴承组件的在线动态性能监控，区间估计可靠度达到$(1-0/15)×100=100\%$。为验证融合后的真值能更全面地反映轴承的未来态势且能够更加准确地进行预测，现计算出融合真值与实际值的相对误差，结果如图 11-12 所示。

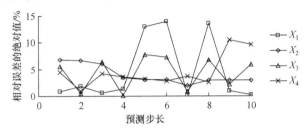

图 11-12　各子序列估计真值 X_0 的预测误差

由图 11-12 不难得出，将每一步的 4 个预测值融合为一个预测真值后，预测精度相当可靠，子序列向量 X_1 的平均误差为 4.68%；融合真值的最大误差仅为 14.02%，出现在第 6 步，而融合之前的最大误差为 14.68%；子序列向量 X_2 的平均误差为 4.01%，其真值的最大误差仅为 6.82%，出现在第 1 步，而之前的最大误差已达到 11.43%；子序列向量 X_3 的平均误差为 4.36%，真值的最大误差仅为 7.85%，出现在第 5 步，而之前的最大误差高达 12.70%；子序列向量 X_4 的平均误差为 4.61%，其真值的最大误差仅为 10.58%，出现在第 9 步，而之前的最大误差为 13.63%。显然，灰自助-最大熵融合后各子序列真值的预测误差明显有所降低，表明融合后的真值 X_0 更能反映轴承未来服役精度的变化趋势，预测结果更加精确可行且可较好地应用于工程实际。

11.3.3　服役精度保持可靠性的动态预测

超精密滚动轴承未来状态下每一步的精度真值与区间已实现准确预测，在此基础上若实现每一步的精度保持可靠性预测，需借助泊松计数过程：首先各个子序列每一步的 4 个预测值均有 20000 个灰自助生成数据 Y_B；其次，设定精度阈值 $h=1.0m/s^2$ 进行泊松计数(阈值 h 的取值依据主轴系统对轴承服役精度的要求，后面会有详细分析)，得到每一步的 20000 个生成数据落在最佳服役精度区间$[0,1]$之外的个数 μ，由式(11-38)进而得到其变异概率 λ，结果如表 11-4 所示；然后由式(11-40)便可实现每一步的精度保持可靠性动态预测，结果如表 11-5 所示。

表 11-4　生成数据超出阈值的个数 μ 与变异概率 λ

预测步长	X_1		X_2		X_3		X_4	
	μ	λ	μ	λ	μ	λ	μ	λ
第 1 步	0	0	3066	0.1533	11213	0.5607	20000	1
第 2 步	0	0	2661	0.1331	11060	0.5530	20000	1
第 3 步	0	0	3821	0.1911	11474	0.5737	20000	1
第 4 步	0	0	3007	0.1504	10065	0.5033	20000	1
第 5 步	0	0	2989	0.1495	10557	0.5279	20000	1
第 6 步	0	0	3730	0.1865	11705	0.5853	20000	1
第 7 步	0	0	3488	0.1744	10879	0.5440	20000	1
第 8 步	0	0	3153	0.1577	11530	0.5765	20000	1
第 9 步	0	0	3925	0.1963	11104	0.5552	20000	1
第 10 步	0	0	2550	0.1275	12091	0.6046	20000	1

表 11-5　子序列向量未来每一步的精度保持可靠度　　　　　　（单位：%）

预测步长	子序列向量			
	X_1	X_2	X_3	X_4
第 1 步	100	85.79	57.08	36.79
第 2 步	100	87.54	57.52	36.79
第 3 步	100	82.60	56.34	36.79
第 4 步	100	86.04	60.45	36.79
第 5 步	100	86.11	58.98	36.79
第 6 步	100	82.99	55.69	36.79
第 7 步	100	84.00	58.04	36.79
第 8 步	100	85.41	56.19	36.79
第 9 步	100	82.18	57.40	36.79
第 10 步	100	88.03	54.63	36.79

　　由表 11-4 不难看出，就单个子序列而言，未来 10 步超出阈值的个数 μ 相差较小甚至相等，对于子序列向量 X_1 和 X_4，前者全部落在最佳服役精度区间范围内，后者全部超出最佳区间；对于子序列向量 X_2 和 X_3，前者落在规定最佳服役精度区间内的个数在 2550～3925 内浮动，后者在 10065～12091 内摆动；每一步变异概率的差值同样极小，其中子序列向量 X_1 每一步的变异概率均为 0，说明轴

承运转状况十分稳定，未发生一丝的恶性变异，保持最佳服役精度的状态良好；X_4 每一步的变异概率为 1，则说明轴承运转状况极其恶劣，轴承可能已发生精度失效；X_2 的变异概率在 0.1275~0.1963 变化，表明轴承已开始发生变异，轴承运转状况将从此逐渐变差，保持最佳服役精度状态的可能性已开始逐渐降低，此时间点可为在线健康监控提供参考点；X_3 的变异概率在 0.5033~0.6046 变化，表明轴承变异严重，运转状况已很差，为避免恶性事故发生，应及时采取维修措施。所以，就单个子序列而言，预测结果统一性良好。同时，子序列向量 X_1、X_2、X_3、X_4 代表该超精密滚动轴承服役期间不同的运转阶段，这也说明随运转时间的增加，变异概率逐渐增加，恶性变化程度会愈加剧烈，进而造成超精密滚动轴承的精度保持可靠性降低。

由表 11-5 可得，子序列向量 X_1 未来 10 步的精度保持可靠度可达到 100%，这是因为在以时间序列向量 X_1 为实验进行的初始阶段，轴承振动幅值极小且主轴窜动量小，服役精度极高，运转状况十分安全可靠。子序列向量 X_2 未来 10 步的可靠度处于 80%~90%，说明此时该超精密滚动轴承服役精度保持可靠性一般，保持最佳服役精度状态的可能性逐渐降低，轴承已逐渐开始发生恶性变异且内部已发生潜在的精度变质。子序列向量 X_3 未来 10 步的可靠度处于 50%~80%，说明此时该超精密滚动轴承服役精度保持可靠性较差，轴承恶性变异较为严重，应及时采取补救措施。子序列向量 X_4 未来 10 步的可靠度均低于 50%，说明此时该超精密滚动轴承已十分不可靠，轴承内部可能已发生精度失效甚至严重磨损。

通过分析总时间序列向量 X 的不同子时间段 X_1、X_2、X_3、X_4 的变异概率及精度保持可靠性，可很好地识别出超精密滚动轴承服役精度的动态演变状况。与总的服役时长 80010×10min 相比，这未来 10 步的预测点可看作一个瞬时，该瞬时点的可靠度为 10 步预测值的均值，作为各子序列临尾时的精度保持可靠度，结果如图 11-13 所示。

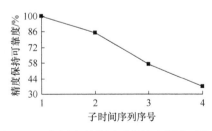

图 11-13　各子序列临尾时的精度保持可靠度

由图 11-13 可得，各个子时间序列临尾时的可靠性取值能够很好地描述出超精密滚动轴承服役精度的变异趋势：子时间序列向量 X_1 临尾时，精度保持可靠度取值很大，表明轴承保持最佳服役精度状态的可能性极大，服役精度极高；X_2 临尾时，可靠度取值开始减小，说明轴承保持最佳服役精度状态的可能性逐渐降低，服役精度也开始缓慢降低；X_3临尾时，可靠度取值开始快速减小，说明轴承服役精度迅速降低；X_4临尾时，可靠度取值已达到最小，表明轴承服役精度已丧失，也很可能已发生疲劳失效。

由表 11-4、表 11-5 以及图 11-13 可以看出，精度阈值 h 决定着未来每一步服役精度的变异概率，进而影响每一步的可靠度，阈值 h 取值的大小取决于实际应用中机床、电机等系统对超精密滚动轴承服役精度要求的苛刻程度。表 11-6～表 11-9 为不同子时间段 X_1、X_2、X_3、X_4 在不同精度阈值下的每一步精度保持可靠度(h=0.6m/s^2, 0.8m/s^2, 1.0m/s^2, 1.2m/s^2, 1.4m/s^2)。

表 11-6　子序列向量 X_1 在不同阈值下的精度保持可靠度　　　　(单位：%)

预测步长	h=0.6m/s^2	h=0.8m/s^2	h=1.0m/s^2	h=1.2m/s^2	h=1.4m/s^2
第 1 步	36.79	100	100	100	100
第 2 步	36.79	100	100	100	100
第 3 步	36.79	100	100	100	100
第 4 步	36.79	100	100	100	100
第 5 步	36.79	100	100	100	100
第 6 步	36.79	100	100	100	100
第 7 步	36.79	100	100	100	100
第 8 步	36.79	100	100	100	100
第 9 步	36.79	100	100	100	100
第 10 步	36.79	100	100	100	100

表 11-7　子序列向量 X_2 在不同阈值下的精度保持可靠度　　　　(单位：%)

预测步长	h=0.6m/s^2	h=0.8m/s^2	h=1.0m/s^2	h=1.2m/s^2	h=1.4m/s^2
第 1 步	36.79	36.79	85.79	100	100
第 2 步	36.79	36.79	87.54	100	100
第 3 步	36.79	36.79	82.60	100	100
第 4 步	36.79	36.79	86.04	100	100
第 5 步	36.79	39.59	86.11	100	100
第 6 步	36.79	39.62	82.99	100	100

续表

预测步长	h=0.6m/s²	h=0.8m/s²	h=1.0m/s²	h=1.2m/s²	h=1.4m/s²
第 7 步	36.79	40.69	84.00	100	100
第 8 步	36.79	36.79	85.41	100	100
第 9 步	36.79	37.86	82.18	100	100
第 10 步	36.79	36.79	88.03	100	100

表 11-8　子序列向量 X_3 在不同阈值下的精度保持可靠度　　　　（单位：%）

预测步长	h=0.6m/s²	h=0.8m/s²	h=1.0m/s²	h=1.2m/s²	h=1.4m/s²
第 1 步	36.79	36.79	57.08	90.56	100
第 2 步	36.79	36.79	57.52	100	100
第 3 步	36.79	36.79	56.34	100	100
第 4 步	36.79	36.79	60.45	100	100
第 5 步	36.79	36.79	58.98	100	100
第 6 步	36.79	36.79	55.69	100	100
第 7 步	36.79	36.79	58.04	100	100
第 8 步	36.79	36.79	56.19	100	100
第 9 步	36.79	36.79	57.40	100	100
第 10 步	36.79	36.79	54.63	100	100

表 11-9　子序列向量 X_4 在不同阈值下的精度保持可靠度　　　　（单位：%）

预测步长	h=0.6m/s²	h=0.8m/s²	h=1.0m/s²	h=1.2m/s²	h=1.4m/s²
第 1 步	36.79	36.79	36.79	36.79	65.20
第 2 步	36.79	36.79	36.79	53.14	67.62
第 3 步	36.79	36.79	36.79	36.79	65.38
第 4 步	36.79	36.79	36.79	36.79	68.21
第 5 步	36.79	36.79	36.79	36.79	80.41
第 6 步	36.79	36.79	36.79	36.79	70.08
第 7 步	36.79	36.79	36.79	36.79	62.19
第 8 步	36.79	36.79	36.79	39.46	65.26
第 9 步	36.79	36.79	36.79	36.79	92.70
第 10 步	36.79	36.79	36.79	37.65	82.21

　　由表 11-6～表 11-9 不同精度阈值 h 下的精度保持可靠性预测值序列可以看出，在每一个子序列精度保持可靠性动态预测过程中，精度阈值越小，未来每一步可靠性越低，反之可靠性越高；阈值的大小反映出主轴系统对轴承服役精度的敏感程度。因此，在工程实际中，应根据具体主轴系统对超精密滚动轴承服役精度的要求，事先设计出相应的精度阈值 h，持续对超精密滚动轴承的精度信息进行实时监测并获取相应的可靠性预测值，便可以及时发现失效隐患，避免恶性事故的发生。

11.3.4　服役精度保持相对可靠度

　　由表 11-6～表 11-9 不难看出，在相同阈值条件下，X_1 时间区间的可靠性预测值在 4 子序列中均是最大的。所以，超精密滚动轴承保持最佳服役精度的最佳时期为 X_1 时间区间，其精度保持可靠性取值为 $R(\lambda_1)$，则子序列向量 X_2、X_3、X_4 对应的精度保持可靠度分别为 $R(\lambda_2)$、$R(\lambda_3)$、$R(\lambda_4)$。现以 $h=1.0\text{m/s}^2$ 和 $h=1.2\text{m/s}^2$ 为例进行服役精度保持相对可靠度的分析，当 $h=1.0\text{m/s}^2$ 时，分别求出各子序列未来 10 步可靠度预测值的均值，得到 $R(\lambda_1)=100\%$，$R(\lambda_2)=85.07\%$，$R(\lambda_3)=57.23\%$，$R(\lambda_4)=36.79\%$；当 $h=1.2\text{m/s}^2$ 时，$R(\lambda_1)=100\%$，$R(\lambda_2)=100\%$，$R(\lambda_3)=99.06\%$，$R(\lambda_4)=38.78\%$。根据式(11-41)可求出超精密滚动轴承不同服役时间段的运转精度保持最佳服役精度状态的失效程度 $d(\eta)$，结果如图 11-14 所示。

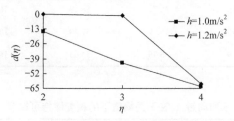

图 11-14　超精密滚动轴承服役精度保持相对可靠度

　　由图 11-14 可知，在精度阈值为 $h=1.2\text{m/s}^2$、$\eta=2$ 时，即子序列向量 X_2 的相对可靠度 $d(\eta)=0$，表明所评估时间区间段 X_2 的轴承服役精度的可靠度不低于最佳时期的精度可靠度，不能拒绝该时间段的超精密滚动轴承服役精度已经达到最佳状态；$\eta=3$ 时，即子序列向量 X_3 的相对可靠度 $d(\eta)=-0.94\%$，$d(\eta)\in[-10\%, 0)$，$d(\eta)$ 的值接近 0，表明在该时间段轴承的服役精度正常，最佳精度状态失效的可能性很小，服役精度接近最佳状态；$\eta=4$ 时，即子序列向量 X_4 的相对可靠度 $d(\eta)=-61.22\%<-20\%$，即在该时间段轴承的服役精度很差，最佳精度状态失效的可能性极大，超精密滚动轴承服役精度可能已失效。在精度阈值为 $h=1.0\text{m/s}^2$、$\eta=2$ 时，即子序列向量 X_2 的相对可靠度 $d(\eta)=-14.93\%$，$d(\eta)\in[-20\%, -10\%)$，即在该时间段轴承的服役精度逐渐变差，最佳精度状态失效的可能性逐渐增大；$\eta=3$ 时，

即子序列向量 X_3 的相对可靠度 $d(\eta)=-42.77\%<-20\%$，$\eta=4$ 时，子序列向量 X_4 的相对可靠度 $d(\eta)=-63.21\%<-20\%$，表明 X_3、X_4 时间段轴承的服役精度很差，最佳精度状态失效的可能性极大，超精密滚动轴承服役精度极可能已失效。服役精度保持相对可靠度 $d(\eta)=-20\%$ 的时间段是轴承服役精度变差的临界时间。工程实践中，在该临界时间之前及时检查维修并采取相应的补救措施，可以避免超精密滚动轴承相对最佳精度状态失效引起的严重安全事故。精度阈值 h 的取值不同，会造成精度保持可靠性的预测值不同。所以，在实践中，应根据产品系统对轴承服役精度的具体要求，事先准确地定位精度阈值。

综上，在时间序列混沌预测过程中，加权零阶局域预测法、一阶局域预测法、加权一阶局域预测法和改进的加权一阶局域预测法均是准确可行的，最大预测误差不超过 15%，满足工程实际的一般预测要求；结合灰自助法和最大熵原理将每一步的 4 个预测值有效融合，得到超精密滚动轴承未来工作状态下的精度属性真值与估计区间；由灰自助的生成数据，借助泊松计数过程实现超精密滚动轴承每一时间点的服役精度保持可靠性的动态预测，预测结果可以有效地监控出轴承服役精度的变异状况；最后提出超精密滚动轴承精度保持相对可靠性的新概念，可以有效预测出轴承保持最佳服役精度状态的失效程度。

11.4　本 章 小 结

本章将混沌预测方法融入灰自助-最大熵原理，预测出超精密滚动轴承未来每一时间点的精度性能真值与波动区间，由此可知每个子序列预测值真值与实际值一致性很好且误差很小，最大相对误差仅为 14.02%。

再将灰自助原理融入泊松过程，提出超精密滚动轴承服役精度保持可靠性的动态预测方法，实现了轴承未来每一时间点的精度保持可靠性预测，并揭示出运转时长对精度可靠性演变过程的影响机制。

根据不同时间区间服役精度保持可靠性的变化曲线，以及精度阈值对可靠性分析的影响，实时预测出超精密滚动轴承精度可靠性的一般演变规律，及时发现失效隐患并避免恶性事故的发生。

依据超精密滚动轴承服役精度保持可靠性的新概念，有效预测出轴承保持最佳服役精度状态的可能性和失效程度，可以在超精密滚动轴承最佳服役精度失效的可能性变大之前及时采取干预措施，对轴承进行维护或更换。

本章所提出的模型不仅能实现超精密滚动轴承服役精度每一时间点的精度保持可靠性的动态预测，还能实现其精度属性真值与区间的估计。

第四篇　轴承性能及其不确定性与可靠性的关系分析

第12章 滚动轴承性能可靠性与不确定性、稳定性的关系分析

12.1 概　述

　　滚动轴承在服役过程中受到诸多因素(工作条件、周围环境、使用时间、自身精度)影响,其性能时间序列蕴含着具有非线性特征的不确定性、稳定性与可靠性演变信息。但由于概率分布、先验信息未知等原因,采用传统的概率论和数理统计方法已经无法解决这一难题。

　　本章首先根据产品运转期间的性能时间序列,借助灰色系统理论和泊松计数过程,进行性能不确定性及其可靠性评估。该模型的提出可及时发现性能不确定波动信息和恶性变异程度,揭示潜在的失效信息,并将不确定性与可靠性这两个不同的属性进行良好统一,为避免恶性事故发生提供科学的决策建议。然后将灰关系融入泊松计数过程建立有效的轴承性能稳定性及可靠性分析模型,并利用自助-最大熵法为辅助工具进行区间估计与变异概率解析;所提方法是基于数据序列本身所计算出来的客观规律,并非像传统数据处理方法通过选取主观预设模型。

12.2 性能可靠性与不确定性关系评估的数学模型

12.2.1 滚动轴承性能可靠性原理

　　产品在运转期间,某性能参数记录仪在设定时间间隔下采样,可得到性能时间序列,用向量 X 表示为

$$X = (x(1), x(2), \cdots, x(t), \cdots, x(T)) \tag{12-1}$$

式中,X 为性能信号原始数据;$x(t)$ 为 X 中的第 t 个数据,$t=1,2,\cdots,T$;T 为 X 中的数据个数。

　　1. 计数过程

　　假设在产品性能信号的时间序列向量 X 中有 s 个数据越过性能阈值 v,即落在区间 $[-v,v]$ 之外,则 X 的变异概率 λ 表示为

$$\lambda = \frac{s}{T} \tag{12-2}$$

变异概率是指滚动轴承性能波动幅值超过阈值的频率，属于影响产品运转性能可靠性变异过程的重要特征参数，且随着产品性能评估阈值的变化而变化。

2. 可靠性评估

任何计数过程均可用泊松过程描述：

$$Q = \exp(-\lambda t)\frac{(\lambda t)^n}{n!} \tag{12-3}$$

式中，t 为单位时间，$t=1,2,\cdots$；λ 为变异概率；n 为失效事件发生的次数，$n=0,1,\cdots$，即工作性能恶劣，可能已造成产品失效；Q 为失效事件发生 n 次的概率。由泊松过程可以获得事件发生的可靠度 R。

在求取产品性能可靠度时 $n=0$，即产品未发生失效前的概率；$t=1$ 时为当前时间性能可靠度，即当前时间序列 X 的性能可靠度。根据式(12-3)，可靠度可表示为

$$R(\lambda) = \exp(-\lambda) \tag{12-4}$$

那么，性能时间序列向量 X 的可靠度只是关于变异概率 λ 的函数，λ 可由式(12-2)求得。在具体实施时，若可靠度不小于90%，则认为性能是可靠的，否则，认为不可靠。

12.2.2　滚动轴承性能不确定性分析

为满足灰预测模型 GM(1,1)关于 $x(t) \geqslant 0$ 的苛刻要求，在式(12-1)中，若有 $x(t)<0$，则人为选取一个常数 c，使得 $x(t)+c \geqslant 0$ 即可。所以，在实际分析时，X 要表示为

$$X = (x(1) + c, x(2) + c, \cdots, x(t) + c, \cdots, x(T) + c) \tag{12-5}$$

从 X 中取与时刻 t 紧邻的前 m 个时刻的数据(包括时刻 t 的数据)，构成时刻 t 的动态分析子向量

$$X_m = (x_m(t-m+1), x_m(t-m+2), \cdots, x_m(u), \cdots, x_m(t)), \quad u = t-m+1, t-m+2, \cdots, t; t \geqslant m \tag{12-6}$$

运用自助法，在时刻 t 从 X_m 中等概率可放回地随机抽取 1 个数，共抽取 m 次，可得到 1 个自助样本 Y_1，它有 m 个数据。按此方法重复执行 B 次，得到 B 个样本，可表示为

$$Y_{\text{Bootstrap}} = (Y_1, Y_2, \cdots, Y_b, \cdots, Y_B) \tag{12-7}$$

式中，B 为总的自助再抽样次数，也是自助样本的个数；Y_b 为第 b 个自助样本，

$$Y_b = (y_b(t-m+1), y_b(t-m+2), \cdots, y_b(u), \cdots, y_b(t)) \tag{12-8}$$

式中，$u = t-m+1, t-m+2, \cdots, t$; $b = 1, 2, \cdots, B$。

根据灰预测模型 GM(1,1)，设 Y_b 的一次累加生成向量为

$$X_b = (x_b(t-m+1), x_b(t-m+2), \cdots, x_b(u), \cdots, x_b(t)), \quad x_b(u) = \sum_{j=t-m+1}^{u} y_b(j) \tag{12-9}$$

灰预测模型可以描述为如下灰微分方程：

$$\frac{\mathrm{d}x_b(u)}{\mathrm{d}u} + c_1 x_b(u) = c_2 \tag{12-10}$$

式中，u 为时间变量；c_1 和 c_2 为待定系数。

用增量代替微分，式(12-10)可表示为

$$\frac{\mathrm{d}x_b(u)}{\mathrm{d}u} = \frac{\Delta x_b(u)}{\Delta u} = x_b(u+1) - x_b(u) = y_b(u+1) \tag{12-11}$$

式中，Δu 取单位时间间隔 1。再设均值生成序列向量为

$$Z_b = (z_b(t-m+1), z_b(t-m+2), \cdots, z_b(u), \cdots, z_b(t)), \quad z_b(u) = 0.5x_b(u) + 0.5x_b(u-1) \tag{12-12}$$

在初始条件 $x_b(t-m+1) = y_b(t-m+1)$ 下，灰微分方程的最小二乘解为

$$\hat{x}_b(j+1) = \left[y_b(t-m+1) - c_2/c_1 \right] e^{-c_1 j} + c_2/c_1 \tag{12-13}$$

式中，待定系数 c_1 和 c_2 表示为

$$(c_1, c_2)^{\mathrm{T}} = (D^{\mathrm{T}} D)^{-1} D^{\mathrm{T}} (Y_b)^{\mathrm{T}} \tag{12-14}$$

且有

$$D = (-Z_b, I)^{\mathrm{T}} \tag{12-15}$$

$$I = (1, 1, \cdots, 1) \tag{12-16}$$

然后由累减生成，可得到 $w = t+1$ 时刻的预测值

$$\hat{y}(t+1) = \hat{x}_b(t+1) - \hat{x}_b(t) - q \tag{12-17}$$

因此，在 $w = t+1$ 时刻，有 B 个数据可表示为如下向量：

$$\hat{X}_w = (\hat{y}_1(w), \hat{y}_2(w), \cdots, \hat{y}_b(w), \cdots, \hat{y}_B(w)), \quad w = t+1 \tag{12-18}$$

由于 B 很大，根据式(12-18)可建立当前时刻关于属性 x_m 的概率密度函数

$$f_w = f_w(x_m) \tag{12-19}$$

式中，f_w 又称为灰自助概率密度函数，描述轴承性能信号 w 时刻的瞬时状态。

式(12-19)中，该瞬时状态信息包含两个参数：t 时刻的估计真值和估计区间。估计真值可表示为

$$X_0 = X_0(w) = \int_{-\infty}^{+\infty} f_w(x_m) x_m \mathrm{d}x_m \tag{12-20}$$

对于离散变量，式(12-20)可表示为

$$X_0 = X_0(w) = \sum_{l=1}^{L} F_w(x_{ml}) x_{ml} \tag{12-21}$$

式中，X_0 为估计真值；L 是数据组数(f_w 被分为 L 组)；l 表示第 l 组，$l=1,2,\cdots,L$；x_{ml} 为第 l 组数据的组中值；$F_w(x_{ml})$ 为点 x_{ml} 的灰自助概率。

设显著性水平为 $\alpha \in [0,1]$，则置信水平为

$$P = (1-\alpha) \times 100\% \tag{12-22}$$

在 t 时刻，置信水平为 P 时，真值的估计区间为

$$[X_L, X_U] = [X_L(w), X_U(w)] = [X_{\alpha/2}, X_{1-\alpha/2}] \tag{12-23}$$

式中，$X_{\alpha/2}$ 为对应概率是 $\alpha/2$ 的参数值；$X_{1-\alpha/2}$ 为对应概率是 $1-\alpha/2$ 的参数值；X_L 为区间下边界值；X_U 为区间上边界值。

在 t 时刻的区间波动范围表示为

$$U = U(w) = X_U - X_L \tag{12-24}$$

式中，U 为估计不确定度，即在 t 时刻、置信水平为 P 时的瞬时不确定度。

评估过程中，假设总共有 $t=T$ 个数据，如果有 h 个数据在估计区间$[X_L, X_U]$ 之外，则评估结果的可靠度可表示为

$$P_R = [1 - h/(T-m)] \times 100\% \tag{12-25}$$

式中，P_R 为用灰自助法进行预测评估的可靠度，一般 P_R 不等于置信水平 P，由 P_R 的定义可知，P_R 越大，不确定性的评估结果越好，在统计学与实践中，最好是 $P_R > P$。

通常，置信水平 P 越大，在 w 时刻的区间不确定度 U 越大。若 $P=100\%$，则 U 取得最大，结果最可信。但必须又要考虑一个问题，即 U 越大，估计区间$[X_L, X_U]$ 越偏离真值，进而估计结果越失真。因此，定义

$$U_{\text{mean}} = \frac{1}{T-m} \sum_{k=m+1}^{T} U(k)\Big|_{P_R=100\%} \tag{12-26}$$

式中，U_{mean} 为动态平均不确定度；$|_{P_R=100\%}$表示在 $P_R=100\%$的条件下实现。考虑到最小不确定性，置信水平 P 应满足如下条件：

$$U_{\text{mean}} \to \min \tag{12-27}$$

评估参数 U_{mean} 是一个统计量，可作为随机波动状态不确定性的评价指标。实际分析中，产品性能不确定性用 U_{mean} 来表达，也可称为动态平均不确定性。

根据式(12-26)和式(12-27)，最理想且可靠的评估结果是在条件 P_R =100%下，U_{mean} 为最小，即满足式(12-27)。

12.2.3　不确定性及可靠性的灰关系评估

1. 不确定性及可靠性向量

根据式(12-26)和式(12-27)可求出每组性能时间序列的不确定度 U_{mean}，构成不确定性向量 $\boldsymbol{\Phi}_1$ 为

$$\boldsymbol{\Phi}_1 = (\varphi_1(1), \varphi_1(2), \cdots, \varphi_1(n), \cdots, \varphi_1(N)), \quad n = 1, 2, \cdots, N \tag{12-28}$$

式中，$\varphi_1(n)$ 为 $\boldsymbol{\Phi}_1$ 中的第 n 个数据，即 $U_{\text{mean}1}, U_{\text{mean}2}, \cdots, U_{\text{mean}N}$；$N$ 为数据总个数。

同样，根据式(12-4)可求出每组性能时间序列的可靠度 R，构成可靠性向量 $\boldsymbol{\Phi}_2$ 为

$$\boldsymbol{\Phi}_2 = (\varphi_2(1), \varphi_2(2), \cdots, \varphi_2(n), \cdots, \varphi_2(N)), \quad n = 1, 2, \cdots, N \tag{12-29}$$

式中，$\varphi_2(n)$ 为 $\boldsymbol{\Phi}_2$ 中的第 n 个数据，即 $R_1, R_2, \cdots, R_N$；N 为数据总个数。

基于灰关系概念，对这两个数据序列之间的性能属性进行灰分析，可以有效监测产品性能不确定性及可靠性这两个不同属性之间的内部关系。

2. 两个序列的灰关系分析

经典集合论的特征函数是基于二值逻辑 0(假)与 1(真)的，即系统之间的关系非真即假，根本不存在第三种情况；而工程应用中系统属性大都处于从真到假或从假到真变化的过渡状态。灰关系概念可以用于解决内涵模糊而边界清晰的系统属性之间的相对关系。本章利用灰关系搭建性能不确定性与可靠性之间的连接桥梁，结合灰置信水平分析两者之间的关联程度。

由式(12-28)和式(12-29)可知，产品性能不确定性与可靠性序列向量 $\boldsymbol{\Phi}_1$ 和 $\boldsymbol{\Phi}_2$ 的样本分别为 $\varphi_1(n)$ 和 $\varphi_2(n)$，且 $n=1,2,\cdots,N$，设

$$\overline{\Phi}_i = \frac{1}{N} \sum_{n=1}^{N} \varphi_i(n), \quad i \in (1, 2) \tag{12-30}$$

令

$$h_i(n) = \varphi_i(n) - \overline{\Phi}_i \tag{12-31}$$

对式(12-31)进行归一化处理有

$$g_i(n) = \frac{h_i(n) - h_{i,\min}}{h_{i,\max} - h_{i,\min}} \tag{12-32}$$

称 $\boldsymbol{G}_i$ 为 $\boldsymbol{\Phi}_i$ 的规范化生成序列向量，表示为

$$G_i = (g_i(1), g_i(2), \cdots, g_i(n), \cdots, g_i(N)), \quad i \in (1,2) \tag{12-33}$$

对于归一化后的生成序列 G_i，有

$$g_i(n) \in [0,1], \quad g_i(1) = 0, g_i(N) = 1 \tag{12-34}$$

在最少量信息原理下，对于任意的 $n=1,2,\cdots,N$，若 G_i 是规范化排序序列向量，则参考序列向量 G_Ω 的元素可以为常数 0，即

$$g_\Omega(1) = g_\Omega(2) = \cdots = g_\Omega(N) = 0 \tag{12-35}$$

取分辨系数 $\varepsilon \in (0,1]$，可得到灰关联系数的表达式

$$\gamma(g_\Omega(n), g_i(n)) = \frac{\varepsilon}{\varDelta_{\Omega i}(n) + \varepsilon}, \quad n = 1, 2, \cdots, N \tag{12-36}$$

式中，$\varDelta_{\Omega i}(n)$ 为灰差异信息，表示为

$$\varDelta_{\Omega i}(n) = |g_i(n) - g_\Omega(n)| \tag{12-37}$$

定义灰关联度为

$$\gamma_{\Omega i} = \gamma(G_\Omega, G_i) = \frac{1}{N} \sum_{n=1}^{N} \gamma(g_\Omega(n), g_i(n)) \tag{12-38}$$

定义两个排序序列向量 $\boldsymbol{\Phi}_1$ 和 $\boldsymbol{\Phi}_2$ 之间的灰差为

$$d_{1,2} = |\gamma_{\Omega 1} - \gamma_{\Omega 2}| \tag{12-39}$$

根据灰差 $d_{1,2}$ 可得到序列向量 $\boldsymbol{\Phi}_1$ 和 $\boldsymbol{\Phi}_2$ 之间的基于灰关联度的相似系数 $r_{1,2}$，简称灰相似系数，表示为

$$r_{1,2} = 1 - d_{1,2} \tag{12-40}$$

称

$$\boldsymbol{R} = \begin{bmatrix} r_{1,1} & r_{1,2} \\ r_{2,1} & r_{2,2} \end{bmatrix} = \begin{bmatrix} 1 & r_{1,2} \\ r_{2,1} & 1 \end{bmatrix} \tag{12-41}$$

为灰相似矩阵，又称为灰关系属性，简称灰关系，且有 $0 \leqslant r_{1,2} \leqslant 1$。

给定 $\boldsymbol{\Phi}_1$ 和 $\boldsymbol{\Phi}_2$，对于 $\varepsilon \in (0,1]$，总存在唯一的一个实数 $d_{\max}$，使得 $d_{1,2} \leqslant d_{\max}$，称 $d_{\max}$ 为最大灰差，相应的 ε 称为基于最大灰差的最优分辨系数。

定义基于两个数据序列 $\boldsymbol{\Phi}_1$ 和 $\boldsymbol{\Phi}_2$ 之间灰关系的属性权重为

$$f_{1,2} = \begin{cases} 1 - d_{\max}/\eta, & d_{\max} \in [0,\eta] \\ 0, & d_{\max} \in [\eta,1] \end{cases} \tag{12-42}$$

式中，$f_{1,2} \in [0,1]$ 为属性权重，$\eta \in [0,1]$ 为参数。

3. 灰置信水平求取

根据灰色系统的白化原理与对称原理，若没有理由否认 λ 为真元，则在给定准则下，默认 λ 为真元的代表。对于式(12-42)，给定 $\boldsymbol{\Phi}_1$ 和 $\boldsymbol{\Phi}_2$，取参数 $\lambda \in [0,1]$ 为水平，若存在一个映射 $f_{1,2} \geqslant \lambda$，则认为 $\boldsymbol{\Phi}_1$ 和 $\boldsymbol{\Phi}_2$ 具有相同的属性，即 λ 为研究对象从一个极端属性过渡到另一极端属性的边界，又称模糊数。当 $\lambda=0.5$ 时，研究对象的两个实体模糊性达到最大，介于较难分辨的真和假之间；当 $\lambda>0.5$ 时，$\boldsymbol{\Phi}_1$ 和 $\boldsymbol{\Phi}_2$ 灰关系趋于清晰；当 $\lambda<0.5$ 时，两个事物关联度较小或两者之间差异大。所以，本章在数据分析计算时取 $f_{1,2}=\lambda=0.5$，认为不确定性序列向量 $\boldsymbol{\Phi}_1$ 和可靠性序列向量 $\boldsymbol{\Phi}_2$ 具有相同的属性。

设 $\eta \in [0,0.5]$，由式(12-42)可得

$$d_{\max} = (1 - f_{1,2})\eta \tag{12-43}$$

称

$$P_{1,2} = 1 - (1 - \lambda)\eta = (1 - 0.5\eta) \times 100\% \tag{12-44}$$

为灰置信水平，又称为灰理论概率，描述了 $\boldsymbol{\Phi}_1$ 和 $\boldsymbol{\Phi}_2$ 属性相同的可信度。η 值可以由式(12-44)求得。从灰关系概念上讲，灰置信水平取值越大，表明滚动轴承性能时间序列所对应的性能不确定性序列向量 $\boldsymbol{\Phi}_1$ 和可靠性序列向量 $\boldsymbol{\Phi}_2$ 之间的关系越紧密；反之，两者之间的关系越疏松。这就揭示了性能不确定性和可靠性这两个不同属性之间的本质关系。具体实施时，可取 $f_{1,2}=0.5$，通过计算灰置信水平来评估两者之间的关联程度。若灰置信水平不小于 90%，则认为性能不确定性与可靠性之间关系十分紧密，否则不紧密。

12.3　性能可靠性与不确定性关系评估的实验研究

1. 案例 1

该案例为轴承内圈沟道表面磨损引起振动加速度演变的仿真案例，数据来自美国凯斯西储大学的轴承数据中心网站，该中心拥有专用的滚动轴承故障模拟实验台。其中实验台包括一个 2ps(1ps=0.735kW)的电动机、一个扭矩传感器/译码器和一个功率测试计等。待检测的轴承支撑着电动机的转轴，且驱动端轴承型号为 SKF6205，用加速度传感器测量轴承振动加速度信号。轴承运转速度为 1797r/min，采样频率为 12kHz，采样后可得到轴承内圈沟道有损伤的故障数据，磨损直径分别为 0mm、0.1778mm、0.5334mm 和 0.7112mm。所得轴承振动加速度的原始数据序列(电压信号)如图 12-1 所示。

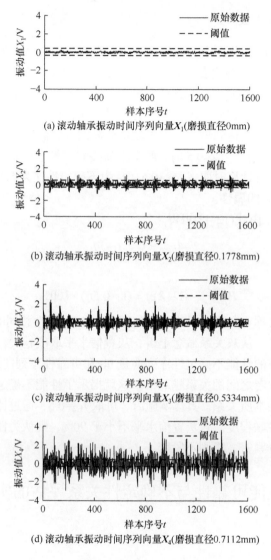

图 12-1　轴承在不同磨损直径下的振动信号

　　由图 12-1 不难看出，随着磨损直径的增大，轴承振动状况愈加剧烈，区间波动变大，且超过阈值的时间个数越多，变异概率越大，进而失效概率越大。

　　分别对时间序列向量 X_1、X_2、X_3、X_4 设定阈值、计数处理，具体分析时取阈值 $c=0.4V$，可计算出原始数据超出 $\pm c$ 的次数。由式(12-2)得到不同磨损直径下振动信号的变异概率，由式(12-4)得到不同磨损直径下轴承振动性能可靠度 R，结果如表 12-1 所示。

表 12-1　轴承振动性能不确定度 U_{mean} 和可靠度 R(案例 1)

时间序列向量	磨损直径 /mm	振动性能不确定度 U_{mean}/V	超出阈值 次数 s	变异 概率	可靠度 R/%
X_1	0	0.2369	0	0	100.00
X_2	0.1778	1.5048	212	0.1325	87.59
X_3	0.5334	2.3982	496	0.3100	73.34
X_4	0.7112	4.4753	961	0.6006	54.85

对时间序列向量 X_1、X_2、X_3、X_4 分别用灰自助法处理，在建立评估模型时，取自助评估因子 $m=5$、自助再抽样次数 $B=1000$、置信水平 $P=100\%$，根据式(12-5)～式(12-8)得到自助样本 $Y_{Bootstrap}$，由式(12-9)～式(12-23)求出下一时刻的估计真值 X_0、估计区间$[X_L, X_U]$，再根据式(12-24)～式(12-27)求出不同磨损直径下轴承振动性能不确定度 U_{mean}，结果如表 12-1 所示。

由表 12-1 可以看出，轴承振动性能不确定度 U_{mean} 随磨损直径的增加而增大，但这种增大关系是非线性的。由计数过程所得超出阈值次数同样随磨损直径的增大而增加，则变异概率逐渐增大，这种增大关系也是非线性的。轴承振动性能可靠度随磨损直径的增加而逐渐变小，磨损直径为 0.1778mm、0.5334mm、0.7112mm时，其可靠度均小于 90%，说明轴承恶性变异严重，性能不可靠且与实际情况符合。这说明不确定度的非线性增加会伴有可靠度的降低，两者之间有着负相关关系，但要判断这种关联程度的强弱，或实现两者之间的统一评价，就要借用灰关系进行判定。

对轴承振动性能不确定性与其可靠性之间进行灰关系分析时，取参数 $f_{1,2}=0.5$，由表 12-1 可知两者之间为负相关，在计算时为使两者极性统一，应将其中一属性人为地添加负号，即得到两个序列向量 $\boldsymbol{\Phi}_1$=(-0.2369，-1.5048，-2.3982，-4.4753)、$\boldsymbol{\Phi}_2$=(1.00，0.8759，0.7334，0.5485)，由式(12-30)～式(12-34)对这两个序列进行归一化处理，得到规范化生成序列向量 G_1 和 G_2，结果如图 12-2 所示。

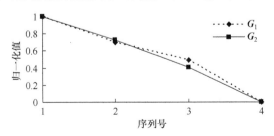

图 12-2　$\boldsymbol{\Phi}_1$ 和 $\boldsymbol{\Phi}_2$ 序列向量归一化处理结果(案例 1)

由图 12-2 可知，$\boldsymbol{\Phi}_1$ 和 $\boldsymbol{\Phi}_2$ 序列向量归一化处理后所得的规范化序列向量 G_1 和 G_2 十分相似，整体变化趋势一致，且几乎重合，这也说明了两个序列的关系应该十分紧密。为有力说明这两个序列的紧密程度，在给定参数 $f_{1,2}=0.5$ 条件下，由式(12-35)~式(12-44)可求出两者之间的灰置信水平为 99.08%>90%，表明 $\boldsymbol{\Phi}_1$ 和 $\boldsymbol{\Phi}_2$ 序列向量的关联程度很大，进而说明轴承振动性能不确定度与其可靠度之间为负相关，有着明显的灰关系，置信水平达到 99.08%。该实验数据的分析结果有助于对滚动轴承振动特征进行研究，两者灰关系的确立搭起了轴承振动性能不确定性和可靠性之间的桥梁。

2. 案例 2

该案例为监控滚动轴承振动性能随运转时间变化的案例。监视某个机械装备运行期间获得的滚动轴承振动信号时间序列原始数据如图 12-3 所示。

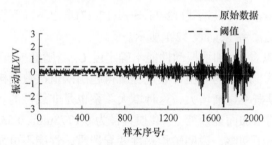

图 12-3　轴承振动信号时间序列向量

由图 12-3 看出，随着轴承运转时间的延长，轴承振动状况愈加剧烈，区间波动变大，超过阈值的时间个数变多。

在建模分析之前，先对原始数据进行分组处理：分 5 组，每组 400 个数据，构成时间序列向量 X_1、X_2、X_3、X_4、X_5。建立评估模型时，取自助评估因子 $m=5$、自助再抽样次数 $B=1000$、置信水平 $P=100\%$、阈值 $c=0.35\mathrm{V}$。根据案例 1 中所述方法，可求出不同时间段内轴承振动性能不确定度 U_{mean} 和可靠度 R，结果如表 12-2 所示。

表 12-2　轴承振动性能不确定度 U_{mean} 和可靠度 R(案例 2)

时间序列向量	振动性能不确定度 U_{mean}/V	超出阈值次数 s	变异概率 λ	可靠度 R/%
X_1	0.5784	0	0.0000	100.00
X_2	0.6246	10	0.0250	97.53
X_3	1.5164	80	0.2	81.87
X_4	2.3751	142	0.3550	70.12
X_5	4.5047	218	0.5450	57.98

由表 12-2 不难看出，轴承振动性能不确定度 U_{mean} 随运转时长的增加而增大，

但这种增大关系同样是非线性的。由计数过程所得超出阈值次数随运转时长的增加而增加，则变异概率逐渐增大，这种增大关系也是非线性的。轴承振动性能可靠度随运转时长的增加而逐渐变小，时间序列向量 X_1、X_2 的可靠度均大于 90%，表明轴承在时间段 1～400、401～800 的工作性能可靠；时间序列向量 X_3、X_4、X_5 的可靠度均小于 90%，表明轴承在时间段 801～1200、1201～1600、1601～2000 的工作性能不可靠，这同样说明轴承不确定度的非线性增加会伴有可靠度的降低，两者之间具有明显的负相关关系，可以根据灰关系进行判定这种关联程度的强弱。

在对轴承振动性能不确定度与其可靠度两者之间进行灰关系分析时，取参数 $f_{1,2}=0.5$，由表 12-2 可知两者之间为负相关。为使两者极性统一，在计算时将其中一属性添加负号，即得到两个序列向量 $\Phi_1=(-0.5784,\ -0.6246,\ -1.5164,\ -2.3751,\ -4.5047)$、$\Phi_2=(1.00,\ 0.9753,\ 0.8187,\ 0.7012,\ 0.5798)$，对这两个序列进行归一化处理，得到规范化生成序列向量 G_1 和 G_2，结果如图 12-4 所示。

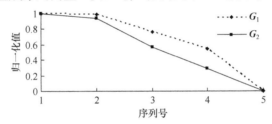

图 12-4　Φ_1 和 Φ_2 序列向量归一化处理结果(案例 2)

由图 12-4 可知，Φ_1 和 Φ_2 序列向量归一化处理后所得的规范化序列向量 G_1 和 G_2 的整体变化趋势十分相似，但两者的重合程度不如案例 1，也就是说从直观上来看，两者之间的关系较为密切，但密切程度不如案例 1。为有力地说明两个序列的紧密程度，在给定参数 $f_{1,2}=0.5$ 条件下，求出两者之间的灰置信水平为 95.27%≥90%，且小于 99.08%。所以 Φ_1 和 Φ_2 两序列向量的关联程度很大，说明轴承振动性能不确定度与其可靠度之间为负相关关系，可信水平达到 95.27%且小于案例 1，也验证了方法的准确性。该实验数据的分析结果显示，随着滚动轴承运转时间的延长，振动性能不确定性呈现出非线性增长趋势，可靠性呈现非线性降低趋势，且不确定性和可靠性两者之间有着明显的灰关系。

3. 案例 3

该案例为大型滚动轴承摩擦力矩监测案例，该大型轴承适用在较低转速工况下。实验台由动力传动部件、转动盘部件、摩擦力传感器、应变仪、示波器等组成，测试过程分别在 3r/min、7r/min、12r/min 三种不同转速下完成，轴向载荷均为 200N。示波器采集数据样本，构成如图 12-5 所示的摩擦力矩时间序列。在实验时，摩擦力矩用电压值表示，单位为 V。

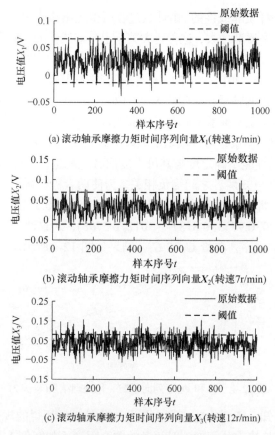

(a) 滚动轴承摩擦力矩时间序列向量X_1(转速3r/min)

(b) 滚动轴承摩擦力矩时间序列向量X_2(转速7r/min)

(c) 滚动轴承摩擦力矩时间序列向量X_3(转速12r/min)

图12-5　轴承在不同转速下摩擦力矩信号

　　由图12-5可以看出，随着轴承转速的增大，摩擦力矩区间波动变大，且超过阈值的个数变多。

　　由于原始数据分布不是在0V上下波动的，在建模分析之前，为准确得到阈值区间，先对原始数据求取均值$X_{01}=0.0260V$、$X_{02}=0.0279V$、$X_{03}=0.0372V$。建立评估模型时，取自助评估因子$m=5$、自助再抽样次数$B=1000$、置信水平$P=100\%$、阈值$c=0.04V$，则对应的阈值区间分别为$(0.0260\pm0.04)V$、$(0.0279\pm0.04)V$、$(0.0372\pm0.04)V$。根据案例1中所述方法，可求出不同时间段内轴承摩擦力矩性能不确定度U_{mean}和可靠度R，结果如表12-3所示。

　　由表12-3可以看出，轴承摩擦力矩性能不确定度U_{mean}随转速的增大而增大，但这种增大关系是非线性的。由计数过程所得超出阈值次数随轴承转速的增大而增加，则变异概率逐渐增大。轴承摩擦力矩性能可靠度随转速的增大而逐渐变小，由于该套轴承只适用于极小转速的工况，当转速达到12r/min时，R为72.83%，小于90%，可靠度迅速减小，工作性能不可靠。这再次说明不确定度的增大会伴有可靠度的减小，两者之间有明显的负相关关系，应用灰关系进行判定。

表 12-3　轴承摩擦力矩性能不确定度 U_{mean} 和可靠度 R

时间序列向量	转速/(r/min)	摩擦力矩性能不确定度 U_{mean}/V	超出阈值次数 s	变异概率 λ	可靠度 R/%
X_1	3	0.0838	21	0.021	97.92
X_2	7	0.0970	33	0.033	96.75
X_3	12	0.2143	317	0.317	72.83

在对轴承摩擦力矩不确定性与其可靠性两者之间进行灰关系分析时，取参数 $f_{1,2}=0.5$，由表 12-3 可知两者之间为负相关关系。为使两者极性统一，计算时将其中一属性添加负号，即得到两个序列向量 $\boldsymbol{\Phi}_1=(-0.0838,\ -0.0970,\ -0.2143)$、$\boldsymbol{\Phi}_2=(0.9792,\ 0.9675,\ 0.7283)$，对这两个序列进行归一化处理，得到规范化生成序列向量 G_1 和 G_2，结果如图 12-6 所示。

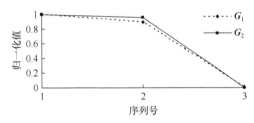

图 12-6　$\boldsymbol{\Phi}_1$ 和 $\boldsymbol{\Phi}_2$ 序列归一化处理结果(案例 3)

由图 12-6 可知，$\boldsymbol{\Phi}_1$ 和 $\boldsymbol{\Phi}_2$ 序列向量归一化处理后所得的规范化序列向量 G_1 和 G_2 的整体变化趋势十分相似，且两者几乎重合，也就是说从直观上来看，两者之间的关系十分密切，且密切程度应该优于案例 2。为有力说明这两个序列的紧密程度，在给定参数 $f_{1,2}=0.5$ 条件下，求出两者之间的灰置信水平为 99.55%≥90%。所以 $\boldsymbol{\Phi}_1$ 和 $\boldsymbol{\Phi}_2$ 序列向量的关联程度很大，说明轴承摩擦力矩性能不确定性与其可靠性两者之间为负相关关系，可信水平达到 99.55%。该实验数据的分析结果显示，随着滚动轴承转速的增加，摩擦力矩性能不确定性呈现出非线性增长趋势，可靠性呈现非线性降低趋势，且不确定性和可靠性之间有着十分明显的灰关系。

显然，三个案例的建模分析均有效地反映出轴承振动与摩擦力矩性能的一般变化规律，准确监测出轴承服役期间性能不确定性及可靠性演变轨迹，两者之间有着紧密的联系，均呈现出非线性的增大或减小趋势，灰置信水平均大于 90%，最高达到 99.55%，最低也要在 95.00% 以上。因此，应用本节所提方法可以有效地挖掘轴承性能时间序列的变化信息，通过分析其性能不确定性、可靠性以及两者之间的灰关系，可有效监测出轴承内部已发生潜在的失效状况。

12.4　性能可靠性与稳定性关系评估的数学模型

12.4.1　基于灰关系的稳定性分析

1. 时间序列的排序向量

设产品特定性能的本征数据序列向量 $\boldsymbol{\Phi}_0$ 为

$$\boldsymbol{\Phi}_0 = (\varphi(1), \varphi(2), \cdots, \varphi(n), \cdots, \varphi(N)) \tag{12-45}$$

式中，$\varphi(n)$ 为 $\boldsymbol{\Phi}_0$ 中的第 n 个数据，$n=1,2,\cdots,N$，N 为数据总个数。

在产品服役期间，按时间测量先后顺序形成的性能时间序列向量 $\boldsymbol{\Phi}$ 为

$$\boldsymbol{\Phi} = (\varphi(1), \varphi(2), \cdots, \varphi(t), \cdots, \varphi(T)) \tag{12-46}$$

式中，$\varphi(t)$ 为 $\boldsymbol{\Phi}$ 中的第 t 个数据，$t=1,2,\cdots,T$，T 为数据总个数，$T>N$。

为有效分析产品运转过程中的性能稳定性，将时间序列向量 $\boldsymbol{\Phi}$ 分组处理，每组 N 个数据，可构成评估数据序列向量 $\boldsymbol{\Phi}_i$：

$$\boldsymbol{\Phi}_i = (\varphi_i(1), \varphi_i(2), \cdots, \varphi_i(n), \cdots, \varphi_i(N)) \tag{12-47}$$

式中，$\boldsymbol{\Phi}_i$ 为分组处理后的第 i 组数据；$\varphi_i(n)$ 为 $\boldsymbol{\Phi}_i$ 的第 n 个数据，$n=1,2,\cdots,N$。

分别对本征序列向量 $\boldsymbol{\Phi}_0$ 和评估序列向量 $\boldsymbol{\Phi}_i$ 中的数据从小到大排序，可得到排序后的序列向量 $\boldsymbol{\Psi}_0$ 和 $\boldsymbol{\Psi}_i$：

$$\boldsymbol{\Psi}_0 = (\psi_0(1), \psi_0(2), \cdots, \psi_0(n), \cdots, \psi_0(N)), \quad \boldsymbol{\Psi}_i = (\psi_i(1), \psi_i(2), \cdots, \psi_i(n), \cdots, \psi_i(N)) \tag{12-48}$$

式中，$\boldsymbol{\Psi}_0$ 是 $\boldsymbol{\Phi}_0$ 的排序数据向量；$\boldsymbol{\Psi}_i$ 是 $\boldsymbol{\Phi}_i$ 的排序数据向量。

基于灰关系概念，对这两个排序数据序列之间的性能属性进行灰分析，可以实时监测每个性能评估序列的稳定性演变历程。

2. 排序后的灰关系分析及灰置信水平求取

利用灰关系判定产品性能不同运行时间段内评估序列与本征序列的符合程度，通过对数据序列排序，可得到各数据序列的分布信息，从而建立评估序列与本征序列之间属性的灰关系，然后结合灰置信水平分析其性能稳定性。

定义基于数据序列向量 $\boldsymbol{\Phi}_0$ 和 $\boldsymbol{\Phi}_i$ 之间灰关系的属性权重为

$$f_{0,i} = \begin{cases} 1 - d_{\max} / \eta, & d_{\max} \in [0, \eta] \\ 0, & d_{\max} \in [\eta, 1] \end{cases} \tag{12-49}$$

式中，$f_{0,i} \in [0,1]$ 为属性权重；$\eta \in [0,1]$ 为参数。

参考式(12-44)，$P_{0,i}$ 为灰置信水平，又称为灰理论概率，能够描述 $\boldsymbol{\Phi}_0$ 和 $\boldsymbol{\Phi}_i$ 属性相同的可信度。从灰关系概念上讲，若评估数据序列 $\boldsymbol{\Phi}_i$ 与本征数据序列 $\boldsymbol{\Phi}_0$ 之间的关系越紧密，则灰置信水平取值越大，表明时间序列越稳定，即产品工作性能越稳定；反之，灰置信水平取值越小，评估序列与本征序列相似度越小，产品运转过程中既有可能发生严重变异，也可能出现粗大误差，即其工作性能越不稳定。这就揭示了两个数据序列的排序特征与产品运转过程性能稳定性之间的本质关系。具体实施时，可取 $f_{0,i}$=0.5，通过计算灰置信水平来评估与预测产品运转状况是否稳定。若灰置信水平不小于 90%，则认为产品运转性能是稳定的；否则，认为运转性能不稳定。90%的选取是依据产品额定寿命的定义，额定寿命是指一批相同的产品中 90%的产品在疲劳破坏之前能够达到或超过的寿命。产品运转稳定是指产品运转过程中相对于本征序列有 90%或更高的灰置信水平。

12.4.2　自助-最大熵法求取评估序列的概率密度信息

1. 评估序列 $\boldsymbol{\Phi}_i$ 自助抽样

根据性能时间序列分段后的评估序列向量 $\boldsymbol{\Phi}_i$ 为

$$\boldsymbol{\Phi}_i = (\varphi_i(1), \varphi_i(2), \cdots, \varphi_i(n), \cdots, \varphi_i(N)) \tag{12-50}$$

式中，$\boldsymbol{\Phi}_i$ 为分组处理后的第 i 组数据；$\varphi_i(n)$ 为 $\boldsymbol{\Phi}_i$ 的第 n 个数据，n=1,2,$\cdots$,N。

从数据序列向量 $\boldsymbol{\Phi}_i$ 中等概率可放回地抽样，每次抽取 m⩽N 个数据，得到一个样本向量 $\boldsymbol{X}_b$；连续重复抽取 B 次，可以得到 B 个自助样本：

$$\boldsymbol{X}_b = (x_b(1), x_b(2), \cdots, x_b(l), \cdots, x_b(m)) \tag{12-51}$$

式中，$\boldsymbol{X}_b$ 为第 b 个自助样本向量；b=1,2,$\cdots$,B；l 为生成自助样本的数据序号，l=1,2,$\cdots$,m；$y_b(l)$为第 b 个自助样本的第 l 个数据。

自助样本的均值 X_b^*为

$$X_b^* = \frac{1}{m} \sum_{l=1}^{m} x_b(l) \tag{12-52}$$

样本含量为 B 的自助样本 $\boldsymbol{X}_{\text{Bootstrap}}$ 为

$$\boldsymbol{X}_{\text{Bootstrap}} = (X_1, X_2, \cdots, X_b, \cdots, X_B) \tag{12-53}$$

2. 基于最大熵原理求解评估序列的概率密度函数

对于连续信息源，随机变量 x 的分布用概率密度函数 $f(x)$来描述，信息熵的表达式为

$$H(x) = -\int_{-\infty}^{+\infty} f(x) \ln f(x) \mathrm{d}x \tag{12-54}$$

　　可以用最大熵法获得基于样本信息的概率密度函数的最优估计。最大熵法的主要思想是：在所有可行解中，满足熵最大的解是最"无偏"的。令

$$H(x) = -\int_S f(x)\ln f(x)\mathrm{d}x \rightarrow \max \tag{12-55}$$

约束条件为

$$\int_S f(x)\mathrm{d}x = 1$$

$$\int_S x^i f(x)\mathrm{d}x = m_{Mi}, \quad i = 0,1,2,\cdots,m_M; m_{M0} = 1 \tag{12-56}$$

式中，S 为积分区间，即性能随机变量 x 的可行域；m_M 为最高阶原点矩的阶数；m_{Mi} 为第 i 阶原点矩。

　　通过调整 $f(x)$ 可以使熵达到最大值，Lagrange 乘子法的解为

$$f(x) = \exp\left(c_0 + \sum_{i=1}^{m_M} c_i x^i\right) \tag{12-57}$$

式中，$c_0, c_1, \cdots, c_{m_M}$ 为 Lagrange 乘子；x 为性能随机变量，有

$$m_{Mi} = \frac{\int_S x^i \exp\left(\sum_{i=1}^{m_M} c_i x^i\right)\mathrm{d}x}{\int_S \exp\left(\sum_{i=1}^{m_M} c_i x^i\right)\mathrm{d}x} \tag{12-58}$$

$$\lambda_0 = -\ln\left[\int_S \exp\left(\sum_{i=1}^{m_M} c_i x^i\right)\mathrm{d}x\right] \tag{12-59}$$

　　式(12-57)就是用最大熵法构建的概率密度函数，可用式(12-53)中自助样本 $X_{\mathrm{Bootstrap}}$ 中的数据构建性能样本的概率密度函数 $f(x)$。

3. 基于灰置信水平的区间估计

　　对于随机变量 x 的概率密度函数 $f(x)$，有实数 $\alpha \in (0,1)$ 存在，若 x_α 使概率

$$P(X < X_\alpha) = \int_{-\infty}^{x_\alpha} f(x)\mathrm{d}x = \alpha \tag{12-60}$$

则称 x_α 为概率密度函数 $f(x)$ 的 α 分位数。其中，α 称为显著性水平。

　　对于双侧分位数，有如下等式成立：

$$P(X < X_{\mathrm{L}}) = \frac{\alpha}{2} \tag{12-61}$$

$$P(X \geqslant X_{\mathrm{U}}) = \frac{\alpha}{2} \tag{12-62}$$

根据求出的灰置信水平 P_{0i}，得到所对应评估序列向量 $\boldsymbol{\Phi}_i$ 的显著性水平为

$$\alpha = (1 - P_{0i}) \times 100\% \tag{12-63}$$

式中，X_U 和 X_L 分别为评估序列向量 $\boldsymbol{\Phi}_i$ 的灰置信区间上界值和下界值，$[X_L, X_U]$ 为灰置信区间。

12.4.3 基于泊松计数过程的可靠性评估

泊松过程作为可靠性分析的一种方法，不考虑概率分布与趋势变化信息，泊松计数过程能有效分析时间序列这样的无失效数据问题，变异概率能够有效挖掘出基于时间序列问题的变异信息并将变异程度进行量化。

1. 计数过程

用式(12-61)和式(12-62)得到评估序列向量 $\boldsymbol{\Phi}_i$ 的灰置信区间$[X_L, X_U]$，根据自助抽样得到式(12-25)样本含量为 B 的自助样本 $X_{\text{Bootstrap}}$，假设在 B 个生成数据中有 s 个数据在灰置信区间$[X_L, X_U]$之外，则 $\boldsymbol{\Phi}_i$ 的变异概率 λ 表示为

$$\lambda = \frac{s}{B} \tag{12-64}$$

变异概率是指性能幅值超过阈值的频率，属于影响产品运转性能可靠性变异过程的重要特征参数，且随着产品性能在不同的评估序列区间变异而变化。

2. 可靠性评估

根据式(12-3)和式(12-4)知，评估序列向量 $\boldsymbol{\Phi}_i$ 的可靠度只是关于变异概率 λ 的函数。在具体实施时，若可靠度不小于90%，则认为产品性能是可靠的，否则，认为性能不可靠。

12.5　性能可靠性与稳定性关系评估的实验研究

12.5.1 仿真研究

本案例以滚动轴承为研究对象。滚动轴承服役期间，其摩擦力矩具有随机性、波动性，表现出明显的不确定度，很难找到其真正的分布信息，但分布情况大都在均值附近上下波动。这里以正态分布为例，利用计算机仿真一组数学期望 $E=200$、标准差 $S=2$、服从正态分布的摩擦力矩性能时间序列，共 40 个数据，然后将灰关系融入泊松过程，研究滚动轴承运转性能稳定性及可靠性。本仿真案例模拟的轴承运转过程输出的摩擦力矩时间序列分布可由正态分布表征，即假设研究对象的性能参数随机变量的理想分布为正态分布。因此，该仿真案例轴承的运

转过程是稳定且可靠的。接下来评估这 40 个仿真时间序列是否稳定可靠，以验证所提模型的正确可行性。

将样本含量为 40 的仿真序列分为 4 组处理，即 $\Phi_0 \sim \Phi_3$，每个分组序列有 10 个数据，表示为

Φ_0=(200.0450, 197.1669, 200.9391, 199.3616, 201.8333, 198.9552, 198.1262, 200.5488, 205.0204, 202.1423)

Φ_1=(197.9146, 199.7359, 200.2075, 197.3295, 203.1017, 201.5242, 197.9958, 199.1178, 200.2888, 200.7113)

Φ_2=(200.4514, 204.8739, 199.3456, 198.4675, 198.2397, 200.0610, 202.5327, 197.6546, 201.4268, 199.2482)

Φ_3=(197.5894, 199.4107, 200.4836, 199.6055, 204.7765, 201.1991, 199.6707, 200.7926, 198.5649, 198.3862)

以第 1 个时间序列向量 Φ_0 作为本征序列，分析其他 3 个评估序列向量 Φ_1、Φ_2、Φ_3 的灰关系。取属性权重 f_{0i}=0.5，计算灰置信水平 P_{0i}，结果如表 12-4 所示。

表 12-4　正态分布时间序列的灰置信水平

属性权重 f_{0i}	P_{01}	P_{02}	P_{03}
0.5	98.79%	94.53%	95.09%

由表 12-4 不难看出，本征序列与其他 3 个评估序列的灰置信水平均大于 90%，表明该轴承在运转过程中的性能是稳定的，同时证明基于灰关系的稳定性评估模型是准确可行的。

然后，基于自助法对评估序列向量 Φ_1、Φ_2、Φ_3 自助抽样，取 B=20000，生成数据如图 12-7 所示；利用最大熵原理对生成的抽样数据进行概率密度求取，结果如图 12-8 所示；在给定灰置信水平下求 3 个评估序列的波动区间$[X_{L1}, X_{U1}]$、$[X_{L2}, X_{U2}]$和$[X_{L3}, X_{U3}]$；根据计数过程求解各个序列变异概率的原始信息，用泊松过程表征可靠度函数，进而求出每个评估序列的可靠度信息，结果如表 12-5 所示。

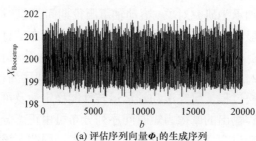

(a) 评估序列向量 Φ_1 的生成序列

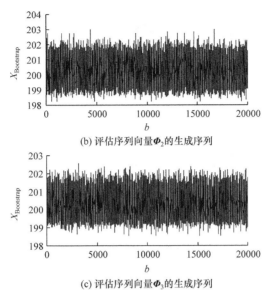

(b) 评估序列向量 $\boldsymbol{\Phi}_2$ 的生成序列

(c) 评估序列向量 $\boldsymbol{\Phi}_3$ 的生成序列

图 12-7 评估序列向量 $\boldsymbol{\Phi}_1$、$\boldsymbol{\Phi}_2$、$\boldsymbol{\Phi}_3$ 的自助抽样数据

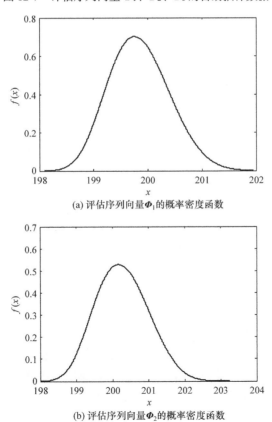

(a) 评估序列向量 $\boldsymbol{\Phi}_1$ 的概率密度函数

(b) 评估序列向量 $\boldsymbol{\Phi}_2$ 的概率密度函数

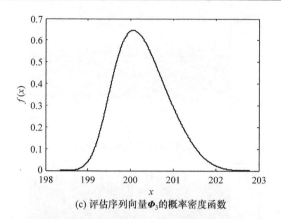

(c) 评估序列向量 Φ_3 的概率密度函数

图 12-8　评估序列向量 Φ_1、Φ_2、Φ_3 的概率密度函数

表 12-5　正态分布时间序列的可靠度信息

评估序列向量	评估区间$[X_L, X_U]$	变异概率 λ	可靠度 R/%
Φ_1	[198.610, 201.304]	0.00785	99.22
Φ_2	[198.968, 201.711]	0.04795	95.32
Φ_3	[199.228, 201.299]	0.04015	96.06

由图 12-7 所示的大量生成数据可以看出，大多数数据在均值附近区域波动，少量数据在距均值较远的区域波动，且波动具有明显的不确定性。从整体上看，生成数据没有明显的趋势变化，而且波动范围基本是稳定的，这正是评估数据内部所存在的某一确定性规则。

由图 12-8 不难看出，时间序列向量 Φ_1、Φ_2、Φ_3 即使由同等条件下的正态分布仿真得到，其当前的概率密度函数也不尽相同，在不同的时间段内表现出不同的走势，但也存在某些共性，曲线的共同之处是形状上的单峰性和位置上的非原点性；不同之处在于单峰形状的对称性(有的看似左右对称、有的左偏)、峰值位置的非等值性和曲线的匀称性(高度与宽度各异)。概率密度函数决定了估计真值、波动范围、信息熵等诸多特征性能参数，可有效判定评估序列的内在运行机制与演变信息。

根据表 12-5 可以看出，3 个评估序列的估计区间上下波动差较小，表明轴承运转期间是较为稳定可靠的；变异概率较小，为 10^{-2} 数量级甚至更小，表明当前时间段内恶性变异因子较小，轴承的灵敏性及使用性能较好；3 个评估序列的可靠度均大于 90%，验证了该轴承性能是可靠的。总体而言，该正态分布的仿真实验验证了所提模型的有效性及可行性，既能有效判断各个评估序列的区间波动和变异状况，又能对其服役期间可靠性做出准确判定。

　　为验证所提方法可准确判断轴承运转期间非稳定与非可靠的另一反面特征，现人为地对评估序列向量 Φ_2 和 Φ_3 中的一个样本分别有意增大与减小，从而造成一粗大误差(野值)，则评估序列向量变为 Φ_2' 和 Φ_3'：

　　Φ_2' =(200.4514, 204.8739, 199.3456, 198.4675, 198.2397, 200.0610, 202.5327, **215**, 201.4268, 199.2482)

　　Φ_3' =(197.5894, 199.4107, 200.4836, 199.6055, **180**, 201.1991, 199.6707, 200.7926, 198.5649, 198.3862)

式中，黑色字体数值 **215** 和 **180** 表示人为添加的粗大误差。

　　同样取属性权重 f_{0i}=0.5，计算灰置信水平 P_{0i}'，结果如表 12-6 所示。

表 12-6　添加粗大误差后正态分布时间序列的灰置信水平

属性权重 f_{0i}	P_{01}'	P_{02}'	P_{03}'
0.5	98.79%	79.55%	81.80%

　　从表 12-6 可以得出，粗大误差对轴承运转稳定性的影响较大，评估序列向量 Φ_2' 和 Φ_3' 的灰置信水平 P_{02}' 和 P_{03}' 都小于 90%，表明基于 Φ_2' 和 Φ_3' 的时间序列向量，轴承运转过程中的性能是不稳定的，从而验证了基于灰关系的分析模型可有效监测轴承的非稳定信息。

　　同样基于灰置信水平，利用自助-最大熵法求取评估序列向量 Φ_2' 和 Φ_3' 的波动区间 $[X_{L2}', X_{U2}']$ 和 $[X_{L3}', X_{U3}']$，根据泊松计数过程求解其变异概率和可靠度，结果如表 12-7 所示。

表 12-7　正态分布时间序列的可靠度信息

评估序列向量	评估区间 $[X_L, X_U]$	变异概率 λ	可靠度 R/%
Φ_1	[198.610, 201.304]	0.00785	99.22
Φ_2'	[200.235, 204.432]	0.20240	81.68
Φ_3'	[200.125, 189.217]	0.13995	86.94

　　由表 12-7 可得，评估序列向量 Φ_2' 和 Φ_3' 的变异概率明显增大，即轴承运转期间的恶性变异因子明显变大，则其运转性能可靠性受到严重威胁；评估序列向量 Φ_2' 和 Φ_3' 的可靠度均小于 90%，说明当前时间序列下轴承运转性能是不可靠的。进而验证了基于灰置信水平、利用自助-最大熵泊松计数过程的分析模型可准确判定轴承的非可靠性状况。

12.5.2　实验研究

　　研究对象为 A、B、C 共三个不同编号的滚动轴承摩擦力矩性能时间序列，单位为 mA。研究工作在室内温度 20～25℃、相对湿度 55%以上完成，且实验台建立在真空罩内的受控清洁和无振动的地基上来模拟实际工作情况。反作用控制箱输出指令电压带动真空实验装置中的轴承转动，轴承组件性能内装有检测反馈装置，取样并转换后将得到的电流信号反馈给控制箱。真空检测装置实时检测装置内的真空度，一旦真空度低于要求系统便会自行启动，G1-150A 高真空设备将实验装置内的空气抽到规定范围。其中，A 轴承的稳态转速为 6000r/min，B、C 轴承的稳态转速为 3500r/min。采集实验数据的频率为 1 次/天，每套组件采集 450 个实验数据，即 15 个月的数据。利用观察反馈得到的摩擦力矩电流信号时间序列，对滚动轴承运转性能的稳定性及可靠性进行分析与研究。

　　轴承组件运转期间要经历三个阶段：初期磨损、正常磨损、剧烈磨损。为避开初期磨损阶段，本征序列的性能状态应处于初期磨损结束和正常磨损开始的临界状态。在数据分组处理阶段，按月分组(每月按 30 天计)，即每组数据有 30 个样本信息。综合考虑本征序列的性能态势及数据分组处理的方便性，具体实施时将第 1 个月的数据作为初期磨损阶段，第 2 个月数据作为本征序列，然后对其他第 3～15 个月的评估数据序列进行稳定性与可靠性分析。

　　1. 轴承 A

　　轴承 A 的 450 个原始数据如图 12-9 所示。第 2 个月数据信息为本征序列向量 $\boldsymbol{\Phi}_2$，其他第 3～15 个月的评估数据序列向量记为 $\boldsymbol{\Phi}_3 \sim \boldsymbol{\Phi}_{15}$，基于灰关系所得第 3～15 个月的灰置信水平记为 $P_{2,3} \sim P_{2,15}$，根据泊松计数过程所得的可靠度记为 $R_{2,3} \sim R_{2,15}$，结果如表 12-8 所示。

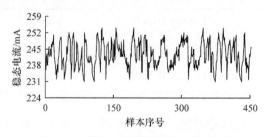

图 12-9　轴承 A 的摩擦力矩时间序列

　　由图 12-9 可以看出，轴承 A 的摩擦力矩时间序列表现出明显的随机性，具有不确定的强烈波动和趋势变化,属于概率分布与趋势规律都未知的乏信息系统，也体现出所提模型可在极其尖端刻薄的实验数据下进行有效分析。

表 12-8　轴承 A 的稳定性及可靠性分析结果

评估序列向量	灰置信水平 $P_{2,i}$/%	评估区间 $[X_L, X_U]$	变异概率 λ	可靠度 $R_{2,i}$/%
$\varPhi_3$	96.675	[239.221, 243.305]	0.02855	97.19
$\varPhi_4$	96.300	[238.407, 243.027]	0.03525	96.54
$\varPhi_5$	95.155	[242.781, 246.136]	0.04400	95.70
$\varPhi_6$	96.665	[242.858, 246.225]	0.02845	97.20
$\varPhi_7$	95.98	[242.379, 246.666]	0.03675	96.39
$\varPhi_8$	96.67	[240.019, 244.373]	0.02770	97.27
$\varPhi_9$	96.08	[240.951, 244.962]	0.02905	97.14
$\varPhi_{10}$	89.88	[240.557, 243.202]	0.09280	91.14
$\varPhi_{11}$	89.87	[241.713, 245.176]	0.09215	91.20
$\varPhi_{12}$	94.585	[242.21, 245.933]	0.04995	95.13
$\varPhi_{13}$	96.015	[238.928, 244.033]	0.03585	96.48
$\varPhi_{14}$	92.735	[243.156, 245.877]	0.06575	93.64
$\varPhi_{15}$	93.215	[237.718, 241.622]	0.05715	94.45

　　由表 12-8 可以看出，$P_{2,10}$ 和 $P_{2,11}$ 的灰置信水平分别为 89.88%和 89.87%，均小于 90%，表明滚动轴承 A 第 10 个月与第 11 个月的稳定性明显降低，表示评估序列向量 $\varPhi_{10}$ 和 $\varPhi_{11}$ 与本征序列向量 $\varPhi_2$ 之间的属性关系不紧密，在轴承运转过程中出现不稳定现象，应当及时采取补救措施；但其可靠度 $R_{2,10}$ 和 $R_{2,11}$ 分别为 91.14%和 91.20%，均大于 90%，表明滚动轴承 A 第 10 个月与第 11 个月的性能是可靠的。即说明了运转期间不稳定的工作系统，其性能不一定不可靠。综合分析评估序列向量 $\varPhi_3 \sim \varPhi_{15}$，随着稳定性的提高，其性能可靠性也会有有明显的上升趋势，但并非完全符合正相关关系，如 $\varPhi_3$ 和 $\varPhi_6$、$\varPhi_4$ 和 $\varPhi_9$ 的稳定性降低，其可靠性不一定就低，这也与工程实际较为符合。总体来看，轴承 A 运转期间第 3～15 个月的工作性能较为可靠，除第 10 个月和第 11 个月外，运转状况也是较为稳定的。

2. 轴承 B

　　轴承 B 的 450 个原始数据如图 12-10 所示。同样，以第 2 个月数据信息为本

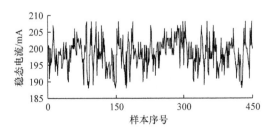

图 12-10　轴承 B 的摩擦力矩时间序列

征序列向量 $\boldsymbol{\Phi}_2$，其他第 3～15 个月的评估数据序列向量记为 $\boldsymbol{\Phi}_3$～$\boldsymbol{\Phi}_{15}$，基于灰关系所得第 3～15 个月的灰置信水平记为 $P_{2,3}$～$P_{2,15}$，根据泊松计数过程所得可靠度记为 $R_{2,3}$～$R_{2,15}$，结果如表 12-9 所示。

表 12-9　轴承 B 的稳定性及可靠性分析结果

评估序列向量	灰置信水平 $P_{2,i}$/%	评估区间 $[X_L, X_U]$	变异概率 λ	可靠度 $R_{2,i}$/%
$\boldsymbol{\Phi}_3$	98.795	[196.959, 201.008]	0.01085	98.92
$\boldsymbol{\Phi}_4$	99.45	[197.006, 201.695]	0.0047	99.53
$\boldsymbol{\Phi}_5$	93.07	[193.769, 196.281]	0.06695	93.52
$\boldsymbol{\Phi}_6$	99.358	[195.864, 200.889]	0.0043	99.57
$\boldsymbol{\Phi}_7$	95.92	[197.081, 199.821]	0.03745	96.32
$\boldsymbol{\Phi}_8$	95.065	[196.645, 199.292]	0.0438	95.71
$\boldsymbol{\Phi}_9$	96.67	[199.455, 201.703]	0.025	97.53
$\boldsymbol{\Phi}_{10}$	96.71	[201.120, 203.775]	0.02955	97.09
$\boldsymbol{\Phi}_{11}$	97.145	[196.967, 200.256]	0.02465	97.57
$\boldsymbol{\Phi}_{12}$	99.40	[197.038, 200.884]	0.0039	99.61
$\boldsymbol{\Phi}_{13}$	91.56	[198.741, 196.044]	0.07485	92.79
$\boldsymbol{\Phi}_{14}$	99.192	[196.616, 200.229]	0.00595	99.41
$\boldsymbol{\Phi}_{15}$	96.47	[195.795, 200.264]	0.0297	97.07

由图 12-10 可以看出，轴承 B 的摩擦力矩时间序列表现出明显的随机性，具有不确定的强烈波动和趋势变化；系统属性分布规律无特殊要求，也说明所提预测模型的通用可行性，可以自动识别实验数据的内部规律，进而做出客观有效的判定。

由表 12-9 可以看出，滚动轴承 B 评估序列的最小灰置信水平为 $P_{2,13}$=91.56%，最小可靠度为 $R_{2,13}$=92.79%，出现在第 13 个月，均大于 90%，说明滚动轴承 B 服役期间第 3～15 个月的运转状况较为稳定，且工作性能十分可靠；同时最大变异概率较小，仅为 0.07485，说明其运转期间的恶性变异因子较小，同样表明轴承 B 服役期间是稳定可靠的。最高灰置信水平为 $P_{2,4}$=99.45%，出现在第 2 个月，最高可靠度为 $R_{2,12}$=99.61%，出现在第 12 个月，这也说明产品性能的稳定性与可靠性并非是完全的正相关关系。综合分析第 3～15 个月评估序列的稳定性与可靠性可知，两者只是有一个大概的正相关趋势，再次验证了所提模型的计算结果与工程实际的良好统一。总体来看，轴承 B 运转期间第 3～15 个月的运转状态是稳定的，工作性能也是可靠的。

3. 轴承 C

轴承 C 的 450 个原始数据如图 12-11 所示。同样，以第 2 个月数据信息为本

征序列向量 $\boldsymbol{\Phi}_2$，其他第 3～15 个月的评估数据序列向量记为 $\boldsymbol{\Phi}_3$～$\boldsymbol{\Phi}_{15}$，基于灰关系所得第 3～15 个月的灰置信水平记为 $P_{2,3}$～$P_{2,15}$，根据泊松计数过程所得可靠度记为 $R_{2,3}$～$R_{2,15}$，结果如表 12-10 所示。

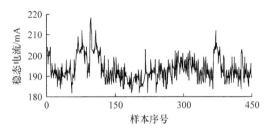

图 12-11　轴承 C 的摩擦力矩时间序列

表 12-10　轴承 C 的稳定性及可靠性分析结果

评估序列向量	灰置信水平 $P_{2,i}$/%	评估区间$[X_{\mathrm{L}}, X_{\mathrm{U}}]$	变异概率 λ	可靠度 $R_{2,i}$/%
$\boldsymbol{\Phi}_3$	99.033	[198.704, 203.177]	0.00645	99.36
$\boldsymbol{\Phi}_4$	93.315	[200.178, 204.411]	0.06275	93.92
$\boldsymbol{\Phi}_5$	82.52	[190.365, 192.474]	0.1583	85.36
$\boldsymbol{\Phi}_6$	89.22	[189.104, 191.139]	0.0934	91.08
$\boldsymbol{\Phi}_7$	96.30	[188.800, 186.591]	0.0339	96.67
$\boldsymbol{\Phi}_8$	93.80	[190.170, 192.594]	0.05785	94.38
$\boldsymbol{\Phi}_9$	94.64	[189.780, 192.427]	0.0512	95.01
$\boldsymbol{\Phi}_{10}$	98.75	[192.792, 196.666]	0.01035	98.97
$\boldsymbol{\Phi}_{11}$	99.016	[193.726, 196.651]	0.00885	99.12
$\boldsymbol{\Phi}_{12}$	91.91	[189.952, 192.396]	0.07175	93.08
$\boldsymbol{\Phi}_{13}$	96.165	[195.675, 200.611]	0.03505	96.56
$\boldsymbol{\Phi}_{14}$	90.80	[189.970, 192.072]	0.08715	91.65
$\boldsymbol{\Phi}_{15}$	93.04	[190.943, 193.604]	0.06575	93.64

　　由图 12-11 可以看出，轴承 C 的摩擦力矩时间序列具有明显的非线性动力学特征，很难挖掘其相关性能的概率分布与变化趋势的先验信息，所提模型可从这种貌似无规则的、类似随机的现象中揭示其内在无序和复杂现象背后的有序和规律。

　　由表 12-10 可以看出，$P_{2,5}$ 和 $P_{2,6}$ 的灰置信水平分别为 82.52% 和 89.22%，均小于 90%，表明滚动轴承 C 第 5 个月与第 6 个月的稳定性明显降低，即评估序列向量 $\boldsymbol{\Phi}_{10}$ 和 $\boldsymbol{\Phi}_{11}$ 与本征序列向量 $\boldsymbol{\Phi}_2$ 之间的属性关系不紧密，在轴承运转过程中出现不稳定现象，应当及时采取补救措施；其可靠度 $R_{2,5}$ 仅为 85.36%，小于 90%，表明第 5 个月的工作性能是不可靠的；$R_{2,6}$=91.08%>90%，说明滚动轴承 C 第 6

个月的运转状况虽然不稳定，但其工作性能是可靠的，同时说明运转期间不稳定的工作系统，其性能不一定不可靠。最高灰置信水平为 $P_{2,3}$=99.033%，最高可靠度为 $R_{2,3}$=99.36%，均出现在第 3 个月，说明轴承 C 第 3 个月的运转状况十分稳定，工作性能极其可靠。总体来看，轴承 C 运转期间第 5 个月的运转状况与工作性能较为恶劣；第 3 个月的运转状况有所降低，但工作性能仍然稳定；其他各月的运转情况较为良好。

显然，各分段时间序列的灰置信水平可以很好地识别出滚动轴承运转稳定性状况；基于灰置信水平的泊松过程，可有效地监控轴承工作性能可靠性的变化态势。因此，所提出的灰关系融入泊松过程的评估模型，可实时判断滚动轴承服役期间的性能稳定性及可靠性。三个案例实验结果表明，稳定性与可靠性之间有着紧密的联系，且有着相似的变化趋势；表 12-8 中，$P_{2,10}$ 和 $P_{2,11}$ 均小于 90%，即不稳定，但 $R_{2,10}$ 和 $R_{2,11}$ 均大于 90%，即可靠性好，这证明了工程实际中会存在其中一参数好而另一参数不好的情况。

12.6　本章小结

本章以灰自助原理求得的平均动态波动来量化性能不确定性，可很好地识别出产品性能的演变过程。计数过程求得的变异概率可有效表征性能时间序列变异程度，泊松方程准确预测出性能可靠性的退变历程，从而实现早期故障征兆的识别与提取。

在实验研究中，轴承振动性能不确定性随转速与时长的增加呈现出非线性增长趋势，可靠性逐渐降低；其摩擦力矩不确定性随转速增加同样呈现出非线性增长趋势，可靠性也随之降低；不确定性或可靠性无论如何变化，两者之间均存在十分明显的灰关系，灰置信水平在95%以上。

将两个排序序列进行灰关系分析，求取性能时间评估序列的灰置信水平，可有效表征产品运转过程的稳定状况。以自助-最大熵法为桥梁，在灰关系的基础上融入泊松过程，可以准确挖掘出产品性能基于本征序列的可靠性水平。

用理想正态分布进行实验仿真，评估序列的灰置信水平及可靠度均大于90%；当给评估序列增加一粗大误差时，灰置信水平及可靠度明显下降且小于90%，从而验证所提模型可有效监测滚动轴承运转过程中良性或恶性的演变过程。以轴承A、B、C进行实验分析，根据灰置信水平以及泊松可靠性函数，准确描述了各套轴承各月运转的性能稳定性及可靠性的变化信息。

第13章 滚动轴承振动性能的非线性特征与性能保持可靠性的关系分析

13.1 概　　述

　　滚动轴承作为机械设备的关键部件之一，其性能对设备的运行质量、可靠性、寿命有重要的影响，而滚动轴承的振动指标是其性能的重要体现。

　　滚动轴承振动是指在滚动轴承运转过程中，除轴承各元件间一些固有的、由功能所要求的运动以外的其他一切偏离理想位置的运动。轴承运动时产生的振动是很复杂的，目前还不可能完全用某种具体的运动方程加以描述。影响轴承振动的因素也很复杂，如套圈滚道波纹度、粗糙度、表面质量、滚动体尺寸相互差、轴承本身的结构类型、组装游隙、安装条件、润滑条件与工作条件等都会影响轴承工作时的振动[49]。

　　根据赫兹接触理论和滚动轴承动力学原理，滚动体与滚道的接触是非线性的，滚动轴承的运动可以用一组确定的非线性方程描述，方程组的解具有不确定性，且对初始条件极为敏感[78]。因此，滚动轴承振动具有混沌行为，可以用混沌理论[99]来研究其非线性特性。关联维数[100]是混沌时间序列非线性分析中很常见、很重要的一个概念，它主要利用关联积分来计算变量前后的关联性，以此来描述信号的确定规律及其程度。

　　在滚动轴承运转期间，其振动性能保持可靠性[5]是一个应予以严肃考虑的指标。滚动轴承振动性能保持可靠性是指轴承在服役期间可以保持最佳振动性能状态的可能性，通常用函数表示，函数的具体取值称为振动性能保持可靠度。该模型的建立是基于最大熵原理建立本征序列(即振动性能处于最佳状态)的概率密度函数，进而在设定的置信水平下求出置信区间，然后分别求出其他运转阶段的振动序列超出置信区间的个数，最后基于泊松计数原理求出各个阶段的振动性能保持可靠度。

　　目前，已有很多学者对滚动轴承的混沌特征和可靠性进行了分析。吕探和蔡云龙[101]提出了用混沌关联维数对滚动轴承进行故障诊断的方法，证明了滚动轴承在不同状态下具有明显不同的关联维数特征，可以将关联维数作为滚动轴承工作状态监测及故障诊断的依据。李宝盛和何洪庆[102]给出了只凭工作寿命的"小子样，零失效"可靠性实验样本求取工作寿命可靠度置信区间的解析公式，并进行算例计算，分析了不同实验样本系统工作寿命可靠度的置信限，得出了对可靠性评估有指导意义的结论。张忠云等[103]提出了一种基于混沌分形理论的滚动轴承故障诊断方法。关贞珍等[75]针对轴承传动本身具有非线性而在传统故障诊断中又被忽略的问题，提出了基于分形和混沌等非线性几何不变量的轴承故障诊断方法。Sehgal等[34]和 Li 等[39]考虑各轴承组件之间的相互作用关系，提出了基于状态空间模型的可靠性预测方法，用于监测退化参数的概率密度分布演变信息及未来状态下可靠度的大小。陆爽和李萌[104]针对滚动轴承系统产生的非线性振动信号的特点，提出了用关联维数来描述轴承振动信号的工作状态，以及对其进行故障诊断的方法。秦荦晟等[105]结合 Bootstrap 方法以及 Bayes 分析方法，实现了小样本实验数据下寿命分布参数的估计，并运用 Copula 函数建立了滚动轴承在不同失效模式下竞争失效的可靠性评估模型。然而，滚动轴承振动的非线性特征与性能保持可靠性之间是否有联系，尚未有研究涉及。

本章首先在关联维数的基础上，提出关联维数保持性这一新概念，用其刻画滚动轴承的非线性特征；然后借助灰色系统理论分析关联维数保持性与振动性能保持可靠性之间的关系；最后由两个实验案例来对所提方法进行验证。

13.2　数 学 模 型

在滚动轴承服役期间，对其振动信号进行定期采样。定义时间变量为 t，数据采样时间周期为 ω，ω 为取值很小的常数，滚动轴承服役周期内可获得 r 个时间序列。本征序列是指滚动轴承最佳运行状态时期的时间序列，记为第 1 个时间序列，用 X_1 表示：

$$X_1 = \left\{ x(1), x(2), \cdots, x(N) \right\} \tag{13-1}$$

式中，N 为振动数据的总个数。

随着时间 t 进行，不断采集振动数据，获得第 n 个时间序列 X_n：

$$X_n = \left\{ x_n(1), x_n(2), \cdots, x_n(N) \right\} \tag{13-2}$$

式中，n 为时间序列的序号，$n=1,2,\cdots,r$。

所获得的时间序列 X 可以表示为

$$X = \left\{ X_1, X_2, \cdots, X_r \right\} \tag{13-3}$$

13.2.1　滚动轴承关联维数保持性原理

1. 相空间重构

对于给定的时间序列 $\{x(i), i=1,2,\cdots,N\}$，N 是序列长度，以时间延迟 τ 和嵌入

维数 m 进行相空间重构得

$$\begin{bmatrix} x(1) & x(2) & \cdots & x(M) \\ x(1+\tau) & x(2+\tau) & \cdots & x(M+\tau) \\ \vdots & \vdots & & \vdots \\ x[1+(m-1)\tau] & x[2+(m-1)\tau] & \cdots & x[M+(m-1)\tau] \end{bmatrix}$$

相空间中的相点可以表示为

$$X(i) = \left[x(i), x(i+\tau), x(i+2\tau), \cdots, x(i+(m-1)\tau) \right] \tag{13-4}$$

式中，$i=1,2,\cdots,M$；$M=N-(m-1)\tau$。

时间延迟 τ 和嵌入维数 m 的合理选取很重要，有利于挖掘出所需要的信息。

2. 互信息法确定时间延迟

对于时间序列 $\{s_i\}$，定义 $P_s(s_i)$ 表示变量 s_i 出现的概率，则系统对变量 s_i 的平均信息量即系统的信息熵，简称熵，计算公式如下：

$$H(S) = -\sum_{i=1}^{n} P_s(s_i) \ln P_s(s_i) \tag{13-5}$$

对于两组信号 $\{s_i, q_j\}$，若记 $P_{s,q}(s_i, q_j)$ 为变量 s_i、q_j 的联合概率分布，则其联合熵为

$$H(S,Q) = -\sum_{i=1}^{n}\sum_{j=1}^{m} P_{s,q}(s_i, q_j) \ln P_{s,q}(s_i, q_j) \tag{13-6}$$

记 $[s,q]=[x(t), x(t+\tau)]$，对于耦合系统 (S, Q)，假设 S 已知，为 s_i，则 q 的不定性为

$$H(Q|s_i) = -\sum P_{q|s}(q_j \mid s_i) \ln \left[P_{q|s}(q_j \mid s_i) \right] = -\sum \left[\frac{P_{sq}(q_j \mid s_i)}{P_s(s_i)} \right] \ln \left[\frac{P_{sq}(q_j \mid s_i)}{P_s(s_i)} \right] \tag{13-7}$$

式中，$P_{q|s}(q_j \mid s_i)$ 为条件概率。

设在时刻 t 时 x 已知，则在 $t+T$ 时刻的 x 平均不定性为

$$H(Q|S) = \sum P_s(s_i) H(Q|S) = -\sum P_{sq}(s_i, q_j) \ln \left[\frac{P_{sq}(s_i, q_j)}{P_s(s_i)} \right] = H(S,Q) - H(S) \tag{13-8}$$

所以 S、Q 的互信息为

$$I(Q,S) = H(Q) - H(Q|S) = H(Q) + H(S) - H(S,Q) = I(S,Q) \tag{13-9}$$

因此，为了求得时间延迟，可以取不同的时间延迟参数 τ，依次计算互信息：

$$I(\tau) = H(x) + H(x_\tau) - H(x, x_\tau) \tag{13-10}$$

互信息是有关时间延迟的函数，$I(\tau)$ 的大小代表了在已知系统 S 的情况下系统 Q

的确定性大小，取 $I(\tau)$ 的第一个极小值作为时间延迟。

3. 关联维数

根据 G-P 算法求取关联维数，并根据关联维数是否具有饱和现象来判断时间序列是否为混沌序列。

相空间奇怪吸引子上 $X(i)$ 和 $X(j)$ 两点之间的距离为

$$r(i,j) = \sqrt{\sum_{k=1}^{m} \left[x(i+(k-1)\tau) - x(j+(k-1)\tau) \right]^2} \tag{13-11}$$

给定时间延迟 τ 和嵌入维数 m，奇怪吸引子的关联维数可以表示为

$$D_2(r,m) = \lim_{r \to 0} \frac{\ln C_2(r,m)}{\ln r} \tag{13-12}$$

式中，$C_2(r,m)$ 为 $r(i,j)$ 小于 r 的概率，即积累距离分布函数：

$$C_2(r,m) = \frac{2}{N(N-1)} \sum_{i=1}^{N} \sum_{j=i+1}^{N} \theta(r - r(i,j)) \tag{13-13}$$

式中，$\theta(\cdot)$ 为 Heaviside 函数，

$$\theta(r - r(i,j)) = \begin{cases} 1, & r \geqslant r(i,j) \\ 0, & r < r(i,j) \end{cases} \tag{13-14}$$

实际计算时，无法满足极限 $r \to 0$。为了获得关联维数 $D_2(r,m)$ 的估计值 D_2，一般画出 $\ln r\text{-}\ln C_2(r,m)$ 曲线。在图中，当 $m \geqslant m_0$ 时，各曲线趋于平行且分布密集。此时对应于 $m=m_0$ 曲线上直线部分的斜率就是关联维数 $D_2(r,m)$ 的估计值 D_2。随着 m 的进一步增大，D_2 不再变化，称 m_0 为饱和嵌入维数。直接观察法较容易受主观因素的影响，本节通过回归分析法计算 $D_2(r,m)$ 的估计值 D_2，回归方程的斜率即为所求。

4. 求解关联维数保持度

关联维数保持性主要是指滚动轴承在服役期间各时间序列的关联维数相对于最佳振动状态时间序列的关联维数所占的比例，通常用函数表示，函数的具体取值称为关联维数保持度。

对于时间序列 X_n，关联维数保持度为

$$\Psi_n = \frac{D_2(n)}{D_2(1)} \times 100\% \tag{13-15}$$

式中，$n=1,2,\cdots,r$；$D_2(1)$ 为本征序列的关联维数；$D_2(n)$ 为时间序列 X_n 的关联维数。

13.2.2 滚动轴承振动性能保持可靠性原理

1. 最大熵原理

运用最大熵原理能够对未知的概率分布求出主观偏见为最小的最佳估计。为叙述方便，用连续变量 x 表示本征序列中的离散变量。

根据最大熵原理，最无主观偏见的概率密度函数应满足熵最大，即

$$H(x) = -\int_{\Omega} f(x) \ln f(x) dx \rightarrow \max \tag{13-16}$$

式中，$H(x)$ 为信息熵；Ω 为随机变量 x 的可行域；$f(x)$ 为连续变量 x 的概率密度函数；$\ln f(x)$ 为 $f(x)$ 的对数。

式(13-16)应满足约束条件：

$$\int_{\Omega} f(x) dx = 1 \tag{13-17}$$

$$\int_{\Omega} x^i f(x) dx = m_i \tag{13-18}$$

式中，i 为原点距阶数，$i=0,1,2,\cdots,m$，m 为最高阶原点距的阶次；m_i 为第 i 阶原点距，$m_0=1$。

采用 Lagrange 乘子法求解此问题，通过调整 $f(x)$ 使熵达到最大值，可解出 $f(x)$。

2. 本征序列振动数据的参数估计

本征序列振动数据的估计真值 X_{01} 为

$$X_{01} = \int_{\Omega} x f(x) dx \tag{13-19}$$

设显著性水平 $\alpha \in [0,1]$，则置信水平为

$$P = (1 - \alpha) \times 100\% \tag{13-20}$$

设置信水平 P 条件下的最大熵估计区间为 $[X_L, X_U]$，下界值 $X_L = X_{\alpha/2}$，且有

$$\frac{1}{2}\alpha = \int_{\Omega_0}^{X_L} f(x) dx \tag{13-21}$$

式中，Ω_0 为随机变量可行域的最小值；X_L 为估计区间的下界值；$X_{\alpha/2}$ 为置信水平为 P 时的估计区间的下界值。

上界值 $X_U = X_{1-\alpha/2}$，且满足条件：

$$1 - \frac{1}{2}\alpha = \int_{\Omega_0}^{X_U} f(x) dx \tag{13-22}$$

式中，X_U 为估计区间的上界值；$X_{1-\alpha/2}$ 为置信水平为 P 时的估计区间的上界值。

因此，连续变量 x 的最大熵估计区间为

$$[X_L, X_U] = [X_{\alpha/2}, X_{1-\alpha/2}] \qquad (13\text{-}23)$$

计算本征序列的最大熵估计区间$[X_{L1}, X_{U1}]$，其中，X_{L1}为本征序列最大熵估计区间的下界值，X_{U1}为本征序列最大熵估计区间的上界值。

3. 基于泊松计数原理求振动性能保持可靠度

记录第n个时间序列的振动数据落在本征序列最大熵估计区间$[X_{L1}, X_{U1}]$之外的个数N_n，获得第n个时间序列的变异概率λ_n，表示为

$$\lambda_n = \frac{N_n}{N} \qquad (13\text{-}24)$$

滚动轴承性能保持可靠度 $R_n(\lambda_n)$用于表征滚动轴承运行可以保持最佳振动性能状态的可能性，表示为

$$R_n(\lambda_n) = \exp(-\lambda_n) \qquad (13\text{-}25)$$

在具体实施时，若振动性能保持可靠度不小于90%，则认为轴承性能是可靠的，否则，认为不可靠。

13.2.3 关联维数保持性与性能保持可靠性的关系评估

1. 关联维数保持度及性能保持可靠度

根据式(13-15)可求得关联维数保持度 $\boldsymbol{\Phi}_1$，表示为

$$\boldsymbol{\Phi}_1 = (\varphi_1(1), \varphi_1(2), \cdots, \varphi_1(r)) \qquad (13\text{-}26)$$

式中，r为性能数据的组数。

同样，根据式(13-25)可以求出性能保持可靠度 $\boldsymbol{\Phi}_2$，表示为

$$\boldsymbol{\Phi}_2 = (\varphi_2(1), \varphi_2(2), \cdots, \varphi_2(r)) \qquad (13\text{-}27)$$

2. 两个序列的关系分析

对关联维数保持度 $\boldsymbol{\Phi}_1$ 和性能保持可靠度 $\boldsymbol{\Phi}_2$进行归一化处理，然后分析其关联程度，具体步骤如下。

式(13-26)和式(13-27)中，$\boldsymbol{\Phi}_1$ 和 $\boldsymbol{\Phi}_2$ 的样本分别为 $\varphi_1(n)$和 $\varphi_2(n)$，设

$$\overline{\Phi}_i = \frac{1}{N}\sum_{n=1}^{N}\varphi_i(n), \quad i \in (1,2) \qquad (13\text{-}28)$$

$$h_i(n) = \varphi_i(n) - \overline{\Phi}_i \qquad (13\text{-}29)$$

归一化处理得

$$g_i(n) = \frac{h_i(n) - h_{i,\min}}{h_{i,\max} - h_{i,\min}} \qquad (13\text{-}30)$$

$$G_i = (g_i(n)), \quad n = 1, 2, \cdots, N; i \in (1,2) \tag{13-31}$$

式中，G_i 为 $\boldsymbol{\Phi}_i$ 的规范化生成序列。

对于归一化生成序列 G_i，有

$$g_i(n) \in [0,1], \quad g_i(1) = 0, g_i(n) = 1$$

在最少量信息原理下，对于任意的 $n = 1, 2, \cdots, N$，若 G_i 是规范化排序序列，则参考序列 G_Ω 的元素可以是常数 0，即

$$g_\Omega(1) = g_\Omega(2) = \cdots = g_\Omega(N) = 0$$

取分辨系数 $\varepsilon \in (0,1]$，可以得到灰关联系数的表达式：

$$\gamma(g_\Omega(n), g_i(n)) = \frac{\varepsilon}{\Delta_{\Omega i}(n) + \varepsilon}, \quad n = 1, 2, \cdots, N \tag{13-32}$$

式中，$\Delta_{\Omega i}(n)$ 为灰差异信息，表示为

$$\Delta_{\Omega i}(n) = \left| g_i(n) - g_\Omega(n) \right| \tag{13-33}$$

定义灰关联度为

$$\gamma_{\Omega i} = \gamma(\boldsymbol{G}_\Omega, \boldsymbol{G}_i) = \frac{1}{N} \sum_{n=1}^{N} \gamma(g_\Omega(n) - g_i(n)) \tag{13-34}$$

定义两个排序序列 $\boldsymbol{\Phi}_1$ 和 $\boldsymbol{\Phi}_2$ 之间的灰差为

$$d_{1,2} = \left| \gamma_{\Omega 1} - \gamma_{\Omega 2} \right| \tag{13-35}$$

给定 $\boldsymbol{\Phi}_1$ 和 $\boldsymbol{\Phi}_2$，对于 $\varepsilon \in (0,1]$，总存在唯一的一个实数 $d_{\max}$，使得 $d_{1,2} \leqslant d_{\max}$，那么 $d_{\max}$ 为最大灰差，相应的 ε 称为基于最大灰差的最优分辨系数。

定义基于两个数据序列 $\boldsymbol{\Phi}_1$ 和 $\boldsymbol{\Phi}_2$ 之间灰关系的属性权重为

$$f_{1,2} = \begin{cases} 1 - d_{\max} / \eta, & d_{\max} \in [0, \eta] \\ 0, & d_{\max} \in [\eta, 1] \end{cases} \tag{13-36}$$

式中，属性权重 $f_{1,2} \in [0,1]$，参数 $\eta \in [0,1]$。

根据灰色系统理论，在给定准则下，默认 λ 为真元的代表。对于式(13-36)，给定 $\boldsymbol{\Phi}_1$ 和 $\boldsymbol{\Phi}_2$，取参数 $\lambda \in [0,1]$ 为水平，若存在一个映射 $f_{1,2} \geqslant \lambda$，则认为 $\boldsymbol{\Phi}_1$ 和 $\boldsymbol{\Phi}_2$ 具有相同的属性，即 λ 为研究对象从一个极端属性过渡到另一极端属性的边界，又称模糊数。当 $\lambda = 0.5$ 时，研究对象的两实体模糊性达到最大，介于较难分辨的真和假之间；当 $\lambda > 0.5$ 时，$\boldsymbol{\Phi}_1$ 和 $\boldsymbol{\Phi}_2$ 灰关系趋于清晰；当 $\lambda < 0.5$ 时，两事物关联度较小或者两者之间差异大，所以取 $f_{1,2} = \lambda = 0.5$，认为轴承振动非线性特征 $\boldsymbol{\Phi}_1$ 和振动可靠性序列 $\boldsymbol{\Phi}_2$ 具有相同的属性。

设 $\eta \in [0, 0.5]$，由式(13-36)可得 $d_{\max} = (1 - f_{1,2}) \eta$。令

$$P_{1,2} = 1 - (1-\lambda)\eta = (1 - 0.5\eta) \times 100\% \tag{13-37}$$

式中，$P_{1,2}$ 为灰置信水平，又称为灰理论概率，$P_{1,2}$ 描述了 Φ_1 和 Φ_2 属性相同的可信度；η 值可由式(13-37)求得。

灰置信水平取值越大，表明滚动轴承振动非线性特征 Φ_1 和振动可靠性 Φ_2 之间的关系越密切；反之，两者之间的关系越疏松。这表明了轴承振动非线性特征和振动可靠性之间的本质关系。具体实施时，可取 $f_{1,2}=0.5$，通过计算灰置信水平来评估两者之间的关联程度。若灰置信水平不小于 90%，则认为轴承振动非线性特征与振动可靠性关系密切，否则，认为关系不密切。

13.3　实验研究

1. 案例 1

该案例为轴承内圈沟道表面磨损引起振动加速度演变的仿真案例，数据来自美国凯斯西储大学的轴承数据中心网站，该中心拥有一个专用的滚动轴承故障模拟实验台。该实验台包括一个 2ps 的电动机、一个扭矩传感器/译码器和一个功率测试计等。待检测的轴承支撑着电动机的转轴，驱动端轴承型号为 SKF6205，风扇端轴承型号为 SKF6203。用加速度传感器测量轴承振动加速度信号。采用的驱动端转速为 1797r/min、采样频率为 12kHz，采样后得到的轴承内圈沟道有损伤的故障数据，损伤直径分别为 0mm、0.1778mm、0.5334mm 和 0.7112mm。所得轴承振动加速度的原始数据序列(以电压表示)如图 13-1 所示。

由图 13-1 可知，随着磨损直径的增大，滚动轴承时间序列的振动值波动变大，滚动轴承振动性能与磨损直径大小有密切的关系。

以损伤直径为 0mm 时获得的振动数据序列为本征序列，以磨损直径为 0.1778mm、0.5334mm 和 0.7112mm 时测得的轴承振动加速度数据序列分别看成第 2 个、第 3 个、第 4 个时间序列。由式(13-4)～式(13-10)分别求出时间序列 X_1、

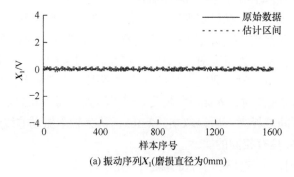

(a) 振动序列 X_1(磨损直径为0mm)

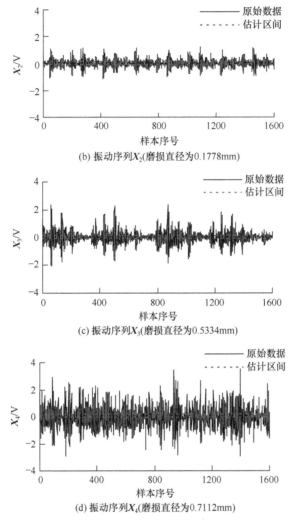

图 13-1　轴承在不同磨损直径下的振动信号

X_2、X_3、X_4 的时间延迟，结果如表 13-1 所示。由式(13-11)～式(13-14)求出 $\ln r$ 和 $\ln C_2(r, m)$，并以 $\ln r$ 为横坐标，以 $\ln C_2(r, m)$ 为纵坐标画出 $\ln r$-$\ln C_2(r, m)$ 曲线，如图 13-2 所示。随着 m 的增加，各曲线彼此趋于平行且密集分布，即关联维数具有饱和现象。这表明滚动轴承振动时间序列具有混沌特征。对饱和嵌入维数 m_0 曲线上的直线部分进行回归分析，拟合出的直线斜率就是关联维数 $D_2(r, m)$ 的估计值 D_2，结果如表 13-1 所示。由式(13-15)求出关联维数保持度 Ψ_n，结果如表 13-1 所示。

表 13-1　滚动轴承振动的混沌参数和保持可靠性参数

序列	磨损直径/mm	τ	D_2	$\Psi_n/\%$	N_n	λ_n	$R_n/\%$
X_1	0	3	10.24	100	78	0.04875	95.24
X_2	0.1778	1	9.08	88.67	921	0.57562	56.24
X_3	0.5334	1	7.58	74.02	1127	0.70438	49.44
X_4	0.7112	1	7.25	70.80	1411	0.88188	41.40

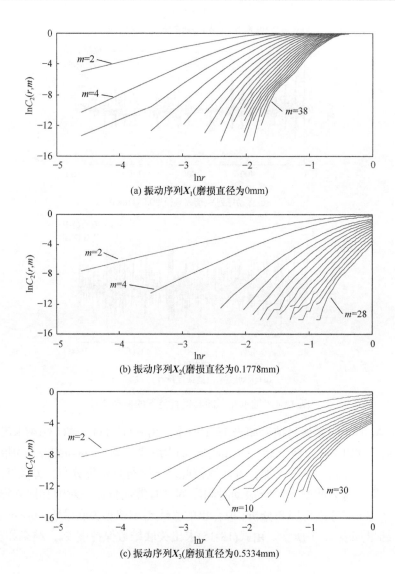

(a) 振动序列X_1(磨损直径为0mm)

(b) 振动序列X_2(磨损直径为0.1778mm)

(c) 振动序列X_3(磨损直径为0.5334mm)

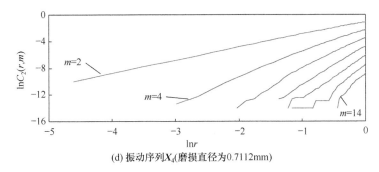

(d) 振动序列X_4(磨损直径为0.7112mm)

图 13-2　lnr-ln$C_2(r,m)$曲线

由式(13-16)~式(13-18)求解可得概率密度函数。取显著性水平 α 为 0.05，由式(13-19)~式(13-23)可得在置信水平 $P=95\%$ 条件下，本征序列的最大熵估计区间为[-0.1114, 0.1235]。根据泊松计数过程，记录磨损直径分别为 0mm、0.1778mm、0.5334mm 和 0.7112mm 时测得的各时间序列的 1600 个性能数据落在本征序列最大熵估计区间[-0.1114, 0.1235]之外的个数 N_n，并求出变异概率 λ_n 和保持可靠度 R_n，结果如表 13-1 所示。

由图 13-1 可以看出，随着磨损直径的增大，滚动轴承的振动值也在逐渐增大；同时由表 13-1 可以看出，随着磨损直径的增大，表征轴承振动非线性特征的关联维数保持度在逐渐减小。由此可以得出，滚动轴承的振动值越大，其关联维数保持度越小，但这种关系是非线性的。由图 13-3 可以看出，由泊松计数过程得到落在本征序列估计区间之外的个数 N_n，同样随磨损直径的增大而增大，这表明随着轴承损伤程度加重，监测到的振动值落在本征序列估计区间之外的个数在增多。另外，由表 13-1 可以看出，随着磨损直径的增大，滚动轴承振动性能保持可靠度也在逐渐下降。由此可以得出，滚动轴承的振动值越大，保持可靠度越小，且这种关系也是非线性的。磨损直径为 0.1778mm、0.5334mm、0.7112mm 时，其可靠度均小于 90%，说明轴承恶性变异严重，振动性能不可靠且变化趋势与实际情况

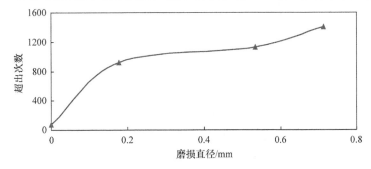

图 13-3　超出次数与磨损直径关系图

符合。综上说明，随着滚动轴承的振动值增大，其关联维数保持度和保持可靠度都呈非线性下降趋势，且两者之间存在正相关关系，并用灰色系统理论来评判这种关联程度的强弱。

在分析轴承振动性能非线性特征与振动性能保持可靠性之间的灰关系时，取参数 $f_{1,2}$=0.5，关联维数保持度序列为 $\boldsymbol{\Phi}_1$=(100, 88.67, 74.02, 70.80)，保持可靠度序列为 $\boldsymbol{\Phi}_2$=(95.24, 56.24, 49.44, 41.40)。根据式(13-28)~式(13-31)对两序列进行归一化处理，得到序列 G_1 和 G_2，结果如图 13-4 所示。

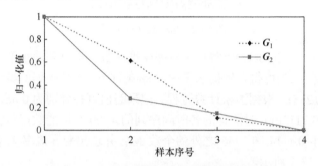

图 13-4　$\boldsymbol{\Phi}_1$ 和 $\boldsymbol{\Phi}_2$ 序列归一化处理结果(案例 1)

由图 13-4 可知，$\boldsymbol{\Phi}_1$ 和 $\boldsymbol{\Phi}_2$ 两序列归一化处理后所得的规范化序列 G_1 和 G_2 很相似，且都是下降趋势，说明两序列的关系很紧密。为了评估两序列关系紧密的程度，在给定参数 $f_{1,2}$=0.5 条件下，由式(13-32)~式(13-37)可求出两者之间的灰置信水平为 96.39%≥90%，这表明 $\boldsymbol{\Phi}_1$ 和 $\boldsymbol{\Phi}_2$ 两序列的关系非常紧密，说明表征轴承振动非线性特征的关联维数保持性与振动性能保持可靠性有明显的灰关系，可信水平达到 96.39%。

2. 案例 2

该案例为在杭州轴承试验研究中心有限公司的 ABLT-1A 型轴承寿命强化实验机上进行的滚动轴承疲劳寿命强化(快速)实验，实验设备如图 13-5 所示。该实验机主要由实验头、实验头座、传动系统、加载系统、润滑系统、计算机控制系统等部分组成。实验所用的轴承型号为 7008AC/P2，数量为 4 套。轴向加载 3.5kN，径向加载 2kN，轴承转速为 4000r/min。每分钟记录 1 个振动数据，所得轴承振动加速度的原始数据序列如图 13-6 所示。

在建模分析之前，根据滚动轴承运转的 3 个时期(跑合期、正常运转期、退化期)，可将数据分为 3 组，每组 2800 个数据，构成时间序列 X_1、X_2、X_3，且以 X_1 为本征序列。

表 13-2 给出了 3 个滚动轴承振动序列的关联维数 $D_2(r,m)$ 的估计结果 D_2 和关联维数保持度 Ψ_n。同案例 1，可以画出 $\ln r$-$\ln C_2(r,m)$ 曲线如图 13-7 所示。

图 13-5　轴承寿命实验设备

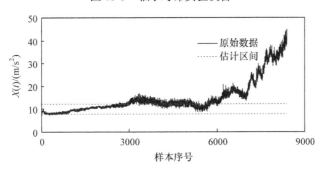

图 13-6　轴承振动信号时间序列

表 13-2　滚动轴承振动的混沌参数和保持可靠性参数

序列	τ/min	D_2	Ψ_n/%	N_n	λ_n	R_n/%
X_1	3	15.76	100	81	0.028929	97.14
X_2	1	9.38	59.52	1898	0.677857	50.76
X_3	4	7.75	49.18	2691	0.961071	38.25

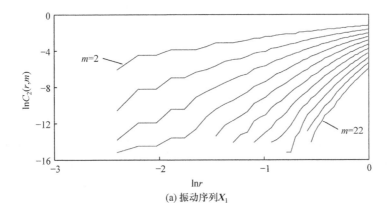

(a) 振动序列X_1

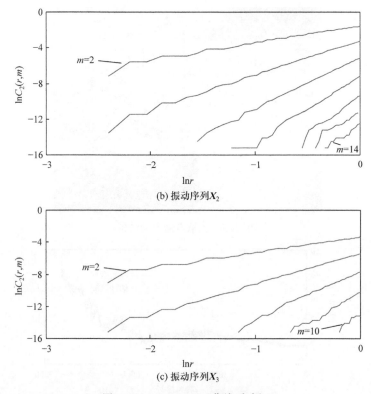

图 13-7　ln$r$-ln$C_2(r,m)$曲线(案例 2)

　　同案例 1，在取显著性水平 α 为 0.05、置信水平 P=95%条件下，本征序列的最大熵估计区间为[7.66384, 11.9521]m/s^2。变异概率 λ_n 和可靠度 R_n 的结果如表 13-2 所示。

　　由图 13-6 可以看出，随着加载时间的增加，滚动轴承的振动值呈上升趋势；同时由表 13-2 可以看出，随着加载时间的增加，表征轴承振动非线性特征的关联维数保持度逐渐减小。由此可以得出，滚动轴承的振动值越大，其关联维数保持度越小，但这种关系是非线性的。由计数过程得到落在本征序列估计区间之外的个数 N_n，同样随着加载时间的增加而增大。另外，由表 13-2 可以看出，随着加载时间的增加，滚动轴承振动性能保持可靠度也在逐渐下降。由此可以得出，滚动轴承的振动值越大，保持可靠度越小，且这种关系也是非线性的。其中时间序列 X_2、X_3 的保持可靠度均小于 90%，说明轴承在时间段 2801～5600、5601～8400 的工作性能不可靠。综上说明，随着滚动轴承振动值的增大，其关联维数保持度和保持可靠度都呈非线性下降趋势，且两者之间存在正相关关系，可以用灰色系统理论来评判这种关联程度的强弱。

　　在分析轴承振动性能非线性特征与振动性能保持可靠性之间的灰关系时，取

参数 $f_{1,2}=0.5$，关联维数保持度序列为 $\boldsymbol{\Phi}_1=(100, 59.52, 49.18)$，保持可靠度序列为 $\boldsymbol{\Phi}_2=(97.14, 50.76, 38.25)$。对两序列进行归一化处理，得到规范化生成序列 $\boldsymbol{G}_1$ 和 $\boldsymbol{G}_2$，结果如图 13-8 所示。

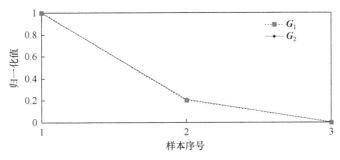

图 13-8　$\boldsymbol{\Phi}_1$ 和 $\boldsymbol{\Phi}_2$ 序列归一化处理结果(案例 2)

由图 13-8 可知，$\boldsymbol{\Phi}_1$ 和 $\boldsymbol{\Phi}_2$ 两序列归一化处理后所得的规范化序列 $\boldsymbol{G}_1$ 和 $\boldsymbol{G}_2$ 几乎一致。为说明两序列关系的紧密程度，在给定参数 $f_{1,2}=0.5$ 条件下，求出两者之间的灰置信水平为 99.99%≥90%，这表明 $\boldsymbol{\Phi}_1$ 和 $\boldsymbol{\Phi}_2$ 两序列的关系非常紧密，说明表征轴承振动非线性特征的关联维数保持度与振动性能保持可靠性有明显的灰关系，可信水平达到 99.99%。

3. 案例 3

该案例为监控滚动轴承振动性能随运转时间变化的案例，在监视某个机械装备运行期间，获得滚动轴承振动信号时间序列原始数据，如图 13-9 所示。由图可知，随着轴承运转时间的延长，轴承时间序列的振动值波动越来越大。

在建模分析之前，先对原始数据进行分组处理：将数据分为 5 组，每组 500 个数据，构成时间序列 $\boldsymbol{X}_1$、$\boldsymbol{X}_2$、$\boldsymbol{X}_3$、$\boldsymbol{X}_4$、$\boldsymbol{X}_5$，其中以时间序列 $\boldsymbol{X}_1$ 为本征序列。

同案例 1，可以画出 $\ln r\text{-}\ln C_2(r,m)$ 曲线如图 13-10 所示。表 13-3 给出了 5 个滚动轴承振动序列的关联维数 $D_2(r,m)$ 的估计结果 D_2 和关联维数保持度 Ψ_n。

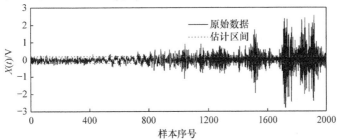

图 13-9　轴承振动信号时间序列

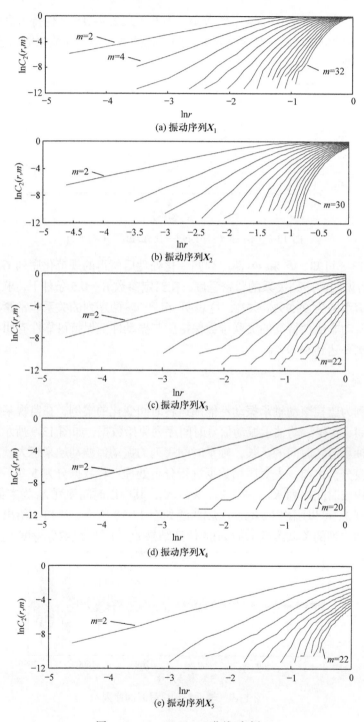

图 13-10　$\ln r$-$\ln C_2(r,m)$曲线(案例 3)

表 13-3　滚动轴承振动的混沌参数和保持可靠性参数

序列	τ	D_2	$\Psi_n/\%$	N_n	λ_n	$R_n/\%$
X_1	1	18.22	100	21	0.0525	94.89
X_2	1	14.11	77.44	63	0.1575	85.43
X_3	1	10.59	58.12	189	0.4725	62.34
X_4	2	8.58	47.09	225	0.5625	56.98
X_5	1	5.80	31.83	267	0.6675	51.30

同案例 1，在取显著性水平为 0.05、置信水平 $P=95\%$ 条件下，本征序列的最大熵估计区间为[−0.24813, 0.159697]V。变异概率 λ_n 和可靠度 R_n 的结果如表 13-3 所示。

由图 13-9 可以看出，随着运转时间的增加，滚动轴承的振动值也在逐渐增大；同时由表 13-3 可以看出，随着运转时间的增加，表征轴承振动非线性特征的关联维数保持度在逐渐减小。由此可以得出，滚动轴承的振动值越大，其关联维数保持度越小，但这种关系是非线性的。由计数过程得到落在本征序列估计区间之外的个数 N_n，同样随着运转时间的增加而增大。另外，由表 13-3 可以看出，随着运转时间的增加，滚动轴承振动性能保持可靠度也在逐渐下降。由此可以得出，滚动轴承的振动值越大，保持可靠度越小，且这种关系也是非线性的。时间序列 X_2、X_3、X_4、X_5 的可靠度均小于 90%，说明轴承在时间段 401～2000 工作性能不可靠。综上说明，随着滚动轴承的振动值增大，其关联维数保持度和保持可靠度都呈非线性下降趋势，且两者之间存在正相关关系，并用灰色系统理论来评判这种关联程度的强弱。

对轴承振动性能非线性特征与振动性能保持可靠性进行灰关系分析时，取参数 $f_{1,2}=0.5$，关联维数保持度序列为 $\boldsymbol{\Phi}_1=(100, 77.44, 58.12, 47.09, 31.83)$，保持可靠度序列为 $\boldsymbol{\Phi}_2=(94.89, 85.43, 62.34, 56.91, 51.30)$。对两序列进行归一化处理，得到规范化生成序列 G_1 和 G_2，结果如图 13-11 所示。

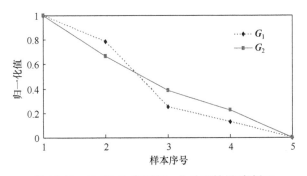

图 13-11　$\boldsymbol{\Phi}_1$ 和 $\boldsymbol{\Phi}_2$ 序列归一化处理结果(案例 3)

　　由图 13-11 可知，Φ_1 和 Φ_2 两序列归一化处理后所得的规范化序列 G_1 和 G_2 很相似，且都是下降趋势，说明两序列的关系很紧密。为说明两序列关系紧密程度，在给定参数 $f_{1,2}=0.5$ 条件下，求出两者之间的灰置信水平为 98.94%≥90%，这表明 Φ_1 和 Φ_2 两序列的关系紧密，说明表征轴承振动非线性特征的关联维数保持性与振动性能保持可靠性有明显的灰关系，可信水平达到 98.94%。

13.4　本 章 小 结

　　本章提出了关联维数保持性的新概念，并用其很好地刻画出滚动轴承的非线性特征，当轴承的振动值越来越大时，关联维数保持度呈逐渐变小状态。计数过程求得的变异概率可有效表征滚动轴承性能时间序列的变异概率，用泊松方法准确描绘出滚动轴承振动性能保持可靠性的退变历程，进而实现早期故障征兆的识别与提取。滚动轴承振动时间序列的关联维数保持度与振动性能保持可靠度的变化趋势具有一致性，可信水平均达到 90% 以上。

参 考 文 献

[1] 夏新涛, 常振, 叶亮, 等. 滚动轴承性能稳定性及可靠性分析. 仪器仪表学报, 2017, 38(6): 1421-1431.

[2] 夏新涛, 刘斌, 李云飞, 等. 基于模糊权重的轴承品质实现可靠性研究. 航空动力学报, 2018, 33(12): 3013-3021.

[3] 夏新涛, 尚艳涛, 金银平, 等. 基于多权重法的机械产品品质实现可靠性分析. 中国机械工程, 2013, 24(22): 3003-3009.

[4] Dong X J, Chen Y W, Li M, et al. A spacecraft launch organizational reliability model based on CSF. Quality & Reliability Engineering International, 2013, 29(7): 1041-1054.

[5] 夏新涛, 叶亮, 孙立明, 等. 滚动轴承性能保持可靠性预测. 轴承, 2016, (6): 28-34.

[6] Li C B, Pehliivan I, Sprott J C. Amplitude-phase control of a novel chaotic attractor. Turkish Journal of Electrical Engineering & Computer Sciences, 2016, 24: 1-11.

[7] Wang C Q, Wu L F. Chaotic vibration prediction of a free-floating flexible redundant space manipulator. Shock and Vibration, 2016, (1): 1-12.

[8] Zounemat-Kermani M, Kisi O. Time series analysis on marine wind-wave characteristics using chaos theory. Ocean Engineering, 2015, 100: 46-53.

[9] Wang B M, Gao C, Wu Z X, et al. Prediction of the friction torque in grease lubricated angular contact ball bearings using grey system theory. Journal of Mechanical Science & Technology, 2016, 30(5): 2195-2201.

[10] 汤武初, 王敏杰, 陈光东, 等. 高速列车故障轴箱轴承的温度分布研究. 铁道学报, 2016, 38(7): 50-56.

[11] Lundberg J, Parida A, Sderholm P. Running temperature and mechanical stability of grease as maintenance parameters of railway bearings. International Journal of Automation and Computing, 2010, 7(2): 160-166.

[12] Xia X T, Chen L. Fuzzy chaos method for evaluation of nonlinearly evolutionary process of rolling bearing performance. Measurement, 2013, 46(3): 1349-1354.

[13] Meng F N, Dong Q L, Xia X T. True value estimation of centrifugal fan vibration data based on fusion method. Journal of Networks, 2014, 9(3): 558-564.

[14] Hong S, Zhou Z, Zio E, et al. An adaptive method for health trend prediction of rotating bearings. Digital Signal Processing, 2014, 35(C): 117-123.

[15] 刘强, 黄秀平, 周经伦, 等. 基于失效物理的动量轮贝叶斯可靠性评估. 航空学报, 2009, 30(8): 1392-1397.

[16] Girondin V, Pekpe K M, Morel H, et al. Bearings fault detection in helicopters using frequency readjustment and cyclostationary analysis. Mechanical Systems & Signal Processing, 2013, 38(2): 499-514.

[17] Vasudevan H, Deshpande N C, Rajguru R R, et al. Grey fuzzy multiobjective optimization of process parameters for CNC turning of GFRP/Epoxy composites. Procedia Engineering, 2014, 97(97): 85-94.

[18] Jayaswal P. Application of ANN, fuzzy logic and wavelet transform in machine fault diagnosis using vibration signal analysis. Journal of Quality in Maintenance Engineering, 2010, 16(2): 190-213.

[19] 高永强, 王善坤. 旋转机械的可靠性及可靠灵敏度的分析. 机械制造与自动化, 2009, 38(5): 60-63.

[20] Athanasopoulos N, Lazar M, Bohm C, et al. On stability and stabilization of periodic discrete-time systems with an application to satellite attitude control. Automatica, 2014, 50(12): 3190-3196.

[21] 彭靖波, 谢寿生, 武卫, 等. 航空发动机分布式控制系统指数稳定性分析. 航空动力学报, 2009, 24(10): 2362-2367.

[22] 陈霆昊, 张海波, 孙健国. 基于攻角预测模型的航空发动机高稳定性控制. 航空动力学报, 2010, 25(7): 1676-1682.

[23] Forcellini D, Kelly J M. Analysis of the large deformation stability of elastomeric bearings. Journal of Engineering Mechanics, 2014, 140(6): 682-694.

[24] Boldyrev Y Y, Petukhov E P. Variational problem for a gas journal bearing. Fluid Dynamics, 2015, 50(2): 193-202.

[25] Vavilov V E, Gerasin A A, Ismagilov F R, et al. Stability analysis of hybrid magnetic bearings. Journal of Computer & Systems Sciences International, 2014, 53(1): 130-136.

[26] 孙强, 岳继光. 基于不确定性的故障预测方法综述. 控制与决策, 2014, 29(5): 769-778.

[27] Kauschinger B, Schroeder S. Uncertainties in heat loss models of rolling bearings of machine tools. Procedia CIRP, 2016, 46: 107-110.

[28] 刘志成, 姜潮, 李源, 等. 考虑焊点不确定性的车身点焊结构疲劳寿命优化. 中国机械工程, 2015, 26(18): 2544-2549.

[29] Xia X T, Chen L, Meng F N. Uncertainty of rolling bearing friction torque as data series using grey bootstrap method. Applied Mechanics & Materials, 2010, 44-47: 1125-1129.

[30] 高攀东, 沈雪瑾, 陈晓阳, 等. 无失效数据下航空轴承的可靠性分析. 航空动力学报, 2015, 30(8): 1980-1987.

[31] 朱德馨, 刘宏昭, 原大宁, 等. 高速列车轴承可靠性试验时间的确定及可靠性寿命评估. 中国机械工程, 2014, 25(21): 2886-2891.

[32] Grasso M, Chatterton S, Pennacchi P, et al. A data-driven method to enhance vibration signal decomposition for rolling bearing fault analysis. Mechanical Systems & Signal Processing, 2016, 81: 126-147.

[33] Katsifarakis N, Riga M, Voukantsis D, et al. Computational intelligence methods for rolling bearing fault detection. Journal of the Brazilian Society of Mechanical Sciences and Engineering, 2016, 38(6): 1565-1574.

[34] Sehgal R, Gandhi O P, Angra S. Reliability evaluation and selection of rolling element bearings. Reliability Engineering & System Safety, 2000, 68(1): 39-52.

[35] 刘英, 余武, 李岳, 等. 基于区间灰色系统理论的可靠性分配. 中国机械工程, 2015, 26(11): 1521-1526.

[36] Panda S, Mishra D, Biswal B B, et al. Optimization of multiple response characteristics of EDM process using taguchi-based grey relational analysis and modified PSO. Journal of Advanced Manufacturing Systems, 2015, 14(3): 123-148.

[37] Kumar S S, Uthayakumar M, Kumaran S T, et al. Parametric optimization of wire electrical discharge machining on aluminium based composites through grey relational analysis. Journal of Manufacturing Processes, 2015, 20: 33-39.

[38] 丁锋, 何正嘉, 訾艳阳, 等. 基于设备状态振动特征的比例故障率模型可靠性评估. 机械工程学报, 2009, 45(12): 89-94.

[39] Li H K, Zhang Z X, Li X G, et al. Reliability prediction method based on state space model for rolling element bearing. Journal of Shanghai Jiaotong University, 2015, 20(3): 317-321.

[40] Kim H, Lee S H, Park J S, et al. Reliability data update using condition monitoring and prognostics in probabilistic safety assessment. Nuclear Engineering and Technology, 2015, 47(2): 204-211.

[41] An D, Kim N H, Choi J H. Practical options for selecting data-driven or physics-based prognostics algorithms with reviews. Reliability Engineering & System Safety, 2015, 133: 223-236.

[42] Liu K, Gebraeel N Z, Shi J. A data-level fusion model for developing composite health indices for degradation modeling and prognostic analysis. IEEE Transactions on Automation Science and Engineering, 2013, 10(3): 652-664.

[43] 熊庆. 列车滚动轴承振动信号的特征提取及诊断方法研究. 成都: 西南交通大学, 2015.

[44] Symonds N, Corni I, Wood R J K, et al. Observing early stage rail axle bearing damage. Engineering Failure Analysis, 2015, 56: 216-232.

[45] Rafsanjani A, Abbasions S, Farshidianfara A, et al. Nonlinear dynamic modeling of surface defects in rolling element bearing systems. Journal of Sound and Vibration, 2009, 319(3-5): 1150-1174.

[46] 常振, 夏新涛, 李云飞, 等. 滚动轴承性能不确定性与可靠性评估. 中国机械工程, 2017, 18(28): 2209-2216.

[47] Harris T A. Rolling Bearing Analysis. 3rd ed. New York: John Wiley & Sons, 1991.

[48] Lundberg G, Palmgren A. Dynamic capacity of rolling bearings. Acta Polytechnica Scandinavica, Mechanical Engineering Series, 1947, 1(3): 1-52.

[49] 夏新涛, 徐永智. 滚动轴承性能变异的近代统计学分析. 北京: 科学出版社, 2016.

[50] Nataraj C, Harsha S P. The effect of bearing cage run-out on the nonlinear dynamics of a rotating shaft. Communications in Nonlinear Science and Numerical Simulation, 2008, 13(4): 822-838.

[51] Sinou J J. Non-linear dynamics and contacts of an unbalanced flexible rotor supported on ball bearings. Mechanism and Machine Theory, 2009, 44(9): 1713-1732.

[52] 王黎钦, 崔立, 郑德志, 等. 航空发动机高速球轴承动态特性分析. 航空学报, 2007, 28(6): 1461-1467.

[53] Pasaribu H R, Lugt P M. The composition of reaction layers on rolling bearings lubricated with gear oils and its correlation with rolling bearing performance. Tribology Transactions, 2012, 55(3): 351-356.

[54] 杨将新, 曹冲锋, 曹衍龙, 等. 内圈局部损伤滚动轴承系统动态特性建模及仿真. 浙江大学学报(工学版), 2007, 41(4): 551-555.

[55] Cong F Y, Chen J, Pan Y N. Kolmogorov-Smirnov test for rolling bearing performance degradation assessment and prognosis. Journal of Vibration and Control, 2011, 17(9): 1337-1347.

[56] 夏新涛, 邱明, 陈龙, 等. 滚动轴承性能可靠性演变机理//10000 个科学难题(制造科学卷). 北京: 科学出版社, 2018.

[57] Xia X T, Chang Z, Li Y F, et al. Analysis and prediction for time series on friction torque of rolling bearings. Journal of Testing and Evaluation, 2018, 46(3): 1022-1041.

[58] Xia X T, Chang Z, Ye L. Reliability forecast for performance of satellite momentum wheel bearings. Journal of the Balkan Tribological Association (I - II), 2016, 22(4): 3844-3858.

[59] 吕小青, 曹彪, 曾敏, 等. 确定延迟时间互信息法的一种算法. 计算物理, 2006, 23(2): 184-188.

[60] Xu X K, Liu X M, Chen X N. The Cao method for determining the minimum embedding dimension of sea clutter. CIE International Conference on Radar, 2006.

[61] 杨永锋, 仵敏娟, 高喆, 等. 小数据量法计算最大 Lyapunov 指数的参数选择. 振动、测试与诊断, 2012, 32(3): 371-374.

[62] 夏新涛, 朱坚民, 吕陶梅. 滚动轴承摩擦力矩乏信息推断. 北京: 科学出版社, 2010.

[63] 尚艳涛. 滚动轴承质量乏信息评估方法研究. 洛阳: 河南科技大学, 2014.

[64] Xia X T, Wang Z Y, Gao Y S. Estimation of non-statistical uncertainty using fuzzy-set theory. Measurement Science & Technology, 2000, 11(4): 430-435.

[65] 王中宇, 夏新涛, 朱坚民. 非统计原理及其工程应用. 北京: 科学出版社, 2005.

[66] 夏新涛, 陈向峰, 常振. 模糊等价关系下滚动轴承振动性能变异分析. 航空动力学报, 2018, 33(11): 2737-2747.

[67] 夏新涛, 叶亮, 常振, 等. 乏信息条件下滚动轴承振动性能可靠性变异过程预测. 振动与冲击, 2017, 36(8): 105-112.

[68] 徐永智, 夏新涛. 滚动轴承振动性能因素分析的定性融合理论. 轴承, 2016, (8): 27-34, 35.

[69] 李洪儒, 于贺, 田再克, 等. 基于二元多尺度熵的滚动轴承退化趋势预测. 中国机械工程, 2017, 28(20): 2420-2425, 2433.

[70] 庄兴明, 张向军, 张晓昊, 等. 润滑脂性能指标对滚动轴承振动特性影响的实验研究. 润滑与密封, 2008, 33(7): 44-49.

[71] Xia X T, Meng Y Y, Shi B J, et al. Bootstrap forecasting method of uncertainty for rolling bearing vibration performance based on GM(1,1). Journal of Grey System, 2015, 27(2): 78-92.

[72] Xia X T, Meng F N. Grey relational analysis of measure for uncertainty of rolling bearing friction torque as time series. Journal of Grey System, 2011, 23(2): 135-144.

[73] Xia X T, Wang Z Y. Grey relation between nonlinear characteristic and dynamic uncertainty of rolling bearing friction torque. Chinese Journal of Mechanical Engineering, 2009, 22(2):

244-249.

[74] 吴参, 李兴林, 孙守迁, 等. 混沌理论在滚动轴承故障诊断中的应用. 轴承, 2013, (1): 60-64.

[75] 关贞珍, 郑海起, 杨云涛, 等. 基于非线性几何不变量的轴承故障诊断方法研究. 振动与冲击, 2009, 28(11): 130-133.

[76] 胡健, 马大为, 姚建勇, 等. 基于混沌神经网络的防空火箭炮交流伺服系统状态预测研究. 兵工学报, 2015, 36(2): 220-226.

[77] Xia X T, Lv T M, Meng F N. Gray chaos evaluation model for prediction of rolling bearing friction torque. Journal of Testing and Evaluation, 2010, 38(3): 291-300.

[78] Chen L, Xia X T, Zheng H T, et al. Chaotic dynamics of cage behavior in a high-speed cylindrical roller bearing. Shock and Vibration, 2016: 1-12.

[79] Xia X T, Meng F N, Lv T M. Grey relation method for calculation of embedding dimension and delay time in phase space reconstruction. Journal of Grey System, 2010, 22(2): 105-116.

[80] Tian Z D, Li S J, Wang Y H, et al. Chaotic characteristics analysis and prediction for short-term wind speed time series. Acta Physica Sinica, 2015, 64(3): 1-8.

[81] 张洪宾, 孙小端, 贺玉龙. 短时交通流复杂动力学特性分析及预测. 物理学报, 2014, 63(4): 040505-8.

[82] Niu G, Yang B S. Dempster-Shafer regression for multi-step-ahead time-series prediction towards data-driven machinery prognosis. Mechanical Systems and Signal Processing, 2009, 23(3): 740-751.

[83] Shang Q, Lin C Y, Yang Z S, et al. Short-term traffic flow prediction model using particle swarm optimization-based combined kernel function-least squares support vector machine combined with chaos theory. Advances in Mechanical Engineering, 2016, 8(8): 1-12.

[84] Li B B, Yuan Z F. Non-linear and chaos characteristics of heart sound time series. Proceedings of the Institution of Mechanical Engineers. Part H: Journal of Engineering in Medicine, 2008, 222(3): 265-272.

[85] Bing Q C, Gong B W, Yang Z S, et al. Short-term traffic flow local prediction based on combined kernel function relevance vector machine model. Mathematical Problems in Engineering, 2015: 1-9.

[86] 卢宇, 陈宇红, 贺国光. 应用改进型小数据量法计算交通流的最大 Lyapunov 指数. 系统工程理论与实践, 2007, (1): 85-90.

[87] Li Q, Liang S Y, Yang J G, et al. Long range dependence prognostics for bearing vibration intensity chaotic time series. Entropy, 2016, 18(1): 1-15.

[88] Caesarendra W, Kosasih B, Lieu A K, et al. Application of the largest Lyapunov exponent algorithm for feature extraction in low speed slew bearing condition monitoring. Mechanical Systems and Signal Processing, 2015, 50-51: 116-138.

[89] Zhao W, Li M, Xiao L. Nonlinear dynamic behaviors of a marine rotor-bearing system coupled with air bag and floating-raft. Shock and Vibration, 2015: 1-18.

[90] 吕金虎, 陆君安, 陈士华. 混沌时间序列分析及其应用. 武汉: 武汉大学出版社, 2002.

[91] 夏新涛, 常振, 李云飞. 轴承振动性能预报及可靠性分析. 系统仿真学报, 2018, (4): 1390-

1398, 1406.

[92] 夏新涛, 孟艳艳, 邱明. 用灰自助泊松方法预测滚动轴承振动性能可靠性的变异过程. 机械工程学报, 2015, 51(9): 97-103.

[93] Frontini M, Tagliani A. Hausdorff moment problem and maximum entropy: On the existence conditions. Applied Mathematics and Computation, 2011, 218(2): 430-433.

[94] Giffin A, Cafaro C, Ali S A. Application of the maximum relative entropy method to the physics of ferromagnetic materials. Physica A: Statistical Mechanics and Its Applications, 2016, 455: 11-26.

[95] Das D, Zhou S Y. Statistical process monitoring based on maximum entropy density approximation and level set principle. IIE Transactions, 2015, 3(47): 215-229.

[96] Edwin A B, Angel K M. A clustering method based on the maximum entropy principle. Entropy, 2015, 1(17): 151-180.

[97] Gallón S, Gamboa F, Loubes J M. Functional calibration estimation by the maximum entropy on the mean principle. Statistics: A Journal of Theoretical and Applied Statistics, 2015, 5(49): 989-1004.

[98] 董绍江, 王军, 徐向阳, 等. 基于多 SVM 误差加权的轴承剩余寿命预测. 制造技术与机床, 2017, (12): 103-106.

[99] 黄润生, 黄浩. 混沌及其应用. 武汉: 武汉大学出版社, 2005.

[100] Logan D, Mathew J. Using the correlation dimension for vibration fault diagnosis of rolling element bearings—I. Basic concepts. Mechanical Systems and Signal Processing, 1996, 10(3): 241-250.

[101] 吕探, 蔡云龙. 基于混沌关联维数的滚动轴承故障诊断. 数据采集与处理, 2010, 25(s): 144-149.

[102] 李宝盛, 何洪庆. "小子样、零失效"情况下寿命可靠度的置信分析方法. 兵工学报, 2001, 22(2): 234-237.

[103] 张忠云, 吴建德, 马军, 等. 基于混沌分形理论的滚动轴承微小故障诊断. 中南大学学报 (自然科学版), 2016, 47(2): 640-646.

[104] 陆爽, 李萌. 基于关联维数的滚动轴承故障诊断的研究. 机械传动, 2005, 29(6): 58-60.

[105] 秦荤晟, 陈晓阳, 沈雪瑾. 小样本下基于竞争失效的轴承可靠性评估. 振动与冲击, 2017, 36(23): 248-254.

附录 基于区间映射的牛顿迭代法源程序

基于区间映射的牛顿迭代法源程序如下:

```
%  Maxentropy
% 基于区间映射的牛顿迭代法部分源程序
% 基于(灰色)自助法的最大熵原理
% 估计真值, 估计区间, 估计概率密度函数, 最大熵
% 设定显示数据长度
digits(6);
% 设定最高原点矩 m0
m0=5;
% 初始化
f0(1:m0)=1;
f(1:m0)=1;
f0=f0';
f=f';
m=1:m0;
a(1:m0,1:m0)=1;
% 设定积分点数 n=500
n=1000;
% 设定初值 x0(i)=-(i-1)/10000
for i=1:m0
    x0(i)=-(i-1)/10000;
end
x0=x0';
% 或者 打开原始数据文件 X.txt_Bootstrap.dat, 用 Bootstrap 生成
fname='X.txt_Bootstrap.dat';
% fname='X0.txt_Bootstrap.dat';
% 或者 打开原始数据文件 X.txt_GBootstrap.dat, 用 GBM(1,1) 生成
% fname='Dao_dan.txt_GBootstrap.dat';
% fname='X0.txt_GBootstrap.dat';
% 设定拉格朗日乘子文件 X_L.txt
% fnameL='Dao_dan.txt_L.txt';
fnameL='X.txt_L.txt';
% 设定各阶原点矩文件 X_M.txt
% fnameM='Dao_dan.txt_M.txt';
```

```
fnameM='X.txt_M.txt';
% 设定映射参数 a=aa,b=bb 文件 X_ab.txt
% fnameab='Dao_dan.txt_ab.txt';
fnameab='X.txt_ab.txt';
% 设定频率直方图的预分组个数，如 9 组
q0=9;
xt=dlmread(fname,'r');
%求原始数据的均值 XXXmean
XXXmean=mean(xt);
nxt=length(xt');
%求原始数据的最大值和最小值
xmax0=max(xt);
xmin0=min(xt);
%
i0=1:nxt;
% hist(xt',10)
[p0,xp0]=hist(xt',q0);
p0=p0/nxt;
p(1)=0;
p(q0+2)=0;
xp(1)=xp0(1)-(xp0(2)-xp0(1));
xp(q0+2)=xp0(q0)+(xp0(2)-xp0(1));
q=q0+2;
for j=1:q0
    p(j+1)=p0(j);
    xp(j+1)=xp0(j);
end
% 将直方图横坐标数据 xp 映射到区间[-e,e]，并计算映射参数 a=aa,b=bb
xmax=max(xp);
xmin=min(xp);
xxx=exp(1);
aa=2*xxx/(xmax-xmin);
bb=xxx-aa*xmax;
% 存储映射参数 a=aa,b=bb
a1(1)=aa;
a1(2)=bb;
dlmwrite(fnameab,a1);
xp=aa*xp+bb;
zmin=-xxx;
zmax=xxx;
```

```
sum=0;
for i=1:q
      sum=sum+p(i);
end
p=p/sum;
%
for r=1:m0
    sum=0;
    for i=1:q
          sum=sum+xp(i)^r*p(i);
    end
    m(r)=sum;
end
% vpa(m);
%
x=x0;
f=f0;
n1=1;
w=0;
for i=1:n
     z(i)=zmin+(i-1)/(n-1)*(zmax-zmin);
end
for r=1:m0
    for i=1:n
          g(r,i)=z(i)^r;
    end
end
dn=(zmax-zmin)/(aa*n);
% 设定收敛精度 0.00000000001
while n1>0.00000000001
    % f(r)
    for i=1:n
        sum=0;
        for j=1:m0
              sum=sum+x(j)*g(j,i);
        end
        sumxg(i)=sum;
    end
    sum=0;
    for i=1:n
```

```
        sum=sum+exp(sumxg(i));
end
sum=sum*dn;
for r=1:m0
        sum1=0;
        for i=1:n
                sum1=sum1+g(r,i)*exp(sumxg(i));
        end
        sum1=sum1*dn;
        f(r)=m(r)*sum-sum1;
end
l0=-log(sum);
% l0
% x
% f
% a(r,r)
for r=1:m0
    for j=1:m0
            sum=0;
            for i=1:n
                    sum=sum+exp(sumxg(i))*(g(j,i))*dn;
            end
            sum1=0;
            for i=1:n
                    sum1=sum1+g(r,i)*exp(sumxg(i))*(g(j,i))*dn;
            end
            a(r,j)=m(r)*sum-sum1;
            % vpa(a)
    end
end
%
%vpa(a)
x=x0-(inv(a)*f);
%e=x-x0;
e=f-f0;
e1=e';
n1=norm(e1,1);
x0=x;
f0=f;
w=w+1;
```

```
        %n1
end
%f
%l0
%x
%m
%n1
%w
c0(1)=l0;
for i=2:m0+1
    c0(i)=x(i-1);
end
% 存储 m+1 个拉格朗日乘子 c0--cm
dlmwrite(fnameL,c0);
% 存储各阶原点矩
dlmwrite(fnameM,m);
%积累概率 fgf
sum1=0;
for i=1:n
    sum=0;
    for j=1:m0
        sum=sum+x(j)*z(i)^j;
    end
    gf(i)=exp(l0+sum);
    sum1=sum1+gf(i)*dn;
    fgf(i)=sum1;
end
% 曲线下总面积 1
'曲线下总面积'
vpa(sum1)
%求估计真值即数学期望 Xmean
sum1=0;
for i=1:n
    sum=0;
    for j=1:m0
        sum=sum+x(j)*z(i)^j;
    end
    gf(i)=exp(l0+sum);
    sum1=sum1+z(i)*gf(i)*dn;
end
```

```
Xmean=sum1/aa-bb/aa;
%Xmean
%XXXmean
%
xp=xp/aa-bb/aa;
z0=z/aa-bb/aa;
p0=p/((xmax-xmin)/q);
gf0=gf;
zdx=z0(2)-z0(1);
% 画图
% subplot(1,2,2);plot(z0,gf0,'k-');xlabel('x');ylabel('f(x)');
plot(z0,gf0,'k-');
%  subplot(1,2,2);plot(xp,p0,'k*',z0,gf0,'k-');xlabel('x');ylabel
('f1(x)');
% 计算最大熵 maxEntropy
sum1=0;
for i=1:n
     sum1=sum1+gf0(i)*log(gf0(i))*zdx;
end
maxE=-sum1;
%
% 区间估计
% 设定显著性水平 p0
% p0=0.0027;
p0=0.1;
p=p0/2;
% 计算估计区间的上边界 XU
for i=1:n-1
    if p==0
         XU=zmax/aa-bb/aa;
    else
         if fgf(i)==1-p
             zi=zmin+(i-1)/(n-1)*(zmax-zmin);
             XU=zi/aa-bb/aa;
         else
             if  (fgf(i)<1-p) & (fgf(i+1)>1-p)
                     zi1=zmin+(i-1)/(n-1)*(zmax-zmin);
                     zi2=zmin+i/(n-1)*(zmax-zmin);
                     zi=(zi1+zi2)/2;
                     XU=zi/aa-bb/aa;
```

```
            end
         end
      end
   end
% 计算估计区间的下边界 XL
for i=1:n-1
   if p==0
      XL=zmin/aa-bb/aa;
   else
      if fgf(i)==p
         zi=zmin+(i-1)/(n-1)*(zmax-zmin);
         XL=zi/aa-bb/aa;
         i=n+1;
      else
         if  fgf(i)<p & fgf(i+1)>p
            zi1=zmin+(i-1)/(n-1)*(zmax-zmin);
            zi2=zmin+i/(n-1)*(zmax-zmin);
            zi=(zi1+zi2)/2;
            XL=zi/aa-bb/aa;
         end
      end
   end
end
zz=0:0.01:1;
% 画图
% subplot(1,2,2);plot(z0,fgf,'k-',x01,zz,'k--',x0,zz,'k--');xlabel
('x');ylabel('F(x)');
% plot(z0,fgf,'k-');xlabel('x');ylabel('F(x)');
%  subplot(1,2,1);plot(i0,xt,'k-',i0,XL,'k--',i0,XU,'k--');xlabel
('k');ylabel('xk');
% 区间估计的计算置信水平 p
p=(1-p0)*100;

'结果输出：'
% 输出原始数据的最大值和最小值
'原始数据的最小值'
xmin0
'原始数据的最大值'
xmax0
'直方图横坐标数据的最小值'
```

```
xmin
'直方图横坐标数据的最大值'
xmax
% 输出 m+1 个拉格朗日乘子 c0-cm
'拉格朗日乘子 cj-1=:'
vpa(c0)
% 输出各阶原点矩
'各阶原点矩 mj:'
vpa(m)
% 输出原始数据的均值 XXXmean
'原始数据的均值 XXXmean='
XXXmean
% 输出估计真值
'估计真值 X0='
vpa(Xmean)
% 输出给定的显著性水平 p0
'给定的显著性水平 P='
p0
% 输出区间估计的计算置信水平 p
'p='
p
% 输出估计区间的上边界 XU
'估计区间的上边界 XU='
vpa(XU)
% 计算估计区间的下边界 XL
'估计区间的上边界 XL='
vpa(XL)
% 计算估计区间 U
'估计区间 U'
vpa(XU-XL)
% 计算最大熵 maxEntropy
'最大熵 maxE'
vpa(maxE)
% 输出映射参数 a=aa,b=bb
'映射参数 a='
vpa(aa)
'映射参数 b='
vpa(bb)
```